저에너지 친환경 공동주택

green home plus 핵심기술

친환경건축연구센터
Center for Sustainable Buildings

머 리 말

전세계적으로 지구온난화에 의한 기후변화가 중요한 이슈로 자리잡고 있으며, 환경문제에 대한 대응은 인류의 생존을 결정하는 중요한 문제로 인식되고 있습니다. 1992년 전 세계가 기후변화에 공동으로 대응하자는 리우 환경회의를 시작으로 1997년 교토의정서를 통하여 선진국을 중심으로 온실가스 감축 목표에 따른 구체적인 행동을 진행하고 있습니다. 우리나라는 2002년 11월 교토의정서에 비준하여 2008년부터 점진적으로 이행의무를 지게 되었습니다. 이에, 정부에서는 2008년 8월 '저탄소 녹색성장'이라는 새로운 국정목표를 설정하고, 향후 환경의 위기를 지혜롭게 극복하면서 지속적인 경제성장을 통하여 앞으로 인류가 나아갈 방향을 제시하였습니다. 이를 구체화하기 위하여 건물분야에서는 국토해양부의 '에너지 절약형 친환경주택(그린홈)의 건설기준' 및 '주택건설기준 등에 관한 규정(대통령령)'을 통하여 저에너지 친환경 주택 구현에 대한 실천계획을 제시하였습니다.

건물분야는 우리뿐만 아니라 전 세계가 에너지 효율화의 최우선 과제로 주목하고 있는 분야입니다. 전 세계 에너지 소비의 1/4정도를 차지하며 산업분야, 수송분야에 비해 단열과 같은 단순한 기술 적용으로 큰 효과를 얻을 수 있기 때문입니다. 특히 "그린 주택"은 국민들의 에너지 비용을 감소시키고 삶의 질을 높이는 한편 홍보효과 또한 크기 때문에 우선 실시 대상이라고 할 수 있습니다.

친환경건축연구센터(구 저에너지 친환경 공동주택 연구단)는 건설교통부 건설핵심기술연구개발사업의 일환으로 2005년 기획단계를 거쳐 2006년 10월 17개 연구기관과 30개 참여기업과 함께 연세대학교가 최종적인 연구기관으로 선정되어 5년간 약 180억원 규모의 연구를 진행했습니다. 저에너지 친환경 공동주택 기술개발은 크게 공동주택에 적용 가능한 친환경 요소기술의 개발과 통합설계 및 적용을 통한 저에너지 친환경 주택의 성능평가로 이루어져 있습니다.

본 서에서는 센터가 지난 5년간 연구를 수행해온 연구성과 중에서 핵심 요소기술을 중심으로 소개하고자 합니다. 저에너지 친환경 공동주택을 구현하기 위한 요소기술들을 Site, Building, System의 분야로 구분하여 실제 건축현장에서 적용 가능한 구체적인 기술을 제시하였습니다. 또한, 2011년 7월 같은 출판사에서 발간 된 저에너지 친환경 공동주택 통합설계(설계가이드, 시공매뉴얼)와 더불어 친환경 공동주택의 보급을 통한 지속 가능한 건축환경을 구축하기 위한 초석이 되었으면 합니다.

끝으로 본 서의 발간을 위하여 원고를 집필하시고 검토 보완해주신 저에너지 친환경 공동주택 연구단의 집필진 분들과 연세대학교 친환경 건축연구센터의 편집위원 및 기문당 관계자 여러분의 노고에 깊은 감사를 드립니다.

국토해양부 저에너지 친환경 공동주택 연구단
연세대학교 친환경건축연구센터 소장 이 승 복

CONTENTS

Technologies of greenhome Plus

1장 그린홈 플러스 핵심기술

친환경건축연구센터

1. 저에너지 친환경 기술의 범위

미래 삶의 질에 대한 요구 변화를 수용하기 위해서는 주택에 대한 발상의 전환이 필요하다. 이전까지의 노력이 '환경에 대한 부담을 최소화 하는 건축'을 하기 위한 것이었다면 앞으로의 노력은 '적극적으로 환경을 개선시킬 수 있는 건축'을 하기 위한 것이어야 한다. 환경에 대한 부담을 최소화 하는 건축은 건축적 행위 자체를 반환경적 행위로 인식하고 건축활동을 최소화하여 환경 보전 및 생태계를 유지하는 것에 초점을 두고 있었으며, 그럼으로써 인간의 삶과 자연환경이 조화를 이룰 수 있다고 생각하였다. 그러나 적극적으로 환경을 개선하려는 건축은 친환경적인 요소를 적극적으로 도입하여 철저하게 계획과 의도에 따라 건축활동을 하고, 보전 · 유지 단계에서 나아가 환경 및 생태계의 복원에 이바지 함으로써 지속 가능한 환경을 창조하고 더불어 인간의 삶 또한 지속 가능하도록 하는 건축행위를 말한다.

이러한 건축행위의 개념에 접근하기 위해서는 건축환경에 영향을 주는 기후, 대지조건, 생태계 등의 넓은 범위에서부터 건물의 구성방법, 설비적인 환경조절에 이르는 전반적인 계획에 대한 디자인 지침들이 필요하다. 따라서 이 책에서는 기술의 범위를 주거단지를 포괄하는 외부환경계획(Site Design), 건물계획(Building Design), 설비시스템계획(System Design)의 세 부분으로 나누어 설명하고 각 기술범위의 핵심적인 기술들을 소개하고자 한다.

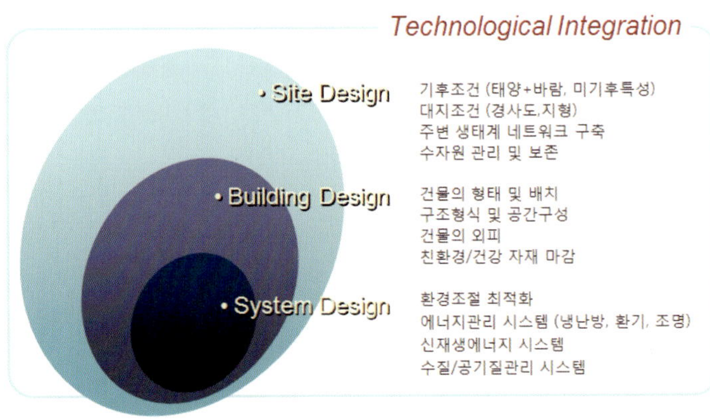

그림 1-1 저에너지 친환경 공동주택의 개념

1.1 외부환경계획(Site Design)

공동주택계획에 있어서 Site Design이 차지하는 부분은 대부분의 단일 건물계획에 비해 큰 비중을 차지한다. 이는 대규모로 이루어지는 단지 차원의 계획이 많아서 공동주택단지 하나의 계획으로 주변의 미기후를 바꿀 수 있는 영향력을 가지기 때문이다. 또한 단지 내에 형성되는 커뮤니티 공간과 생태적 공간 등은 도시에서 거주자들이 접하기 힘든 휴식공간을 제공하면서 신체적 · 정신적 건강에 영향을 미치게 된다. 따라서 Site 부문에서는 기후조건이나 대지조건, 생태계 조건 등을 바로 읽어내고 계획에 반영하여 친환경적인 건강한 아파트를 만들어 낼 수 있는 능력이 가장 중요하다고 하겠다.

가. 기후조건

인간이 거주하는 곳은 지구상 모든 대륙에 분포하고 있으며 각각의 위치에 따라 기후조건은 다양하게 나타난다. 인간은 자신이 거주하는 지역의 자연조건을 고려하여 쾌적한 공간을 조성하기 위한 건축방법을 연구해왔으며, 이는 인공적인 환경조절에 의한 부작용이 대두되고 있는 현재, 친환경적이고 건강한 주거환경을 만들기 위한 매우 중요한 요소로 받아들여지고 있다.

나. 대지조건

대지의 경사와 지형 등은 배치의 구성에 큰 영향을 준다. 친환경적인 배치구성을 위해서는 대지의 경사와 지형을 무시하고 인공적인 흐름을 만들어내기보다는 기존의 조건을 이해하고 대지 자원을 이용할 수 있는 구성이 이루어져야 한다.

다. 생태계 네트워크

자연적으로 조성된 생태계는 기후조건 및 대지조건에 따라 생존에 적합한 형태로 서로의 관계를 설정하고 균형을 유지하며 지속된다. 그러나 대지의 개발로 인해 형성된 인공대지는 주변 생태계의 흐름을 차단하고 균형을 무너뜨릴 수 있다. 따라서 인공적으로 조성되는 대지를 구성할 때에도 주변 생태계 조사를 통하여 생태계 네트워크를 이어줄 수 있도록 구성해야 한다. 이는 자연적인 생태계의 보존뿐만 아니라 자연적인 녹지환경을 단지 내로 끌어들여 연결함으로써 형성되는 휴식공간을 통해 인간의 심리적인 안정감 또한 제공할 수 있을 것이다.

라. 수자원 관리

도시는 상당수의 물을 자연적으로 순환시키지 못하고 인공적인 방법, 즉 우수관, 하수관, 상수관 등의 관로를 통해 중앙 집중식으로 관리하는 시스템을 갖추고 있다. 그러나 이러한 시스템은 도시의 지하수를 고갈시키고 홍수 등의 자연재해를 유발할 수 있는 위험을 내포하고 있다. 따라서 친환경적인 단지를 구성할 때 수자원을 효과적으로 관리하고 또한 보전할 수 있는 방법을 강구해야 한다. 우수의 침투를 활성화시키고 저장하여 활용함으로써 상수의 사용을 감소시키고 하수 또한 재활용할 수 있는 방법을 검토하여 물부족 시대에 대처할 수 있도록 준비해야 한다.

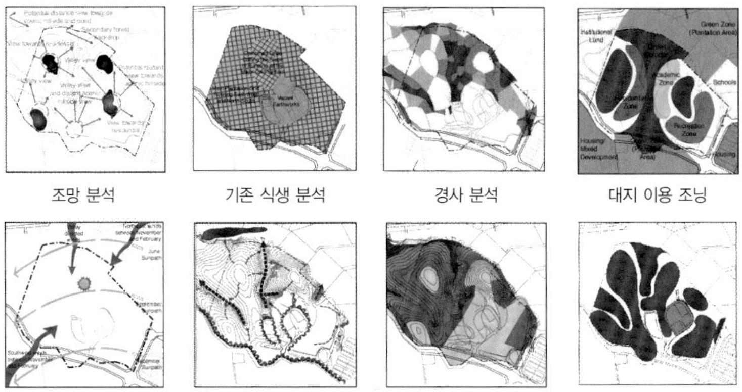

조망 분석 / 기존 식생 분석 / 경사 분석 / 대지 이용 조닝

일사 및 풍향 분석 / 자연 배수 분석 / 대지 고저 분석 / 지속가능성 분석

그림 1-2 Site Design 요소 분석의 예

1.2 건물계획(Building Design)

Building Design의 역할은 Site Design에서 기후조건, 대지조건 등을 고려해 만들어진 대지의 구성과 대략적인 건물 배치로 형성되는 미기후를 이용하는 한편 친환경적인 실내구성을 통해서 에너지 절약적이고 건강한 실내환경을 구성하는 것이다. 이를 위해서는 건물의 형태와 공간구성, 외부와의 경계면인 외피의 구성, 실내 오염의 큰 원인인 마감재에 이르기까지 통합적인 검토가 이루어져야 하며, 설비적인 해결방법을 사용하기 이전에 건축적인 기법을 사용하여 건물의 환경조절 능력이 최대한 발휘될 수 있도록 디자인하여야 한다.

가. 건물의 형태 및 배치

건물의 형태는 건물과 외부공간과의 관계를 결정하며, 건물의 환경적 특성에 영향을 미친다. 단독주택과 판상형 아파트, 주상복합 등 다양한 형태의 건물은 외부 환경에 접하는 면적에 따라서 건물 내부의 열환경 특성이 다르고 환경조절방법이 달라진다. 따라서 이를 인식하고 건물 형태의 디자인을 결정하는 동시에 그에 따른 환경조절 전략을 수립하는 것이 중요하다.

나. 구조형식 및 공간구성

건물의 공간구성은 주거패턴을 고려한 계획적인 측면뿐만 아니라 건강한 환경을 만드는 데에서도 중요한 역할을 한다. 공간구성에 따라 형성되는 실내외 구조체는 그 위치에 따라 자연적인 태양이나 바람을 이용하는 환경조절 능력에 영향을 미치며 결과적으로 실내쾌적 또는 오염을 악화시키거나 완화시킬 수도 있다.

다. 친환경 외피

외피는 기후의 변화가 심한 외부환경으로부터 실내환경을 보호하는 첫 번째 스크린이라고 할 수 있다. 친환경 외피는 외부환경과 실내환경의 조건이 어떠한 관계에 있느냐에 따라서 서로 소통하게 할 수도 차단하게 할 수도 있으며, 외부 환경조건에 유연하게 대응하여 쾌적하고 건강한 실내환경을 조성하는 데 영향을 준다.

다. 친환경 자재 마감

기존의 많은 조사와 연구에서 건축물의 마감재에서 방출되는 오염물질이 실내에 거주자들에게 미치는 영향들을 밝혀내고 있다. 주거건물에서는 많은 종류의 자재들이 복합적으로 사용되기 때문에 사용되는 자재가 실내환경에 미치는 영향을 알아내고 대처방법을 연구하며 근본적으로 오염물질 방출이 적은 친환경/건강 자재를 사용하는 것이 좋다.

그림 1-3 건물형태에 따른 환경조절 요구 특성

1.3 설비시스템계획(System Design)

System Design은 Building Design에서 형성된 건축적인 환경조절기법이 실내환경을 쾌적하게 유지할 수 없을 때 도입된다. 특히 여름철과 겨울철의 냉·난방 시스템이 대표적인 시스템 설계에 포함되며 실내공기질 문제가 부각되고 있는 상황에서 환기시스템의 중요성 또한 높아지고 있다. 또한 대체에너지나 수자원을 이용할 수 있는 시스템 또한 공동주택의 설비시스템에서 고려해야 할 사항이다. 이러한 설비시스템의 친환경성은 외부환경, 실내환경에 대한 정확한 감지를 바탕으로 에너지 절약을 실천하면서도 쾌적한 환경을 만들어 낼 수 있는 시스템 제어가 필요하며 각각의 시스템을 에너지 절약적으로 설계할 수 있는 방법 또한 개발되어야 한다.

가. 환경조절 최적화

이는 외부의 기후조건과 내부의 환경조건을 정확히 감지하고 관계를 설정하며 설정된 관계에 따라 설비시스템을 작동하는 것을 말한다.

나. 에너지 관리시스템 (냉·난방, 환기, 조명)

과거 에너지 절약의 개념은 말 그대로 에너지 소비를 줄임으로써 불편한 환경을 참으면서 얻게 되는 것이었으나 친환경적 접근방법에서는 최소한의 에너지를 사용하고도 자연적인 에너지의 이용, 고효율 시스템의 설치, 제어시스템의 최적화 등의 방법을 통하여 쾌적한 환경을 유지할 수 있도록 한다.

다. 신재생에너지 시스템

건물 부하 저감과 시스템의 최적화로 최소화된 에너지 요구를 신재생에너지 시스템을 사용하여 만족시키도록 함으로써 화석에너지 사용으로 인한 탄소 발생을 감소시키고 지구환경을 보존하도록 한다.

라. 수질/공기질 관리시스템

물과 공기는 인간 생존에 필수요소임에 틀림없다. 물 부족으로 인해 겪을 수 있는 어려움을 방지하기 위해 우수나 중수시스템 등 적절한 정수과정을 거쳐 재이용시스템을 설치해야 한다. 또한 실내외 공기의 오염이 건강문제로 되돌아오고 있는 바, 공기질을 측정하고 적절한 설비시스템과 연계하여 관리할 수 있는 시스템이 필요하다.

2. 저에너지 친환경 공동주택 핵심 요소기술

이 책에서 소개하고자 하는 저에너지 친환경 공동주택 요소기술들은 모두 12가지이다. Site Design 범위의 인공지반녹화기술과 물순환기술, 단지계획에 관한 기술과 Building Design 범위의 가변형 평면과 이중창호, 외단열시스템, 친환경소재, System Design 범위의 바닥복사 냉·난방시스템과 냉·난방 요소기술, 환기시스템과 지열, 태양열 등의 신재생에너지 시스템이다.

2.1 생태적 인공지반 녹지

최근 개발된 공동주택단지들은 대지의 대부분을 지하주차장으로 구성하여 자연지반이 남겨질 여지가 많지 않다. 지하주차장 상부와 공동주택의 옥상 등 인공지반이 늘어나면서 인공지반녹화기술의 중요성이 점점 부각되어 가고 있으며, 녹화를 함으로써 조경으로 환경을 미적으로 가꾸는 것뿐만 아니라 도시 생태계 네트워크를 연결시키고 도심 열섬현상을 줄이는 등 도시 전체에 있어서 친환경적 영향을 미치기 때문에 중요한 기술이라 할 수 있다.

2.2 물순환시스템

수자원을 효율적으로 관리하고 이용하기 위한 시스템에 대한 내용으로 구성되어 있다. 크게 나누어 중수시스템과 우수시스템으로 나누어 볼 수 있는데 중수시스템은 오염된 물의 정화처리시스템이 가장 핵심이라고 볼 수 있으며, 우수시스템은 연중 강수량이 일정하지 않기 때문에 강수량에 맞는 침투 및 저장을 조절할 수 있는 관리시스템의 운영이 핵심이라고 볼 수 있다. 또한 처리된 중수와 우수를 조경용수, 청소용수, 화장실용수 등으로 활용할 수 있도록 순환시스템을 갖추는 것이 중요하다고 할 수 있다.

2.3 통합 단지계획

고층의 아파트동을 단지내에 계획할 때 그 배치는 외부환경 및 실내환경의 질에 영향을 미친다. 아파트동을 잘못 배치함에 따라 발생할 수 있는 쾌적하지 못한 환경을 방지하기 위해 단지계획시에 일조와 환기, 소음, 조망 등을 통합적으로 고려해 계획하는 것이 중요하며 도시내 열섬현상을 줄이기 위한 외부공간 포장이나 수공간, 녹지공간의 비율, 단지내 통풍계획 등도 중요하게 고려해야 할 요소이다.

2.4 가변형 평면시스템

기존에 건설된 대부분의 아파트들은 벽식 구조를 채용해 평면구조의 변경이 쉽지 않았다. 그러나 요즘 거주자의 취향에 따라 다양한 평면이 요구되고 라이프사이클에 따라 평면구조의 변형이 필요한 만큼 이러한 요구에 대응할 수 있는 기둥식 가변형 평면과 이를 구현할 수 있는 벽체시스템을 요구하고 있다.

2.5 이중창호시스템

창호는 실내환경을 외부환경과 연결시키는 접점으로 창호시스템의 성능과 조절방식에 따라 자연적인 환경조절의 가능성이 커질 수 있다. 창호의 단열 및 기밀성능은 기본적으로 갖추어야 하며 계절에 따라 차양을 효과적으로 운용하고 창문의 개폐방식을 달리하여 일사와 환기를 조절함으로써 냉난방 부하를 최소화시키고 쾌적한 실내환경을 유지할 수 있다.

2.6 외단열시스템

기존의 아파트들은 대부분 벽체 내부에 단열재를 설치하는 내단열을 채용하고 있으나 내단열시스템은 외벽과 내벽, 슬래브 등이 만나는 부위에서 단열이 연속되지 못해 열이 손실되는 문제점을 가지고 있다. 이를 해결하기 위한 것이 외단열시스템이며 단열재가 연속하여 건물을 감쌀 수 있도록 벽체의 외부에 단열재를 설치하고 마감을 하는 시스템을 말한다.

2.7 친환경 · 기능성 소재

건물의 구조체나 실내 마감재 또는 가구에 의해 발생하는 오염물질들이 실내에 축적되어 발생하는 새집증후군과 같은 실내 공기질 문제를 해결하기 위해 오염물질을 적게 방출하거나 또는 실내 오염물질을 흡착, 분해하는 기능을 가진 마감자재들을 적용하는 것이 좋다. 이는 실내 공기질을 개선할 뿐만 아니라 환기부하도 감소시켜 에너지 절감에도 영향을 준다.

2.8 바닥복사 냉 · 난방시스템

기존 아파트에서는 난방시스템으로는 바닥복사난방(온돌)시스템을, 냉방시스템으로는 패키지 에어컨을 사용하는 가정이 많다. 바닥복사 냉 · 난방시스템은 냉방시스템 또한 바닥의 배관에 냉수를 흘려보내 복사냉방을 하는 것으로, 중복투자되는 비용을 줄일 수 있고 복사 열교환 방식이기 때문에 에너지 효율 및 쾌적성을 향상시킬 수 있다.

2.9 냉 · 난방 요소기술

전체 냉 · 난방시스템을 구성하는 데 필요한 몇 가지 기술로 난방시스템의 온수분배시스템과 제어시스템, 냉방시스템의 현열열교환기 기술을 소개하고 있다. 고효율 온수분배기는 온수분배기 자체의 재질과 구조를 변형해 효율을 높였으며, 제어시스템에서는 외기온도에 따라 공급 온수온도를 제어함으로써 에너지를 절감하도록 하였다. 냉방시스템의 현열열교환기는 최적화된 열교환이 가능한 열교환기 형상을 제안하고 있다.

2.10 하이브리드 환기시스템

실내 공기질 문제가 대두되면서 법적으로 상시 환기횟수를 유지하도록 함에 따라 환기시스템에 의한 에너지 소비 증가가 우려되고 있다. 하이브리드 환기시스템은 외부에 바람이 충분할 때는 자연환기를 하고 부족할 때는 팬을 이용해 환기함으로써 환기시스템에 들어가는 에너지를 절약할 수 있는 환기방식이다.

2.11 신재생에너지-태양시스템

태양을 이용한 에너지시스템으로 일사에 의한 열을 모아 온수를 발생시키는 태양열 급탕시스템과 전기에너지를 생산하는 태양광발전시스템으로 나눌 수 있다. 건축분야에서는 각 시스템 자체의 개발보다는 시스템이 건축물에 통합되는 방식에 대한 개발이 중요하며, 이 책에서도 공동주택의 발코니와 통합된 태양열 급탕시스템과 벽면 또는 지붕에 통합된 태양광발전시스템을 소개하고 있다.

2.12 신재생에너지-지열시스템

화석연료의 사용을 줄이기 위한 신재생 열원시스템의 일종으로 연중 일정한 온도의 지중열을 히트펌프를 사용하여 필요한 온도로 변환하여 냉난방시스템에 사용한다. 지열시스템 또한 통합적 적용을 위해 건물의 기초구조와 함께 적용할 수도 있으며, 이 책에서는 우수 저장조와 연결한 지열+우수열 히트펌프 시스템을 소개하고 있다.

3. 저에너지 친환경 공동주택 기술의 적용

개발된 기술의 성능을 증빙할 때 가장 신뢰성을 갖는 것이 실제 현장 적용을 통해 얻게 되는 데이터에 의한 검증이다. 그러나 이러한 현장 적용은 실패의 가능성도 있기 때문에 누군가 검증해서 눈앞에 보여주기 전까지는 주택 건설업계에서 쉽게 받아들일 수 없는 것이 현실이다. 따라서 실제 소비자에게 피해를 주지 않으면서도 실증적으로 검증할 수 있는 현장이 필요한 것이다.

이 책에서 설명하고 있는 개발 기술들은 프로젝트 규모가 작아 적용이 불가능했던 통합단지계획 기술을 제외하고는 각 기술에 대한 각각의 성능 테스트와 더불어 여러 기술들이 성능 목표를 가지고 통합적으로 적용된 실험주택을 통해 그 성능을 실증적으로 검증하도록 하고 있다.

3.1 저에너지 친환경 실험주택

저에너지 친환경 실험주택은 요소기술들을 통합적으로 적용하여 성능 목표를 구현하는 목적을 가지고 있으며 5개의 각기 다른 성능 목표를 가지고 설계, 시공되었다. 5개의 모델은 성능 비교 기준이 되는 Base model과 greenhome[plus] 40%, 60%, 80%, 100%의 에너지를 절감할 수 있는 4개의 저에너지 친환경 통합 모델로 구성되어 있으며, 각 모델들은 기존의 상용 기술과 앞서 언급한 연구개발 기술들, 그리고 최신 선진 기술들을 통합하여 성능목표를 달성할 수 있도록 구성하였다.

그림 3-1 저에너지 친환경 실험주택

설계와 시공뿐만 아니라 저에너지 친환경 실험주택의 목적은 각 기술별, 모델별 성능 검증에 초점을 두고 있으므로 에너지와 환경 성능을 정밀하게 모니터링하고 분석할 수 있는 모니터링 시스템을 갖추고 있는 것이 가장 큰 특징이라 할 수 있다. 2010년 5월 완공 이후 1년간의 모니터링을 통해 적용된 기술의 성능 데이터를 얻게 되면 각 기술의 성능을 현장에서도 보증할 수 있을 것이다.

3.2 실험주택 모델별 특성

실험주택의 5가지 모델에 대한 간단한 특성은 다음 표와 같다.

표 3-1 실험주택 모델별 특성

모델	특성
Base Model	- 기존 공동주택 표준모델로 모든 성능을 2008년 개정된 법규에 기준하여 만들어진 모델 - greenhome plus 모델의 성능을 비교하여 검증하기 위해 구축된 모델
gh+40	- 40% 에너지 절감 - 다기능 이중창호 및 외단열 적용을 통한 건물 냉난방 부하 절감 - 친환경 마감재 적용, 하이브리드 환기시스템 적용을 통한 환기부하 감소 - 태양열 급탕시스템 및 태양광발전시스템 등의 신재생에너지 적용
gh+60	- 60% 에너지 절감 - 벽체와 창호부분의 단열성능 강화 - 열회수 환기시스템 도입을 통한 획기적 열손실 감소 - 바닥복사 냉 · 난방시스템 도입을 통한 에너지 절감 및 쾌적성 향상
gh+80	- 80% 에너지 절감 - 독일의 패시브하우스 수준의 난방에너지 소비 - 옥상부위 경량녹화유닛 적용을 통한 열섬현상 저감 및 냉난방 부하 저감 - 상변화물질(PCM) 적용을 통한 쾌적성 향상 및 에너지 절감 - 냉난방 열원으로 지열 및 우수열 활용
gh+100	- 100% 에너지 절감 - 진공단열재 등을 적용하여 벽체와 창호의 단열 및 기밀성능 향상 - 구조체를 통한 열교방지 설계 · 시공 및 열교차단시스템 적용 - 지열 및 우수열을 열원으로 사용하는 모세관(Capillary Tube) 복사냉 · 난방시스템 적용 - 벽면 및 지붕면의 건물일체형 태양광발전시스템(BIPV) 적용

다음 장에서부터는 저에너지 친환경 실험주택에 적용된 기술 중 12가지 연구개발 기술을 Part Ⅰ 외부환경기술, Part Ⅱ 건물기술, Part Ⅲ 설비시스템기술로 나누어 설명하고 있다. 그리고 Part Ⅳ 기술통합계획에서는 저에너지 친환경 실험주택의 각 세대별 적용기술을 설명하고 있다.

Green Roof System

2장 인공지반녹화시스템

한국건설기술연구원 **김현수** 박사

서울대학교 환경조경학과 **양병이** 교수

(주)한국도시녹화

1. 연구의 목적

도시는 인간활동의 중심지로써 급속한 개발과 도심공간의 확대로 인하여 자연녹지가 감소하고 주택 · 공장 · 도로 등 아스팔트와 콘크리트로 인한 불투수면적이 증가함에 따라 도시열섬화, 도시홍수, 지하수 고갈 등의 도시환경문제가 심각해지고 있다. 인공지반녹지는 이와 같은 도시의 생태적 문제 해결과 에너지 절약을 동시에 만족시키며, 지속 가능한 공동주거단지를 만들 수 있는 대안으로 주목받고 있다. 1990년 대 이후 도시내 공동주거단지에서는 외부공간 녹화에 대한 주민요구도가 증가함에 따라 옥외공간 차별화 전략이 시작되었다. 그리고 최근 산업 전반에 걸친 웰빙(Well-being)트렌드와 더불어 생태적으로 건강하고 지속 가능한 주거환경에 대한 욕구가 증대되고 있다. 따라서 기존의 옥상부로 한정되었던 인공지반녹지의 개념이 건물의 옥상뿐 아니라 지하주차장 상부, 벽면 등 공동주거단지 전체로 확대되었다. 녹화된 인공지반은 자연토양과 녹(綠)이 생태계에서 가지는 기능의 회복을 가능하게 하며 자연상태의 녹지와 마찬가지로 주변의 동 · 식물이 서식할 수 있는 공간을 제공한다. 이뿐만 아니라 우수를 저장하고 유출시간을 지연시켜줌으로써 도시 홍수와 지하수 고갈문제에 대처할 수 있는 효과가 있다(서울특별시, 2002). 또한 비녹화지 건물에 비해 열전도율이 낮아 건축물 냉난방에너지 절약효과가 나타났다(한국건설기술연구원, 1998). 이로써 도시의 열섬화 문제와 도시의 물 순환문제, 생물서식공간의 확충, 에너지 절감 등의 다양한 효용성을 갖고 있는 인공지반녹지에 대한 연구가 필요한 시점이다.

현재까지는 국내 인공지반녹지는 인간을 위한 외부환경 조성에 국한되었다. 따라서 앞으로 이러한 현실적 문제점들에 대한 개선과 사회 · 환경적 여건 변화에 인공지반녹지가 대응할 수 있어야 하므로 보다 생태적이며 지속 가능한 물 순환과 연계되는 기능을 담당해야 한다.

이에 본 연구에서는 공동주거단지의 바람직한 인공지반녹지 조성을 위해 국내 · 외 조성사례 및 문헌고찰을 통해 국내의 실정에 맞는 계획적 · 시공적 조성지침을 제시하는 데 그 목적이 있다.

1.1 인공지반녹화시스템

인공지반녹화가 생태적으로 작용하기 위해서는 단지 외부 주요 생태계와의 연계성을 도모하는 녹지 네트워크를 고려하여야 한다. 녹지네트워크는 단지 내 · 외의 생태계 회복을 위한 계획기법으로서 단절된 생물서식공간의 상호연결성을 확보하여 생물종의 이동성을 높이고, 생물서식공간이 건전하게 유지될 수 있는 효과적인 방안이라 할 수 있다.

단지내 인공지반녹화는 소생물권으로서 의미가 있으며, 녹지네트워크에서는 징검다리 역할이 가능하다. 하지만 기존의 단지내 인공지반녹화에 대한 생태적인 고려가 부족한 실정이기 때문에 녹지네트워크를 고려한 단지내 인공지반녹화 대상지를 선정하는 것이 우선적으로 이루어져야 할 것이다.

1.2 신개념 경사형 Green Roof System

국내의 상대적으로 낮은 기술발전 수준은 물론, 국외의 선진사례에서도 경사형 Green Roof System에 대해서는 경제성을 맞추지 못하거나 식물종의 선정에 어려움을 면치 못하고 있는 실정이다. 이러한 문제점을 개선하기 위해 저류기능 및 녹화기능 강화, 방근기능의 통합 일체화, 선진시스템 모니터링 결과 및 국내 시공기술을 고려한 시공성 및 경제성 확보를 위한 Green Roof System을 개발한다.

1.3 생태적 인공지반녹지 조성을 위한 지침

국내 실정에 맞도록 바람직하고 효과적인 생태적 인공지반을 조성하기 위한 계획 및 시공 지침을 제시한다.

2. 연구의 내용

2.1 인공지반녹화시스템

생태적 인공지반녹지 조성방법은 비오톱의 성격에 따라 건생·습생 비오톱형으로 유형구분할 수 있다. 이는 식재계획 및 주요 하부시스템 설계를 고려하여 적용 가능한 녹화시스템의 유형 결정과정을 거쳐야 한다.

2.1.1 건생 비오톱형

건생 비오톱형은 토심과 적용되는 식재유형에 따라 중량형과 경량형 인공지반녹지로 구분된다.

가. 중량형 인공지반녹지

토심 20㎝ 이상, 주로 90㎝ 이상 150㎝ 이하의 토심 확보 및 구조적 문제가 없는 곳에 적용하여 지피식물, 관목, 교목을 활용한 다층구조 식재를 한다. 또한 인공지반녹화에 가능한 식물을 선정하고 관수, 시비, 전정 등 이용 요구에 부합되는 관리를 필요로 한다.

나. 경량형 인공지반녹지

토심 20㎝ 이하, 주로 인공경량 토양을 사용하며 구조적 제약이 있거나 유지관리가 어려운 기존 건축물의 옥상 등에 주로 활용 가능한 지피식물 위주의 식재를 한다. 녹화 유형에 따라 단층형과 벽면녹화형으로 구분하고 관수, 예초, 시비 등 관리요구를 최소화한다.

2.1.2 습생 비오톱형

옥상의 습지공간을 비오톱의 개념으로 조성할 때, 생물이 서식할 수 있는 육상환경과 수환경, 먹이, 은신처 등에 대한 고려가 필요하다. 공간의 구성은 핵심지역과 완충지역, 전이지역으로 구분하여 인간으로부터의 영향을 최소화 할 수 있도록 한다. 이를 위해서는 다양한 층위를 형성할 수 있는 군집을 바탕으로 다층구조로 식재한다.

식재계획은 자생식물을 이용한 야생초지와 관목덤불, 습지 등을 중심으로 하며, 곤충과 새들이 은신할 수 있는 공간을 조성한다. 그리고 토양층의 두께에 따라 서식 가능한 식물의 종류가 달라지므로 다양한 토양층을 조성하고 동물의 이동이 용이한 구조로 계획한다. 또한 습지의 수심에 따라 서식 가능한 식물의 종류가 달라지게 되고, 곤충류나 양서류의 서식의 환경도 달라질 수 있으므로 다양한 수심을 확보해야 한다.

환경교육이나 관람 등을 위해 식물과 함께 곤충류나 양서류, 조류 등을 관찰하고 학습할 수 있는 공간을 일부 도입할 수 있다. 습생비오톱의 설계시 수역으로 물이 들어오는 유입구와 수위조절을 위한 유출구를 계획하고, 하중과 배수문제를 고려하여 방수와 인공토양의 도입, 배수체제에 대한 고려가 필요하다. 또한 관리 및 조절이 가능한 생물 서식처를 전제로 계획하고, 습지의 경우에는 수생동·식물들이 서식에 지장을 받지 않도록 충분한 모니터링 및 대응방안을 마련하도록 한다.

2.2 신개념 경사형 Green Roof System

2.2.1 요소기술 개요

가. 경사형 Green Roof System 개발방향 설정

국내에서 적용되고 있는 경사지붕 녹화기술의 수준을 살펴보면 우선적으로 풍압 및 강우, 일사 등의 기상조건이 일반적인 평지붕보다 열악한 상황이며 시스템 자체에서 이에 대한 대응력이 부족함을 알 수 있다. 또한 지붕경사로 인해 급속한 배수가 이루어져 상부 식생기반 생장에 필요한 수분 확보가 곤란한 형상으로 설치되고 있으며, 1차적으로는 포설방식의 공법으로 인해 작업여건의 곤란함과 안전성 확보가 미비한 상황이다. 현장식재로 인해 초기 피복률이 기대치 이하로 나타나기 쉽고, 특히 고층 지붕의 경우는 풍압 등에 의한 환경영향으로 식물에 대한 스트레스가 발생하여 피복속도 저하를 일으키고 있다.

국외 선진사례의 경사지붕 녹화기술에서도 마찬가지로 다양한 시스템은 갖추고 있으나 다양한 사례에 대한 차별화된 공법을 적용하다 보니 시공비나 자재비의 상승으로 경제성을 맞추지 못하는 실정이며 공법이나 자재의 복합화 및 보수능력에 대한 보완이 필요하다. 또한 경량화에 중점을 맞추다 보니 저토심에 따른 식물종의 선정에 어려움을 면치 못하고 있는 것 또한 개선점으로 나타나고 있다.

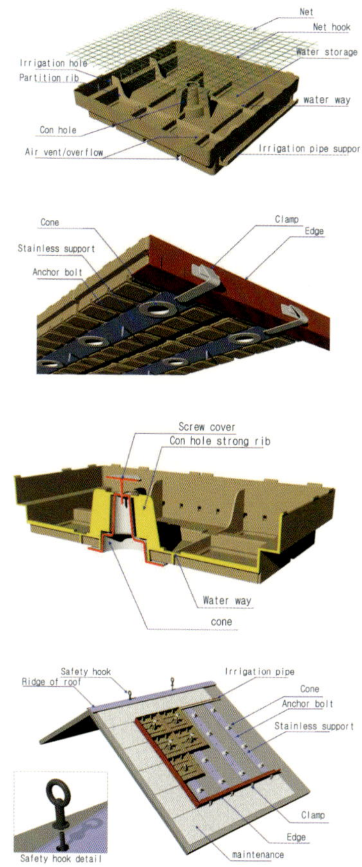

그림 2-1 Green Roof System

나. 시스템 개발 방향

앞서 언급한 다양한 문제점과 개선점을 수용 할 수 있는 경사형 Green Roof System의 개발 목표를 설정하면 다음과 같다.

① 저류기능 및 녹화기능 강화
  : 평지붕 수준의 저류기능 확보와 초기 녹피율의 60% 이상 확보

② 방근기능의 통합 일체화
  : 별도의 방근층 시공을 생략 가능한 공법 선정을 통하여 시공비 절감 방안 확보

③ 선진시스템 모니터링 결과와 국내 시공기술을 고려한 시공성 및 경제성 확보

국내 기술수준	- 풍압 및 강우, 일사에 대한 영향 대응력 요구됨 - 급속한 배수에 따라 보수능력 확보 - 포설방식 작업여건의 안전성 - 현장 식재시 초기 녹피율이 떨어지고 풍압 등 스트레스로 조기 활착이 어려움
국외 기술수준	- 기존 유닛 박스시스템의 배수판, 박스설치, 와셔 등 고정에 따른 시공 인건비 절감이 요구됨 - 보수능력 확보를 위한 유닛 사양 필요 - 운반의 효율성 및 식물보호 요건 충족 - 저토심에 따른 식물 선정상의 애로

다. 경사형 Green Roof System Prototype

다양한 방향의 검토를 거쳐 경사형 지붕에 적합한 공법으로 패널방식의 경사형 GRS를 개발하였다. 저수기능 강화와 방근성능 일체화를 위한 유닛형상을 개발하고 이의 형상과 기능을 바탕으로 특허등록(제10-0876938)되었다.

2.2.2 시스템의 성능

- 패널형의 유닛에 미리 적용식물의 생장을 통해 현장 시공 시 초기 녹피율을 70% 이상 확보 가능
- 유닛 하부 형상을 이용한 배수공간 확보로 별도의 배수층 불필요
- 유닛 자체의 격자를 활용한 저류공간 확보로 토양의 수분 확보가 곤란한 경사형 옥상녹화에서 식물생장에 필요한 수분 저류
- P.E 소재의 유닛구성과 구체와 이격되는 구조를 이용한 방근성능의 확보로 별도의 방근층 설치 불필요
- 관수시스템 설치 시 공급장치와 일체화되어 일방향 관수가 이루어져 최소량의 관수로 식물생장에 필요한 수분 공급
- 고층건물 옥상부에서 발생 가능한 풍압, 특히 부압으로 인한 시스템의 들뜸현상 방지를 위한 구조체와의 고정방안 확보

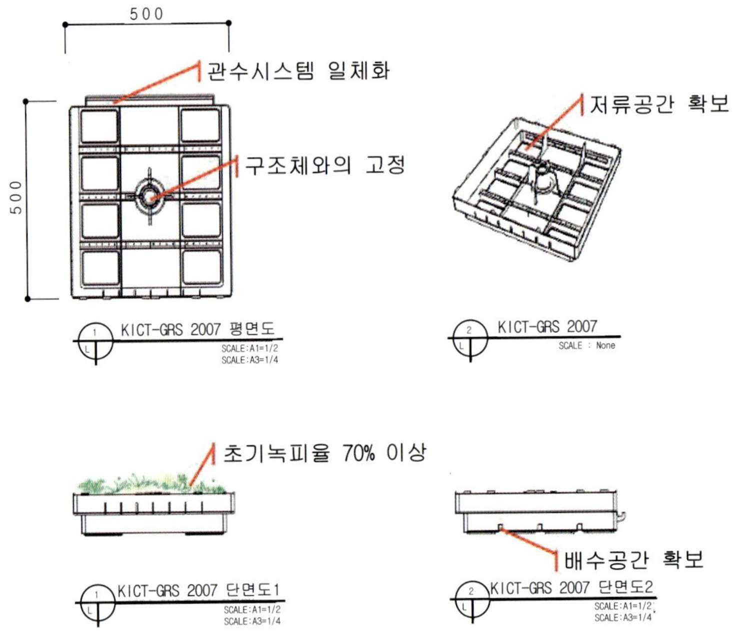

그림 2-2 시스템의 성능

2.2.3 시스템 성능평가

풍압산정 모델 개발

- 건물 한 부분에 풍압설계를 진행함에 있어 영향 요인
  : 건물의 형상(장단면비), 높이, 용도, 지붕경사, 대상지 위치 등
- 건축구조설계기준(KBC2005)에 따른 간이모델 수립을 통한 일반적인 적용대상 풍하중을 개략 산정하여 경사형 GRS가 적용되는 곳에서 발생 가능한 풍하중을 산정
- 모델 크기 : 30m×60m×50m/ 지붕경사는 20% (11.3도)
- 발생 가능한 설계용 풍하중
  : 경사지붕 가장자리부분에 [-290kgf/㎡ : 부압] / 경사지붕 중앙부분 [-190kgf/㎡ : 부압]
- 유부틸 Tape의 부착강도실험 결과
  : 접착면(0.15m×0.15m)에 대한 고정 후 강도측정 결과 개별 Cone 당 125kgf 이상 강도
  : 녹화면 ㎡당 유닛 4개 설치 시 유닛당 72.5kgf 이상 강도의 발현이 필요한 상황에서 최소 약 1.7배 이상의 강도를 확보

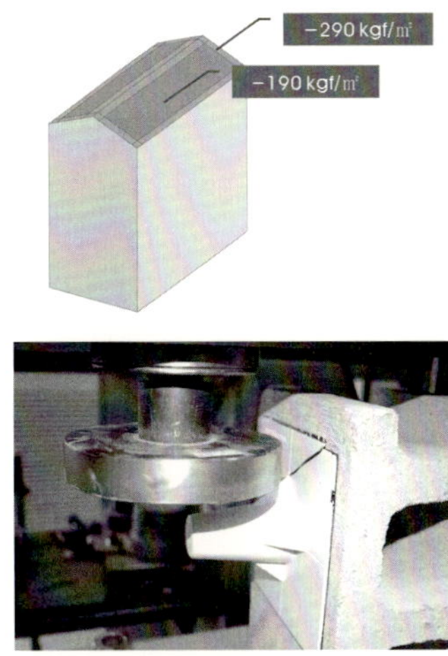

그림 2-3 풍하중 산정을 위한 일반 모델 설정 및 부착강도 실험

저수능력산정 모델 개발

- 개발된 GRS 유닛의 경사도에 따른 저수량 예측을 위한 모델링
  → 지붕 각도에 따른 저류공간의 변화로 인한 저수량 변화를 예측하고, 이 저수량이 상부의 식생에 어떠한 영향을 미치는지에 대한 장기적 모니터링을 위한 기반이 됨.
- 관수시스템이 연계될 부분을 통한 인공관수로 실제 시공 시 관수공급 조건과 동일한 조건에서 수분의 공급을 재연하여 유닛당 확보 가능한 유량을 산정
- 유닛 중심의 통기성 보완을 위한 통기구 형상으로 인해 지붕경사도 20도 전후의 저류량의 급격한 변화가 발생, 경사도와 관수속도, 저류량에 대한 다양한 변수를 근거로 하여 지붕 경사도에 따른 저류량 예측 상관식을 다음과 같이 도출

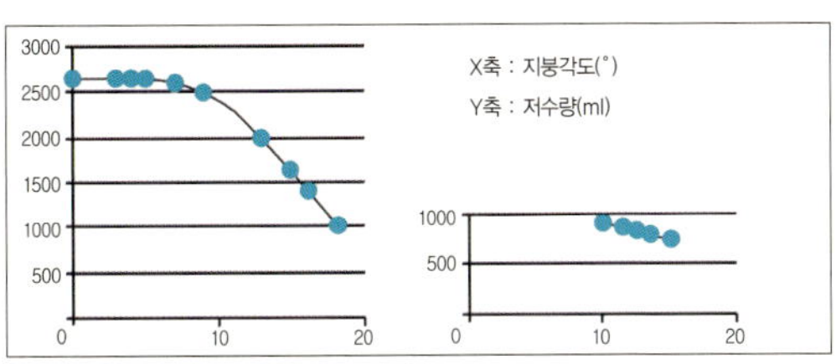

: 지붕각도(X) 0도 이상~20도 미만 저수량 (㎖)

$$y = 0.004x^5 - 0.160x^4 + 1.198x^3 - 3.128x^2 + 0.153x + 2645$$

: 지붕각도(X) 20도 이상 (㎖)

$$y = 0.038x^3 - 3.152x^2 + 68.27x + 503.9$$

〈저류량 산정 예측 상관식〉

그림 2-4 저류량 산정 실험

2.3 생태적 인공지반녹지 조성을 위한 지침

2.3.1 생태적 인공지반녹지 조성을 위한 계획적 지침

가. 녹지네트워크를 고려한 인공지반녹화 대상지 선정

구분	내용
단지 외부 주요 생태계 조사 및 분석	- 단지 외부 녹지네트워크 구성요소인 핵심지역, 거점지역 등을 파악하고 단지내 인공지반녹화 대상지와의 연계를 도모 - 핵심지역과 거점지역에 서식하는 동 · 식물 조사 및 서식환경에 대한 분석이 전제
유치가능 주요 목표종 선정	- 주요 생태계 조사 및 분석을 통해 유치 가능한 목표종의 선정 - 단지 외부의 핵심지역 또는 거점지역에 서식하고 있는 생물종을 파악하고, 인공지반녹화 대상지와의 거리를 분석함으로써 적당한 수평, 수직적 행동반경을 고려 - 목표종을 곤충류, 양서파충류, 조류, 포유류로 분류하여 선정 - 단지내 인공지반녹화 대상지의 유형을 다양화함으로써 다양한 목표종 유치를 가능하게 함
인공지반녹화 대상구간 선정	- 단지 외부의 핵심지역 또는 거점지역을 고려하여 단지내 인공지반녹화 대상구간 선정 - 단지내 · 외부의 도시경관을 고려하고, 인공지반녹화 대상구간내 녹지계획 시 주변 자연경관과의 조화를 도모 - 단지내 인공지반녹화는 공원, 광장, 생태연못, 옥상, 벽면 등 각각 녹지네트워크의 징검다리 역할을 수행 가능하도록 외부와의 연결성을 고려
비오톱 네트워크	- 생물종의 이동성을 높이고, 생물서식공간이 건전하게 유지될 수 있도록 함 - 공원, 광장, 생태연못, 옥상, 벽면 등에 자연 생태계의 구조를 지닌 다양한 공간을 만들어 다양한 생물이 안정된 서식환경을 누릴 수 있도록 함 - 비오톱이 안정된 상태에 도달하는데는 많은 시간이 걸리므로 적절한 계획이 필요 - 인간에게 건강한 녹지공간을 제공해주므로 자연과 인간이 함께 조화를 이루도록 해야 함
목표종 서식처 계획	- 목표종 서식처 계획은 주변의 거점들과 연계를 도모한 비오톱 네트워크를 고려해서 계획 - 인공지반녹화지의 면적은 클수록 목표종이 대체서식처로 이용할 수 있는 가능성이 높으며, 적을수록 가능성이 낮으므로 규모에 대하여 고려 - 목표종이 서식하기 위해서는 수공간뿐만 아니라 다층구조의 다양한 식재패턴의 서식처 확보가 필요 - 인공지반녹화지의 제한적 여건에 따라 적당한 규모의 수목선정 과정을 수행

나. 물순환시스템과의 연계

지상공간 상부 인공지반 녹지의 수처리	- 지공간에 내린 빗물은 즉시 지면을 통하여 땅속으로 스며들어 드레인을 통해 집수정으로 배출 - 침투되지 못하고 유출되는 빗물은 인근의 자연배수 구간에 설치된 침투구덩이와 침투도랑으로 모여들어 쇄석층을 통하여 땅속으로 빠르게 확산 침투 - 모여진 빗물은 크고 작은 곳곳에 만들어진 지상의 연못, 저류지, 투수지와 지하의 저류시설에 저장되고, 지표면의 증발과 식물의 증산에 의해 현장에서 자체적으로 소멸
우수저류지 상부 인공지반녹지 연결방안	- 지상부의 식재와 토양층을 거쳐 자연정화된 빗물이 그 하부에는 저류박스와 월류관을 두어 빗물의 저류, 배수기능을 하도록 계획 - 빗물을 차집하여 지하저류조에 저류시키고, 수공간 및 관수, 기타 생활용수로 물을 공급하는 등 중수로 활용할 수 있도록 구성 - 인공지반녹지 → 저류박스 → 드레인 → 지하연락관 → 인근 녹지내 집수정 → 지하연락관 → 수공간, 식물관수, 기타 생활용수로 활용
건축물 옥상부 인공지반녹지의 수처리	- 집중호우시 신속히 투수시킬 수 있는 배수능력이 탁월한 배수시스템이 필요 - 표면배수를 유도하기 위해 기울기를 형성하거나 배수로를 조성 / 한 옥상에 최소 2개 이상의 루프 드레인을 설치, 가능하면 각 모서리에 1개씩을 설치 - 옥상녹화시스템의 가장자리는 경량골재를 이용하여 배수로를 조성하는 것이 바람직함 - 옥상부내에서의 수처리 방안으로 건축면에 떨어진 빗물을 일시적으로 침투, 저류하기 위해 지붕녹화를 적용 - 인공지반녹화의 관수의 경우, 상수를 대체할 수 있어 물자원을 절약할 수 있으며 빗물이 상수에 비해 녹지식물의 생장에 더욱 유리함 - 옥상부 외에서의 수처리 방안으로는 옥상에 내린 빗물이 홈통을 통하여 침투통에 유입되고 다시 여과시설과 저장시설에 연속적으로 유입되면서 수공간 및 관수, 기타 생활용수로 물을 공급하는 시스템을 구축하는 등 중수로 활용할 수 있도록 계획 - 옥상 홈통 여과시설 저장시설 수공간 및 관수, 기타 생활용수 활용 등의 경로로 우수를 유도함.

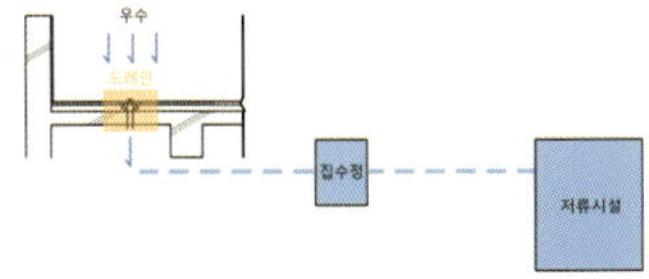

〈지상공간 상부 인공지반 수처리 양호〉

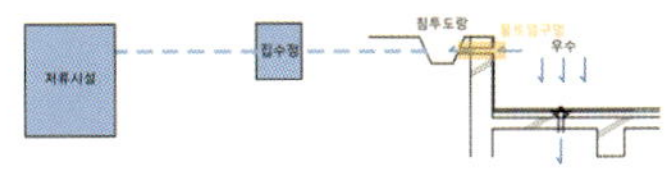

〈지상공간 상부 인공지반 수처리 불량〉

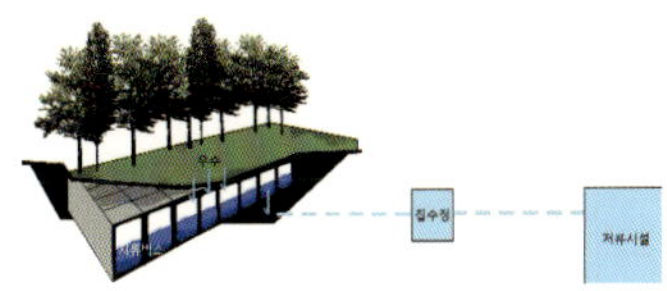

그림 2-5 물순환시스템

다. 에너지 절약형 식재

향의 고려	- 수목차양에 의한 건물의 냉난방에너지 절약효과가 가장 큰 식재방위인 서향으로 가급적 창 및 벽면 가까이에 수목을 밀식하여 여름철 오후의 태양광선을 최대한 차단 - 건물의 동향 가까이에는 대형 낙엽활엽교목을 식재하여 여름철 오전의 광선은 차단하고 겨울철 오전의 일사는 허락하는 전략이 필요 - 소교목 및 상록수 식재는 겨울철 오전의 일조를 방해하므로 피해야 하며, 건물의 남향을 비롯한 동남향 및 서남향의 차양수목 겨울철 광선을 차단하여 난방기간이 긴 중부지방에서는 난방에너지 요구를 가중시키므로 식재를 회피함. - 남향에 식재가 불가피할 경우 여름철엔 지붕에의 일사를 차단할 수 있고, 겨울철엔 창 및 벽면에의 광선투과를 최대화할 수고가 큰 교목을 식재하고, 건물의 북향, 동북향 및 서북향에는 가능한 한 수목을 밀식하여 증발산 및 방풍효과를 최대화 함. - 난방에너지 절약을 위해서는 건물벽에 인접하여 상록수 위주의 방풍식재를 계획하고, 대형 낙엽활엽교목을 식재 시 90㎝ 이상~150㎝ 이하의 토심에서 생육 가능한 것으로 선정하여야 하며, 구조적으로 문제가 없는 곳에 대형교목 등을 식재
바람길 고려	- 여름철 시원한 남서풍이나 동남풍의 건물내 유입을 방해하는 식재는 피하고 항풍에 평행으로 바람유도 식재를 하여 적극적으로 통풍을 조장 / 바람의 영향이 큰 경우는 바람에 대한 충분한 대책이 필요하고, 그것을 할 수 없을 경우는 교목의 식재를 피함. - 바람이 부는 상층에 식재를 밀식하여 식재 내부에 바람이 들어가지 않도록 하고 또 이 부분의 수종은 내풍, 내건성의 수목으로 계획. 단목으로 식재를 할 경우는 바람을 맞는 면적이 적은 수형을 선정 - 겨울과 여름에 불어오는 계절풍의 방향을 파악하여 겨울철의 바람이 불어오는 방향에는 상록수를 밀식하고, 여름철의 바람에 대해서는 하부의 줄기 사이로 충분한 풍도를 확보할 수 있는 활엽수를 적절하게 식재 - 내음성, 바람에 대한 저항성이 강한 경관수 / 측벽건물을 완화시킬 수 있도록 녹지폭을 고려한 식재를 계획 - 주변과 연계하여 녹지네트워크를 형성해야 할 때는 바람을 유도하는 식재를 하여 회랑을 조성해 바람의 영향이 큰 곳에 식재되어 있는 수목에는 단지내 토심이 충분하게 확보되어 있지 않기 때문에 지주목을 통하여 고정
다층구조	- 수직적 다양성의 창출은 대기오염 완화, 생물다양성 유지 등 녹지의 기타 환경생태적 기능을 증가시킬 수 있으므로 다층구조의 식생경관을 조성 - 다양한 곤충 및 동물의 은신처 제공을 위한 다양한 식재층 마련 - 토심을 고려한 식재를 선정하여 구조적으로 문제가 없도록 함. - 교목을 군식함으로써 주변과의 경관적 연계를 도모함과 동시에 녹지의 증발산 및 방풍효과를 증진하기 위해 잔디공간은 꼭 필요한 용도 이외에는 축소

라. 인공지반녹화시스템 유형별 고려

건생 비오톱형	습생 비오톱형
① 중량형 인공지반녹지 - 토심 확보 및 구조적 문제가 없는 곳 적용 - 지피식물, 관목, 교목을 활용한 다층 구조 식재 - 인공지반녹화에 가능한 식물을 선정하고 관수, 시비, 전정 등 이용요구에 부합되는 관리 필요	- 옥상의 습지공간을 비오톱의 개념을 중심으로 조성하기 위해서는 생물이 서식할 수 있는 육상환경과 수환경, 먹이, 은신처 등에 대한 고려를 바탕으로 조성 - 핵심지역과 완충지역, 전이지역으로 구분하여 인간으로부터의 영향을 최소화 - 자생식물을 이용한 야생초지와 관목덤불, 습지 등을 중심으로 조성 - 곤충과 새들이 은신할 수 있는 공간을 조성
② 경량형 인공지반녹지 - 토인공경량 토양의 사용 및 구조적 제약이 있으며 유지관리가 어려운 기존 건축물의 옥상 등에 주로 활용 - 지피식물 위주의 식재 - 단층형과 벽면녹화형이 있음.	- 다양한 토양층을 조성하고 동물의 이동이 용이한 구조로 계획 - 환경교육이나 관람 등을 위해 식물과 함께 곤충류나 양서류, 조류 등을 관찰하고 학습할 수 있는 공간을 일부 도입 - 수심에 따라 서식가능한 식물의 종류가 달라지게 되고, 이에 서식의 환경도 달라질 수 있으므로 다양한 수심을 확보 - 수역으로 물이 들어오는 유입구와 수위조절을 위한 유출구를 계획 - 하중과 배수문제를 고려하여 방수와 인공토양의 도입, 배수체제에 대한 고려가 필요 - 관리 및 조절이 가능한 생물서식처를 전제로 계획 - 습지부분의 경우에는 수생동물들이 서식에 지장을 받지 않도록 충분한 모니터링 및 대응방안을 마련

2.3.2 생태적 인공지반녹지 조성을 위한 시공석 지침

	건생 비오톱형	단층식재형	벽면녹화형	습생 비오톱형
배수시설	- 수직 및 수평을 동시에 고려 - 바닥구배는 최소 1~2% - 식물의 뿌리로 배수층의 기능이 저하되지 않도록 함.	- 배수구가 막히지 않도록 설계 - 옥상마다 2개 이상의 루프드레인	- 녹화기법 및 식재기반에 따라 차별화 가능	- 배수구가 막히는 것 대비 - 방수층의 누수 예방을 위한 점검 - 저수조마다 오버플로우 확보
토양 및 식재 기반층 조성	- 토심 20cm 이상, 90~150cm 이하 - 토양층 표면의 비산대책 수립 - 투수성이 좋은 마사토 계열 사용	- 최소 15cm(필요에 따라 조절)	- 나무격자, 철망, 와이어 등 활용 - 겨울철 미관을 고려한 보조재 설치	- 방수 → 투수펫 - 깔기 → 투수천 - 깔기 → 인공토양 - 포설 → 마운딩
식재	- 다층구조의 식재 - 천근성 뿌리 - 내건성, 내광성, 내습성, 내한성, 내서성 강한 식물	- 지피류 및 초화류 등 계절감을 느낄 수 있는 경관조성 계획	- 녹화 목적에 따라 식물을 선정 - 우리나라 자생종을 활용	- 자생종 중심의 다층구조 - 지나치게 성장하지 않도록함.
관수시스템	- 관수시스템(점적관수/살수방식)을 먼저 시공한 뒤 육성토양층 조성	- 관수시스템을 먼저 시공한 뒤 육성토양층 조성	- 우수를 이용할 경우 별도로 설치할 필요가 없음	- 갈수기가 2주 이상 지속되는 경우에 관수(한낮은 피함) - 오전 8~10시, 오후 4~5시경

3. 기대효과

인공지반녹화는 도시의 생태적 문제 및 도시인의 삶의 질에 대한 문제는 물론 에너지 절약 문제를 동시에 만족시킬 수 있는 대안으로 주목받고 있다. 다시 말해서 인공지반녹화는 건축으로 인해 파괴된 토양생태계를 인공지반 위에 복원하는 의미를 가지며, 이를 통해 열섬현상 완화는 물론 도시 홍수 및 지하수 고갈 문제까지 근원적으로 해결할 수 있다. 또한 도시 생태계의 생태통로 기능을 하고 대지 및 수질 정화능력을 가지는 등 도시환경 문제를 종합적으로 해결해 나갈 수 있는 대책방안이라 할 수 있다.

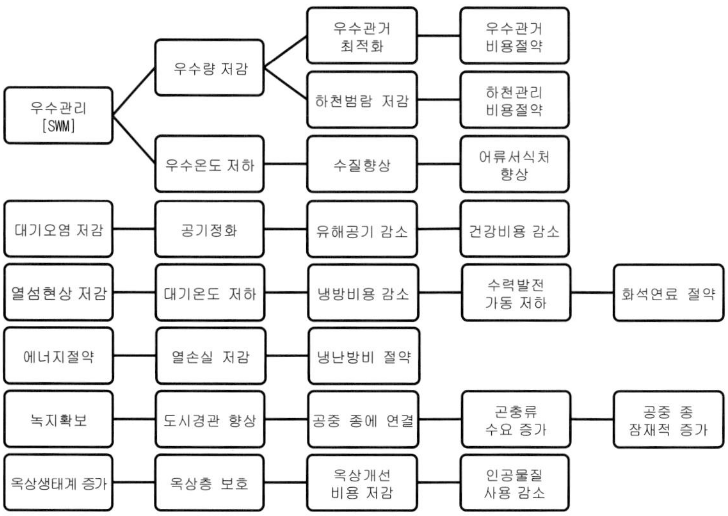

그림 3-1 인공지반녹화의 효과

3.1 기술적 측면

선진국 기술수준의 극복을 위한 소재분야의 다양성을 확보할 수 있을 것이며, 생태적 녹화기술의 표준 및 기술체계 마련을 통한 생태적 기능을 갖춘 녹지의 질적 수준을 확보할 수 있을 것으로 전망한다. 또한 이와 같이 개발된 GRS 녹화유닛은 기존 옥상녹화공법의 단점으로 지적되었던 초기 녹피율의 문제점을 선생장 후시공 공법을 통해 개선하고, 동시에 적용대상의 제한적 요소인 경사면에 대한 실질적 대안으로서의 녹화공법 제시를 통해 보다 안정적이고 실용적인 녹화공법의 보급에 기여할 것으로 예측한다.

3.2 경제 · 산업적 측면

생태조경 분야의 핵심요소 소재의 국산화를 통한 수입대체효과 및 시스템 가격

표 3-1 연도별 개발기술 관련 시장규모(단위 : 억원)

구 분	연도별 시장 규모				
	2001년	2002년	2003년	2004년	2005년
	공사액	공사액	공사액	공사액	공사액
조경부분	981	1,378	1,829	2,505	2,948
옥상조경부분	23	59	93	149	305

경쟁력을 제고할 수 있는 기반을 제공하며, 신소재 활용을 통한 조경시장 규모 확대 및 생태조경 분야 활성화를 기대할 수 있다.

또한, 서울시 옥상공원화 사업지원 예산 규모만 살펴보더라도 비약적인 증가를 보이고 있으며, 2007년 지원예산도 2억 8천만원에서 2008년도 113억 8천만원으로 400% 이상 증가하고 있는 추세이다. 이러한 사실에서 볼 수 있듯이 장기적 안목에서 생태녹화 분야의 시장규모는 점진적으로 성장할 것으로 전망되며, 개발된 기술의 활용 분야도 점차 확대될 것으로 전망한다.

공동주택의 경제적 측면에 있어서도 기존 공동주택 최상층 기피로 인한 가치 손실을 최소화할 수 있는 수단으로서 저에너지 친환경 공동주택의 경관적 랜드마크 역할을 감당할 수 있는 요소기술로 자리잡을 것으로 예상한다.

3.3 사회 · 문화적 측면

인공지반의 녹화에 따른 도시 미기후에 미치는 영향에 대한 판단의 근거를 제시하고, 녹지면적 확보에 따른 도시열섬현상 예방 및 CO_2 발생 저감 효과를 검증하여 사회적 투자에 대한 근거 확보와 그에 따른 근접녹지 확충에 따른 정서적 안정을 도모할 수 있을 것이다. 또한 버려졌던 옥상공간의 녹화를 통한 단지내 녹지공간 확충 및 녹지율 증대를 통한 친환경성의 증대를 유도할 수 있을 것으로 판단된다.

참고문헌

1. Karen Moyer(2005). Green Roofs Feasibility Study - City of Waterloo.(http://www.city.waterloo.on.ca)

Water Recycling System

3장 물순환시스템

연세대학교 토목 · 환경공학과 **정연규** 교수
서울대학교 건축공학과 **한무영** 교수
(주)세기종합환경
(주)디아이엔바이로

1. 연구의 목적

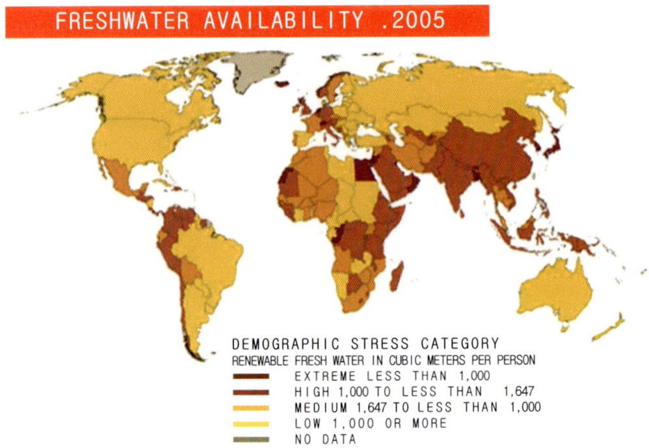

그림 1-1 세계의 물 분포도

20세기의 국제간 분쟁원인이 석유에 있었다면 21세기의 분쟁원인은 물이 될 것이라고 예상되어지고 있다. 이러한 대규모 물 분쟁과 재난이 예상되는 것은 인구증가에 따른 물 사용량의 급증과 물 자원의 지역적 편재 때문이다. 즉, 1940년도에 23억 명이던 세계인구가 1990년도에는 53억 명으로 2배 이상 증가하였으며, 2025년에는 인구가 83억에 이를 것으로 추산하고 있다. 또한 UN의 국제인구행동연구소(PAI)에서는 현재와 같은 물 소비행태가 바뀌지 않는 한 2025년에는 세계인구의 44%에 해당하는 약 25억 명이 물 부족 문제에 직면할 것으로 추정하고 있다. 국민 1인당 연간 물 이용 가능량이 1,667㎥ 이하가 되면 물 부족 국가로, 1,000㎥ 이하가 되면 물 기근국가로 분류하고 있는데 우리나라의 경우 2000년에 1인당 물 이용 가능량이 1,452㎥로 리비아, 모로코, 이집트, 오만, 남아프리카, 폴란드 등과 함께 물 부족 국가로 분류되었다.

우리나라는 1960년대 이후 계속된 경제개발계획에 의해 대도시로 인구가 집중되는 현상이 가속화되고 있으며 경제 및 산업발전에 따른 생활수준의 향상으로 인하여 물 수요의 급격한 증가를 초래하였다. 이로 인해 수자원 확보를 위하여 새로운 수자원을 개발하거나 현재 이용 가능한 수자원의 이용 촉진을 위해 오염으로부터 수자원을 보호하는 등 한정된 수원을 보다 효율적으로 이용하는 방안이 다각적으로 이루어지고 있는 실정이다. 이러한 현 시점에서 우리나라도 수자원의 확보뿐만 아니라 배출되는 오염물질을 줄여 수질관리방안으로 활용할 수 있는 중수도를 국가적인 차원에서 적극적으로 보급하고 활용해야 하는 단계이다.

이에 본 연구에서는 국내 공동주택단지내에 종합적 물순환기술 개발을 목표로 국내의 생활오수의 성상분석을 통하여 현장에 직접 적용 가능한 중수처리시스템과 빗물 저류 및 침투시설 설계기법을 통한 최적의 빗물 관리시스템이 연계된 통합물순환시스템의 개발을 목표로 한다.

1.1 중수처리시스템

가정에서 발생하는 Greywater를 단지내에서 자체적으로 처리하여 재활용함으로써 하수처리장으로 집중되는 오염부하율을 줄임과 동시에 물 소비를 감소할 수 있도록 좋은 효율을 얻을 수 있는 중수처리시스템을 개발한다.

1.2 빗물 관리시스템

국내 기후 및 특성에 맞는 빗물 저류 및 침투 기술 적용을 위한 물순환 설계기법을 개발하고, 현장 적용을 통한 성능 분석으로 빗물 관리시스템의 성능을 검증한다.

1.3 통합 물순환 기술의 개발

빗물이용, 저농도 오수의 재이용 등을 통하여 물 사용량 및 하수 발생량을 1/2로 줄일 수 있는 통합시스템을 구축하고, 운영방안을 제시한다.

2. 연구의 내용

2.1 중수도란 무엇인가?

중수도는 종래 상수도에 의해 급수되고 있는 많은 용수 중에서 반드시 음용수와 같은 정도로 청정을 필요로 하지 않는 용도에 적합한 수질의 물을 급수하는 것을 의미한다. 따라서 중수도란 사람이 마시거나 인체에 접하지 않는 물을 공급하는 시설의 총체라고 정의할 수 있다. 중수도란 물의 대순환 사이클에서 국부적으로 단축 사이클을 부가하여 인공적으로 순환을 가속시켜 수량부족에 대처하는 개념이다.

그림 2-1 Greywater 수집 계략도

2.1.1 Greywater란 무엇인가?

일반적으로 Greywater란 우리가 물을 사용하고 발생하는 하수를 2가지로 나누게 된다. 그 첫째는 Blackwater이고 둘째는 Greywater이다. Blackwater 는 우리가 화장실에서 사용하는 변기에서 발생하는 하수를 말하며 Greywater는 변기물 이외의 샤워용수, 세면용수, 세탁용수 등 비교적 오염도가 낮은 하수를 지칭한다.

2.1.2 중수도 사용의 배경 및 현황

중수에 대한 정의는 나라마다 조금씩 차이가 있지만, 기본적으로 음용수 이외의 용도로 사용할 것을 목적으로 제조되는 물을 의미하며, 인체와 접촉이 없는 화장실용수, 살수용수, 공업용수, 농업용수 등으로 그 사용범위를 제한하고 있다. 중수도의 도입은 직접적으로 상수 사용량과 하수 발생량을 감소시킴으로써 수자원의 부족문제를 개선할 수 있다. 뿐만 아니라 수원 확보를 위한 댐 건설, 하천 오염의 정화 등에 필요한 사회적 비용을 절감시키는 등 간접적인 효과도 함께 얻을 수 있으며, 중수 1톤당 대략 500원의 사회적 순 편익과 840원의 사회적 편익을 얻을 수 있다. 이러한 이유로 환경부에서는 1991년 이후 대형건물을 중심으로 중수의 사용을 권장해 왔으나 아직까지 그 효과는 미흡한 편이며 전국 100여 개소에 대략 연간 2억4000만 톤 규모의 중수도시설이 보급되었다. 이에 환경부는 중수도 도입의 의무화와 각종 혜택안을 마련하여 2011년까지 현재 중수보급량의 5배 정도에 해당하는 연간 15억톤 가량의 중수를 보급할 예정으로 있다.

2.1.3 Greywater 처리기술

우리나라는 하수처리장이 표준 활성슬러지공법으로 유기물 제거 위주의 공법으로 운전되고 있다. 현재 강화되는 법에 의해 질소와 인의 제거를 필요로 하는데 이를 고도처리라 한다. 고도처리는 기본적으로 혐기조-무산소-호기조로 구성되어 있으며 혐기조에서는 인축적 미생물(PAO)에 의해 유기물을 이용하여 인을 용출시킨다. 무산소조에서는 호기조에서 반송된 질산성질소를 탈질미생물(Denitrifier)이 유기물을 이용하여 질소가스로 전환시키는 공정이다. 호기조에서는 공기를 불어넣어 유기물을 산화, 질산화 그리고 인 섭취를 하는 공정이 이루어진다. 현재 이러한 공정은 우리가 생활하면서 발생하는 모든 하수들이 한 곳에 모아(하수처리장) 처리하게 되므로 재활용의 의미는 없어진다. 이러한 관점에서 우리가 생활하는 하수를 Greywater와 Blackwater로 분리하여 그 중 Greywater를 자체 처리하여 재활용할 수 있다.

위에서 언급한 현재 우리나라의 하수처리공법은 일반적으로 활성슬러지공법이

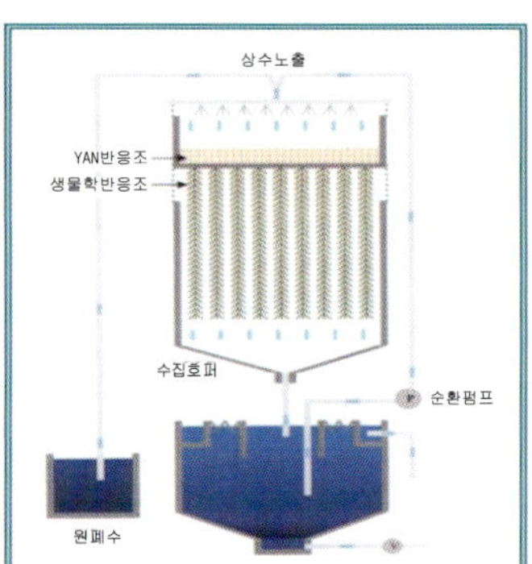

그림 2-2 대기노출형 생물막 처리시스템

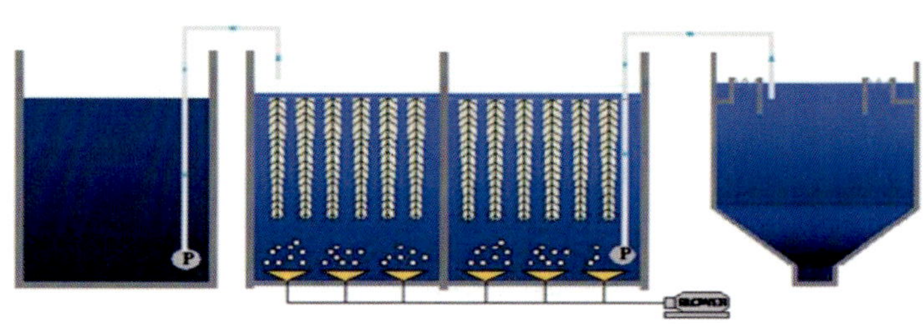

그림 2-3 일반적인 하수처리시스템

다. 이러한 공법은 기본적으로 혐기조, 무산소조, 호기조로 구성되어 있으며, 전체 하수를 하수처리장에서 처리할 경우 오염부하율이 높아져 하수를 처리하기 위해서는 고에너지가 필요하게 된다. 이에 본 연구에서는 가정에서 발생하는 Greywater를 자체적으로 처리하여 하수처리장으로 집중되는 오염부하율을 줄임과 동시에 재활용함으로써 양쪽 측면에서 좋은 효율을 얻을 수 있다.

2.2 중수처리시스템

일반적인 활성슬러지공법이 아닌 UV-티타늄 볼-멤브레인-오존을 이용하여 처리시설의 면적을 줄였으며, Greywater의 처리효율 또한 높일 수 있었다. 기본 구성은 유량 조정조, 생물반응조, 멤브레인조, 오존 소독조로 이루어져 있으며, 생물반응조의 경우 여재가 공기중에 노출되어 있어 호기성 미생물의 성장을 위한 공기공급이 따로 필요하지 않다. 공기중에 여재가 노출됨으로써 자연적으로 산소를 얻을 수 있는 방법을 이용한 시스템이다.

2.2.1 중수처리시스템의 구성

반응조 생물반응조로서 Greywater가 들어온 후 생물학적처리가 이루어지게 된다.		**멤브레인** 생물학적 처리를 통하여 멤브레인반응조로 이동하게 된 Greywater는 멤브레인을 통하여 오존반응조로 이동하게 된다.	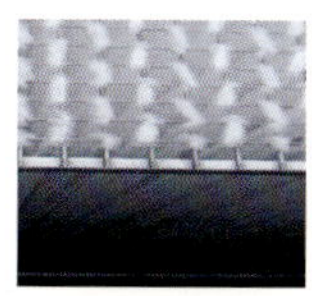
티타늄볼 티타늄볼은 생물반응조의 상단에 설치하게 되므로 표면에 코팅되어진 티타늄이 광학적 반응을 일으켜 유기물분해를 도와 준다.		**서큘레이션관** 생물학적 반응조의 Greywater를 하부에서 상부로 이동시켜 주는 역할을 한다.	
오존반응조 마지막으로 멤브레인을 통과한 Greywater는 오존처리를 함으로써 병원성 미생물을 제거하는 데 그 목적이 있다.		**순환펌프** 생물학적 반응조의 물순환을 한다.	

2.2.2 중수처리시스템 설계인자

가. 설계 시 유량과 질량부하인자의 영향

연중 일평균 중수 발생 유량을 근거로 하며, 첨두 유량과 첨두 공정 부하량을 포함한 첨두조건 등이 고려 부하변동요인이 되는 중요한 인자는 보통 지역사회 주민의 생활습관 및 계절적 조건에 의하여 영향을 받는다.

나. 질량부하의 분석

Greywater 자료의 분석에는 유량과 질량부하의 변동을 결정하는 것이 포함된다. 또한 분석은 특정한 성분의 단순 평균이나 유량가중 평균농도, 질량부하 혹은 질량부하의 결정이 포함된다. 처리공정 설계 시 질량부하의 중요성과 사용되는 계산방법은 다음과 같다.

- 유량가중 평균

생활하수 중에 성분농도의 보다 나은 값을 구하기 위해서 다음 식을 이용하여 유량가중 평균을 구해야 한다.

$$X_w = \frac{\sum_{i-1}^{n} x_i q_i}{\sum_{i-1}^{n} q_i}$$

X_w = 성분의 유량가중 평균농도

n = 측정수

x_i = i번째 기간중 성분의 평균농도

q_i = i번째 기간중의 평균유량

- 평균질량부하

성분질량부하는 보통 1일당 kg으로 표현되며, 유량단위가 ㎥/d 인 경우 다음과 같다.

$$\text{kg/d} = \frac{(\text{농도}, g/m^3)(\text{유량}, m^3/d)}{10^3(g/kg)}$$

위와 같이 질량부하를 분석하여 시스템에 적용하여 설계를 해야 한다.

다. 유지관리가 용이할 것

① 점검이 용이한 구조일 것

② 반응조의 수리에 용이할 수 있도록 내부점검 확인이 쉬운 형상 · 크기로 한다.

③ 뚜껑 개폐나 이물질 제거 필터 등의 탈착을 용이하게 한다.

라. 시공성이 좋을 것

① 구조가 단순할 것

② 사용재료가 가벼울 것

③ 기계시공이 가능할 것
④ 연결관의 접속이 용이할 것

마. 경제적일 것
① 재료비나 시공비가 저렴할 것
② 유지관리가 간단할 것
③ 청소기능을 장기간 유지할 수 있을 것

바. 강도, 내구성이 있을 것
① 소정의 재료강도가 있을 것
② 재료의 생화학적 반응성이 적을 것
③ 상재하중, 측압에 대해 충분한 강도를 가질 것

2.2.3 중수도 처리후 결과 데이터
이러한 방법으로 아파트단지 내 종합적 물 순환 기술 중 Greywater의 재사용을 적용 한다면 현재 소비되고 있는 상수의 40% 발생하는 하수의 60%를 저감할 수 있을 것으로 생각된다.

2.3 빗물 관리시스템

도시화와 산업화로 인한 기후변화로 도시의 물 관리는 더욱 어려워지고 수질, 수량적 측면에서 어떤 반복적 문제가 발생하고 있다. 또한 에너지의 과다 사용은 사회 모든 분야에 걸쳐 큰 영향을 미치는 요소로서, 기후변화에 대비한 물 관리 시스템을 위해 에너지를 적게 사용하도록 하는 것이 매우 중요하다. 이에 UN 등 여러 기관들은 각자 목표를 정하여 대책을 세우고 있다. 그 중에서 빗물관리(Rainwater Management, RWM)가 가장 현실적이고 지속 가능한 물 관리 방안의 하나로 인식되고 있다.
빗물이란 지상에 내린 비가 하천 등으로 흘러들어가기 전에 지표면에 체류되어 있거나 흐르고 있는 상태 또는 지하로 침투되는 것을 말한다. 빗물 관리란 이러한 빗물을 이수, 치수, 환경 측면에서 효율적으로 관리, 이용하는 것을 의미한다. 빗물 관리시설은 빗물을 효율적으로 관리, 이용할 수 있도록 도와주는 시설들 전부를 일컫는 말이다.

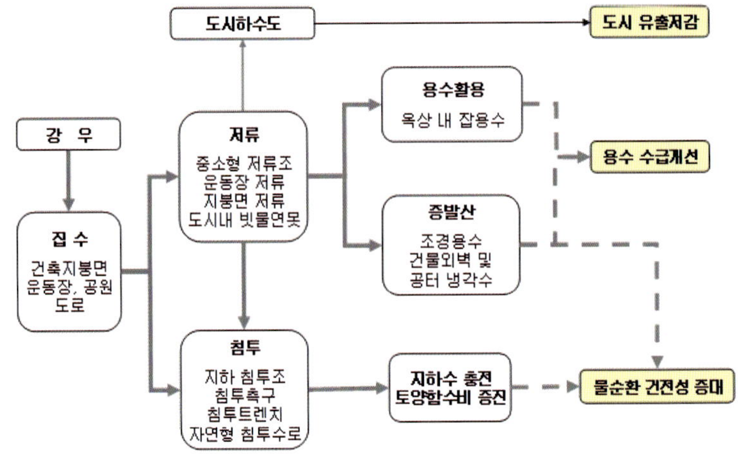

그림 2-4 빗물관리시설 개요 및 효과

표 2-1 빗물관리시스템의 종류

침투통 침투통 주변에 쇄석을 깔고, 집수된 빗물을 그 바닥면 및 측면 또는 지표에서 비교적 가까운 부분에 침투시키는 시설		**저류침투지** 지하의 쇄석조에 빗물을 담아 측면 및 바닥면으로 지하에 침투시키는 시설. 쇄석내에 빗물조를 설치하여 빗물을 유효이용하는 경우도 있음	
침투측구 투수성 콘크리트재료를 이용하여 측구 바닥면 및 측면을 쇄석으로 충전시켜, 집수된 빗물을 바닥 및 측면에서 침투시키는 시설		**표면침투** 가정의 뜰이나 화단 등을 이용하여 빗물을 침투시키는 시설로 자연환경을 훼손하지 않는 장점이 있지만 용지확보가 가능한 지역에 한정됨	
침투트랜치 굴착한 도랑에 쇄석을 충전시키고, 다시 그 가운데 유입수를 균일하게 분산시키기 위한 투수성 관을 포설한 시설		**투수성포장** 빗물을 투수성의 다공질 포장체 등을 통하여 지중에 침투시키는 것. 눈막힘 등에 의한 기능저하를 방지하기 위한 적절한 유지관리가 필요	
침투지 저류시설의 바닥면에서 저류수를 지하에 침투시키는 시설로 저류에 의한 홍수조절기능과 침투에 의한 유출 억제 기능을 동시에 지닌 시설		**침투박스** 경량의 재질을 이용하여 제작된 박스형태의 침투시설 시공이 용이하며 침투시트로 감싼 후 매설하여 시공함	

2.3.1 빗물 침투시설

건물의 옥상이나 지표면에 내린 빗물을 침투박스 등 침투시설에 의해 땅속으로 침투시키는 시설을 빗물침투시설이라 한다. 일반적인 빗물저류의 경우 강우 시 유출의 일정량을 저류시킴으로써 유출유량을 지체시켜 첨두유출량을 제어하는 역할을 한다. 빗물 유출량의 절대량 감소를 통한 관로 설계빈도 향상, 지하수위 충전 등을 통한 물 순환 회복, 도시의 열섬효과 방지 및 미기후 조절 등의 효과를 얻을 수 있다.

2.3.2 빗물이용시설

빗물이용시설은 빗물을 저장하여 이를 적극적으로 이용하는 시설로 수자원을 확보함으로써 도시나 건물의 물 자급률을 높일 수 있다. 또한 기존의 물 공급방법인 상수도공급은 생산시설로부터 소비시설까지 원거리 수송을 통해 공급되므로 과도한 비용과 에너지를 소모하고 있다. 이는 에너지 이용 효율에 대한 고려보다 수처리 효율에 초점을 맞추어 연구개발이 진행됨으로써 에너지 소비적 기술이 대부분이다. 이 시설은 비가 내린 장소에서 바로 공급이 이루어지기 때문에 물 생산에 따른 에너지와 비용을 절감할 수 있다.

2.3.3 빗물이용시스템 설계인자

가. 집수면

효율적인 용수공급을 위해서 가능한 많은 빗물을 손실 없이 집수해서 저장조로 유입시키는 것이 집수부의 이상적 기능이다.

집수면적을 통하여 연간 일평균 저장조 유입량을 산출한다.

$$Q_{in} = A \times I \times C$$

수질관리를 위해 집수면의 선택을 매우 신중하게 고려해야 한다.

나. 저장조

저장조의 목표 설계인자로는 빗물이용률, 상수 대체율, 저장조 활용빈도 등을 이용하여 저장조의 용량을 산정한다.

적정한 저장조 용량을 설계하기 위해서는 빗물이용시설의 운영을 모의하고 그 결과를 바탕으로 용량을 결정한다.

$$V_{res,t_i} = \int_{t_0}^{t_i} (Q_{in} - Q_{out} - Q_{sup})dt$$

그림 2-5 물자급률 향상방안

다. 물자급률 향상 방안

강우특성과 도시하수시스템이 고려된 Mass-balance를 활용한 빗물 저장조 용량을 선정한다. 건물 주위의 공사환경을 고려한 운전인자 기준을 선정한다.

2.4 통합적 물순환시스템

빗물 및 중수시스템을 연계한 통합적 물순환시스템은 물의 사용용도에 따라 용도별 공급체계를 구축하여 각 지점에서 발생한 빗물과 오수를 적절히 처리하여 재이용함으로써 에너지 및 상수 사용량을 줄이고, 건물 또는 지역의 물 자급률을 높이도록 관리하는 시스템이다. 기존의 상수도 시스템에서 물의 용도에 상관없이 높은 수준의 수질기준에 맞추어 상수를 생산하고 있었다면, 연계 시스템에서는 용도에 맞는 수질의 물을 확보 및 생산하여 공급하게 된다. 우리나라 가정에서 사용하는 물을 용도별로 구분한 내용을 살펴보면 약 54% 물이 화장실용수, 세탁용수로서 낮은 수준의 수질로도 많은 부분을 이용할 수 있다. 따라서 물의 용도에 따라 공급수의 수질을 달리할 수 있다면 높은 수질기준에 맞추어진 현재의 시스템과 비교할 때 물 생산을 위한 에너지와 비용을 줄일 수 있고, 필요한 수량을 확보할 수 있다.

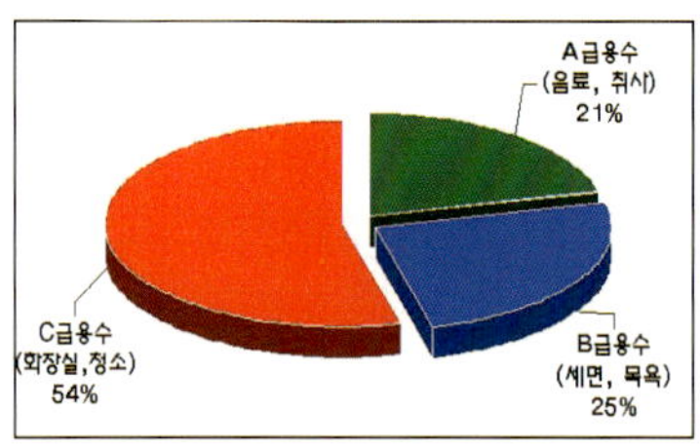

그림 2-6 우리나라 가정의 물 사용량의 비율
(대한상하수도학회, 1993)

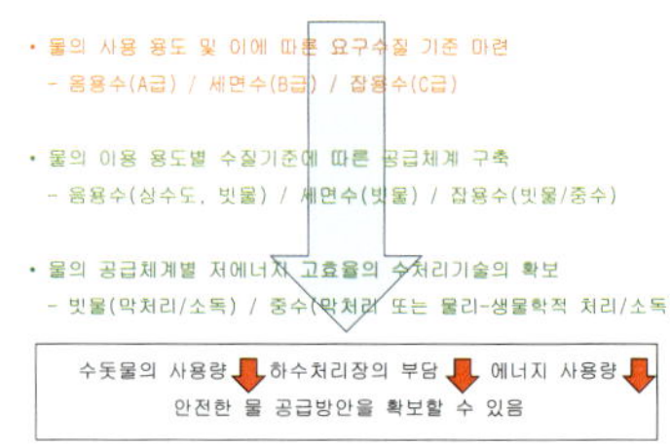

그림 2-7 빗물 및 중수 연계 시스템의 착안점

2.4.1 빗물 및 중수 연계 시스템의 필요성

안정된 수량의 물을 공급할 수 있을 뿐만 아니라 수원의 다변화를 통한 건물의 물 자급률을 증진시킬 수 있다. 또한 중수의 재처리시 많은 에너지를 필요로 하기 때문에 빗물과 연계할 경우 에너지적인 문제를 해결할 수 있다.

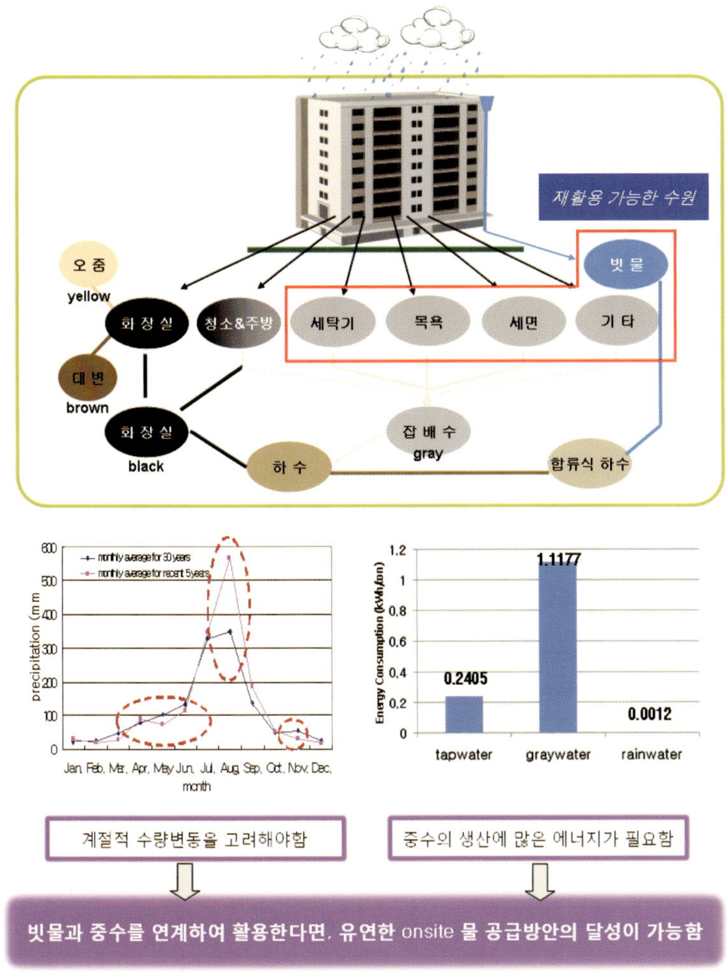

그림 2-8 빗물 및 중수 연계 시스템

2.4.2 빗물 및 중수 연계 시스템의 설계 시 고려사항

침투시설은 한번 설치하게 되면 교체나 개량이 쉽지 않다. 따라서 시설의 기능을 오래 유지하기 위해서는 폐색물질의 유입이 어렵고, 유지관리가 쉬운 구조로 할 필요가 있다. 또한 형상 · 치수 · 재질 · 구조 등의 규격을 통일하는 것이 바람직하다. 빗물침투시설의 설계 시 고려할 사항을 정리하면 다음과 같다.

가. 빗물과 중수의 분리저장시스템

수질과 관련된 만약의 경우를 대비하여 빗물과 중수를 분리 저장하며, 최종 공급탱크를 통해 물을 공급한다.

나. 분리 배관

빗물, 중수 배관의 교차연결 방지 및 유지관리의 편이성을 고려하여 배관에는 빗물과 중수의 구분을 확실히 한다.

다. 월류수에 대한 고려

여름철 집중 강우 기간에는 월류수를 직접 하수관으로 방류하지 않고 건물 외부의 생태연못 유지, 분수 등의 조경용수로 활용하고 그 외의 빗물은 침투시킴으로써 건물 및 단지에서 발생하는 빗물 및 중수를 외부로 최대한 유출되지 않게 한다.

라. 유지관리 및 모니터링 시스템

빗물 및 중수 연계 시스템을 관리하는 실무자를 통해 시스템을 관리한다. 실무자는 시스템의 효율을 점검하고 수질을 감시하여 효율적인 수순환시스템이 운영될 수 있도록 한다.

3. 기대효과

- 수자원 확보

빗물이용시설을 통해 저장한 빗물은 화장실용수, 조경, 세차용수 등 다양한 생활용수로 사용할 수 있어 빗물이용시설을 설치한 건물과 해당 지역의 독립적 수자원으로서 활용할 수 있다.

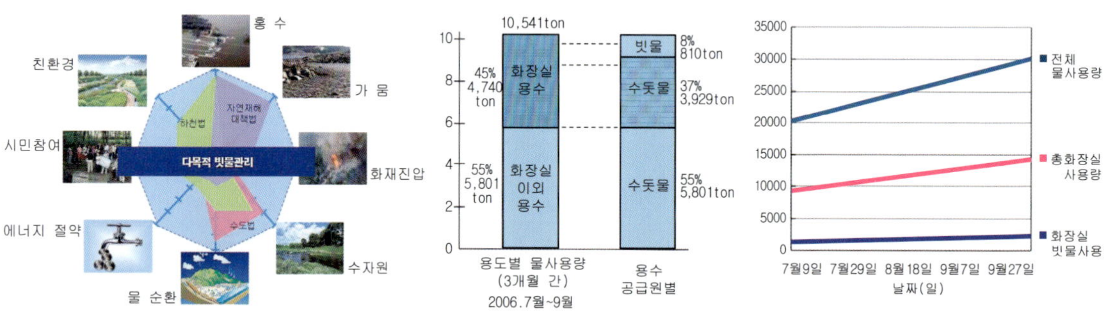

그림 3-1 빗물의 이용 효과(좌) 및 화장실용수로 사용(우)

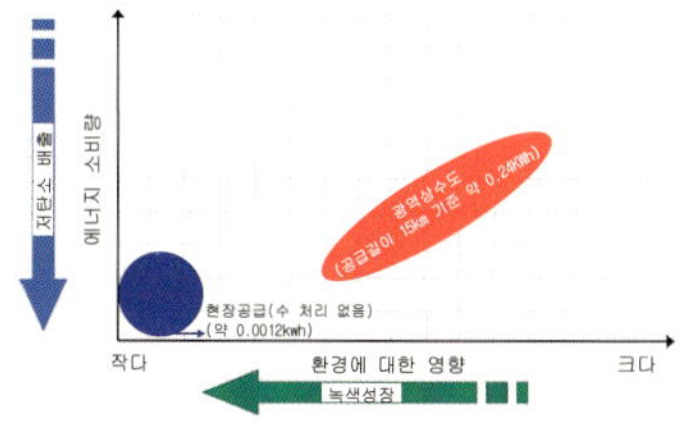

그림 3-2 빗물 이용을 통한 에너지 절약

- 에너지 절약

수자원 측면에서 상수뿐만 아니라 빗물을 이용함에 따라 상수도 사용량이 대폭 절감된다. 상수도 사용량의 절감은 상수도 생산량의 절감, 즉 수처리 및 관로 운송 비용 등의 절감을 의미한다. 상수도 공급과 비교하여 빗물 공급은 에너지 소비량이 매우 낮아 CO_2 배출 저감을 통한 기후변화 대비 및 녹색 성장에 기여할 수 있다.

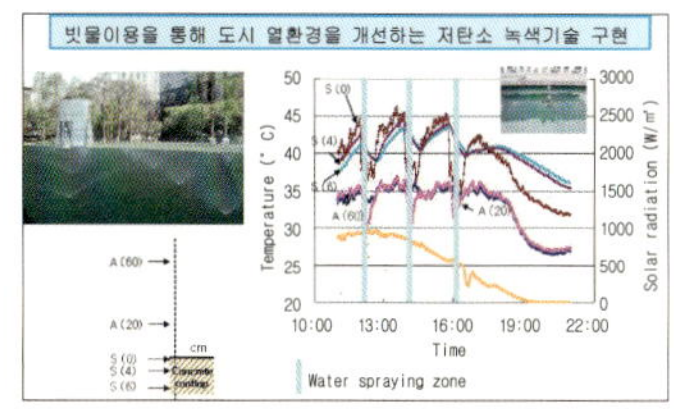

그림 3-3 도시 열섬현상 완화

- 도시 열섬현상 완화

도시의 포장면 등에 빗물을 분사하면 빗물과 지표면의 온도차에 의해 1차적으로 지표와 대기온도를 낮추고, 표면을 덮고 있는 빗물이 지표면의 열을 흡수하여 증발함에 따라 2차적으로 온도 저감 또는 온도 증가속도 완화 효과를 가져 올 수 있다. 뿐만 아니라 도시 내 기체의 흐름을 파악하여 적재적소에서 빗물을 지표에 뿌리고 대기온도를 낮추면 지역 간의 대기 온도차로 인해 바람이 불게 된다. 이를 통해 지역 전체의 대기순환을 유도하고 대기 및 표면 온도 저감 효과를 기대할 수 있다.

- 홍수, 가뭄 등의 재난 방지

빗물관리시설은 기본적으로 집수면에 떨어지는 빗물, 시설 상류지역에서 흘러내리는 유출수를 저장하거나 저류하는 기능을 하기 때문에 집중호우 발생 시 유역 하류에 집중되는 유출부하를 경감하여 홍수를 방지하거나 홍수피해를 최소화할 수 있다. 또한 비가 오지 않는 기간이 장기화되어 농경지, 하천 등이 메마르는 경우에는 빗물이용시설에 저장해둔 빗물을 활용하여 가뭄에 대처할 수 있다. 산지가 메마르고 화재가 발생하는 경우에는 산지 경사면에 설치한 빗물저장시설을 통해 수분공급 및 초기진압이 가능하다.

그림 3-4 각종 빗물 저장시설(저류조, 계단형 저류보, 소류지)

- 지하수 함양

지하수위의 저하는 지반의 불안정화, 하천 건천화의 원인이 된다. 빗물을 지표 하부에 침투시키면 지하수위가 상승하여 지반 안정 도모 및 하천 건천화 방지, 미래세대를 위한 수자원을 확보할 수 있다.

그림 3-5 오목 형태의 빗물 침투지

- 친수환경 조성 및 동식물 생태환경 개선, 보호

빗물관리시설을 통해 확보한 빗물은 주변 하천에 공급하거나 연못 조성에 사용할 수 있다. 또한 도로, 하천의 양변, 주차장, 나대지 등에 설치한 오목한 형태의 침투지는 비점오염원이 하수관거나 하천으로 유입되는 것을 방지하여 하수처리 부하를 경감하고 수생태계를 보호하는 역할을 한다. 녹지로 형성된 침투지는 도시 내 부족한 녹지면의 증대 및 동식물의 생태환경을 증진하는 데도 기여할 것이다.

그림 3-6 친수환경조성을 위한

- 중수도이용 시설의 기대효과

아래의 표는 세계의 가정용수 용도별 사용량을 비교한 표이다. 목욕 및 샤워용수의 사용량 28.9% 및 기타의 17.6%를 감안할 때 하수 배출량은 55% 정도를 절감할 수 있을 것으로 예상되어진다. 또한 처리된 용수를 재활용함으로써 화장실용수 및 기타(소방용수, 조경용수등)로 사용할 경우 상수 수요량의 35% 이상 절감효율을 낼 수 있다.

표 3-1 세계 가정용수 용도별 사용량 비교 (단위 L/인 · 일)

구분	한국	일본	독일	영국	미국
취사	14.9(6.3%) (설거지 포함)	55.0(23%) (설거지 포함)	13(10%)	3%	11.4(3%) (설거지)
수세 세면	12.5(5.3%)	19.1(8%)	-	-	45(13%)
청소	-	-	-	-	
세차	-	-	-	-	
살수	-	-	-	3%	
목욕, 샤워	68.6(28.9%)	57.4(24%)	46(46%)	20%	106(29%)
화장실	62.7(26.4%)	50.2(21%)	35(27%)	33%	132.5(36%)
세탁	37.1(15.6%)	57.4(24%)	16(12%)	14% (설거지 포함)	68(19%)
기타	41.8(17.6%)	-	19(15%)	27% (청소 포함)	
가정용 합계	237.6	239(유수량)	129	153	367

Integrated Site Planning

4장 통합 단지계획

연세대학교 건축공학과 **김태연** 교수

성균관대학교 건축공학과 **송두삼** 교수

(주)이에이엔테크놀로지

1. 연구의 목적

친환경적인 건축에 대한 관심이 증가되고 있는 가운데 건축물뿐만 아니라 건축 외부공간의 중요성이 새롭게 대두되고 있다. 건축 외부공간은 열, 빛, 공기, 소음이 이동하는 공간으로 실내환경의 변화에도 많은 영향을 주고 있다. 따라서 환경 친화적 건축물 설계전략과 함께 외부 환경부하를 최소화 할 수 있는 외부공간 설계가 중요하다. 공동주택단지의 친환경 설계에 있어서 거주민의 쾌적성 향상에 대한 관심이 고조되고 있는 가운데 수목과 같은 식재의 적절한 배치는 친환경 성능을 높이는 방법이라 할 수 있다. 또한 공동주택단지 내의 수목은 자연경관미를 향상시키며, 토양환경 및 주변경관과의 조화를 이룰 수 있게 해준다. 단지 배치계획에 따른 일조, 조망, 기류, 소음 등 실내 · 외 환경 조건은 거주 쾌적성은 물론 냉 · 난방, 조명, 공기청정 등 광열비용의 저감을 가져와 공동주택단지 전체의 에너지 소비량 저감과 직결된다. 이러한 환경 요소별로 통합적인 환경 및 에너지 영향 분석을 수행하고 각 환경성능에 대한 최적화 방안 고찰을 통하여, 궁극적으로 단지의 부하저감 및 거주환경 성능을 향상시킬 수 있는 단지배치계획 기법을 개발하고자 한다.

1.1 일조, 환기, 소음

공동주택단지의 일조환경에 따른 냉난방부하 영향평가 및 배치에 따른 환기 효과 및 주동의 형태에 따른 소음 성능을 분석한다.

1.2 인공지반

국내 공동주택 단지의 인공지반 활용 범위 및 추세를 알아보기 위해 인공지반의 유형 및 면적비율의 조사와 실제 인공지반의 측정을 통한 열적특성 분석과 시뮬레이션을 통해 실내 열환경에 미치는 영향을 검토한다.

1.3 생태면적률과 표면반사율

생태면적률 공간에 따른 외부 공기온도 변화 및 표면 반사율에 따른 외부 열환경에 대해 검토한다.

2. 연구의 내용

2.1 통합 단지계획 배경

도시화와 산업화로 인해 과거와 비교해 많은 사회적 문제가 발생하고 있다. 이러한 사회적 문제 중 하나로 도시 열섬현상이 최근 친환경에 대한 사회적 인식의 재고로 인해 많은 관심을 받고 있는 추세이다.

산업화와 도시화
- 도시의 고밀도화
- 녹지공간의 감소, 도로, 블록공간의 증가
- 인구 증가에 따른 경제활동 증가
- 대기 오염, 인공배열의 증가

▼

도시 열섬현상
- 단지 외부의 미기후(온도, 습도 및 기류)의 변화
- 도심 온도 상승으로 인한 도시환경의 악화
- 거주자의 열적 쾌적감 저하(열대야)
- 냉방기기 사용의 증가에 따른 에너지 소모 증가

도시 열환경 변화에 대해 단지 및 건물 설계단계에서 충분한 고려가 선행되어야 한다. 이를 통해 에너지 효율적인 건축이 가능할 것이며 더불어 도시 열환경의 개선에 기여할 수 있는 계획이 마련될 수 있을 것이다. 이를 위해 외부공간에 대한 환경설계에서도 도시 열환경을 포함한 기후 특성이 반영되어야 하며, 또한 도시기후 형성에 영향을 미치는 요소에 대한 관측과 검토가 이루어져야 한다.

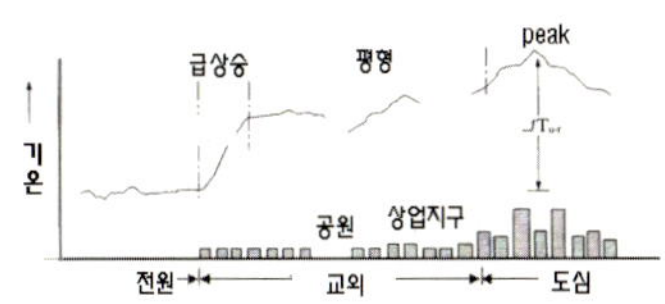

그림 2-1 지역별 온도 변화비교

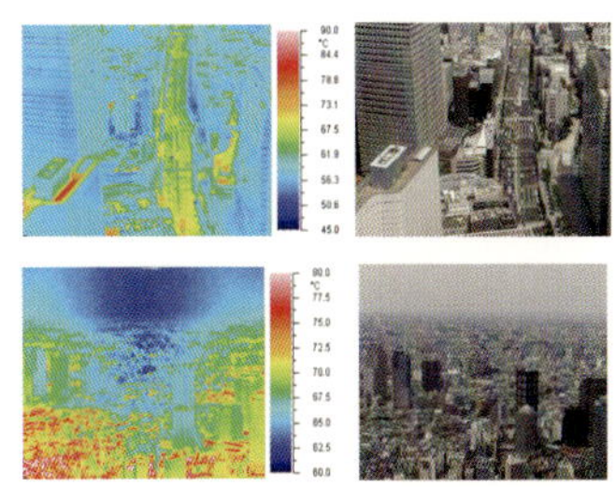
그림 2-2 도시의 팽창에 의한 열섬현상

2.2 공동주택단지의 일조, 환기, 소음성능 평가

공동주택은 향과 배치 및 주동의 형태에 따라 일조, 환기, 소음 성능이 차이가 난다. 일조 성능은 일조차폐에 따라 냉난방부하에 미치는 영향도를 평가하고 환기 성능은 자연환기 성능 향상을 위한 단지계획 방법을 사례단지에 대한 분석 내용을 기초로 설명하였다. 또한 일조 성능은 ㅡ자형, ㄱ주동의 형태와 인접 주동의 위치 및 거리 관계에 대한 3차원 소음 시뮬레이션을 실시하였다.

2.2.1 일조 성능에 따른 냉난방부하 평가

가. 일조환경 간이 평가

① 간이 평가도구를 도면의 정북과 맞추어 배치하고 개구부가 향하고 있는 방위에 맞춤

② 주동의 벽체가 차폐하는 각도를 자체차폐 가림판1, 2로 맞춤

③ 외부차폐물의 최고 높이와 분석점이 위치한 높이간의 차이와 차폐물과 분석점간의 거리 비율을 계산

④ 계산된 비율에 따른 차폐각도 확인

⑤ 차폐각도와 해당 시간대의 태양고도를 비교하여 일사 사입여부 판단

⑥ 주동 차폐형태에 따른 동지일의 일조 성능은 해당 주동 라인에 속한 세대 대부분의 성능으로 간주할 수 있음

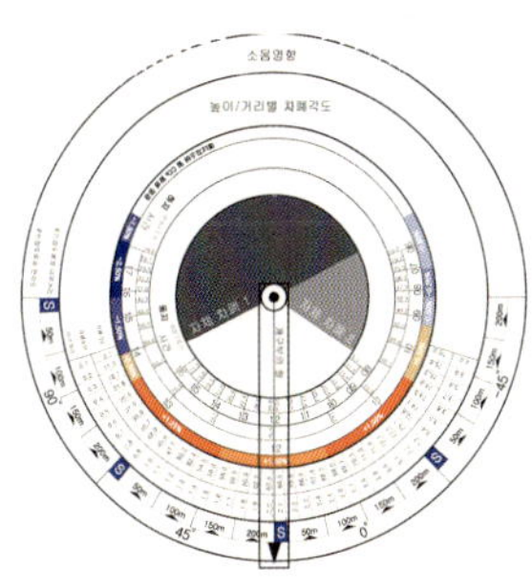
그림 2-3 간이 일조환경평가 도구

⑦ 상기와 동일한 방법으로 동시일 및 하지일의 일조환경 확인

나. 분석사례 Case 설정

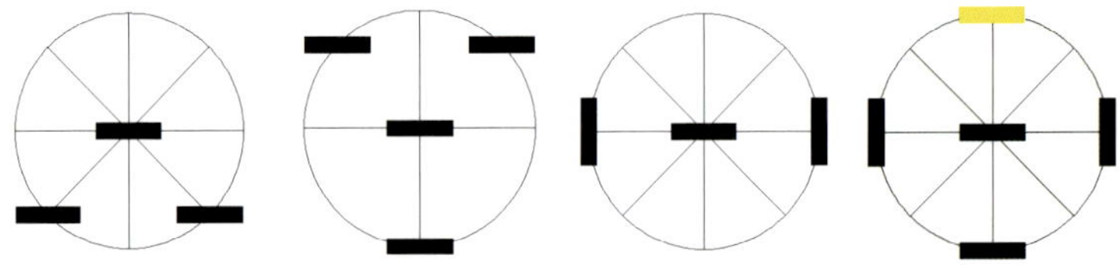

Case 1	Case 2	Case 3	Case 4
(남서/남동 차폐)	남+북서/북동 차폐	서/동 차폐	서/동 차폐 + 남/북 차폐

그림 2-4 분석 사례 Case 설정

- 차폐물의 일조 영역이 단위동 1개 라인의 냉난방부하에 미치는 영향을 분석하기 위하여 간단한 사례 Case를 설정하였다.
- 정남향의 2호 조합의 판상형 주동을 중심으로 일조차폐물(인접동)이 위치한 사례로서 상기의 그래프에서 일조차폐의 영향이 큰 방위별로 2~3개동이 인접하여 있는 사례이다.
- 설정된 Case는 인접 차폐물이 1h의 거리에 위치하는 것으로 가정하였으며, 일조차폐 각도는 평가대상 동의 중앙점 기준으로 인접동이 차폐하는 각도를 기준으로 하였다.

다. 측정 결과

- 분석 동 1개 라인의 일조차폐 Case별 분석결과를 연간 일조시간 변화 및 냉난방부하 변화로 비교하여 보면 다음과 같다.
- 분석 동의 일조시간 감소를 살펴보면 Case 4 〉 Case 1 〉 Case 3 〉 Case 2의 순서로 나타난다.
- 이에 따른 분석 Case별 일조시간 감소량을 차폐물이 없는 경우에 비하여 살펴보면 Case 4는 11%, Case 1은 8%, Case 3은 7.1%, Case 2는 5.2%의 일조시간 감소를 보인다.
- 일조차폐가 없는 경우 대비 연간 냉난방부하 및 CO_2발생량 변화(전기+지역난방)는 Case 1 〉 Case 2 〉 Case 4의 순으로 증가되는 것으로 나타났으며, Case 3의 경우 감소하는 것으로 나타났다.
- 이에 따른 분석 Case별 차폐물이 없는 경우 대비 냉난방부하 및 CO_2발생량(전기+지역난방) 변화를 살펴보면 Case 1은 1.2%(1.2%, CO_2발생량) 증가, Case 2는 0.8%(0.8%, CO_2발생량) 증가, Case 4는 0.4%(0.1%, CO_2발생량) 증가하는 것으로 나타났으며, Case 3은 0.4%(0.4%, CO_2발생량) 감소

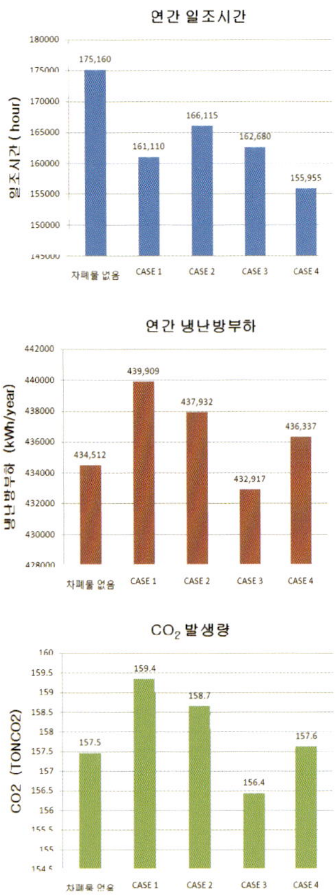

그림 2-5 분석 Case별 연간 성능 분포 비교

하는 것으로 나타났다.

- 상기의 결과 중 CO_2발생량(지역난방+전기)을 살펴보면 Case 1의 경우 단위동 1개 라인에서 최대 약 1.9 $TONCO_2$/year가 증가하는 것을 알 수 있으며, 이에 반하여 부하가 감소하는 Case 3의 경우 단위동 1개 라인에서 약 1.0 $TONCO_2$/year이 감소되는 것을 알 수 있다.
- 앞서 분석 결과에서 언급된 차폐각도별 냉난방부하 및 CO_2발생량 영향을 원형 각도 범위로 작성하여 분석 Case 배치에 중첩하여 살펴보면 다음과 같이 배치에 따른 영향을 보다 명확하게 파악할 수 있다.

2.2.2 단지 배치에 따른 연간 자연환기량 분석

가. 분석사례 단지

분석사례 단지의 개요는 우측의 그림과 같이 15층 규모의 판상형과 탑상형이 조합된 단지로서 크게 두 가지 주호형태로 구성되어 있으며, 모든 주호는 2면 이상이 외기에 면하는 형태이나 전후면에 개구부가 있는 형태(B type)와 전면과 측면에 개구부가 있는 형태(A type)로 구분할 수 있다.

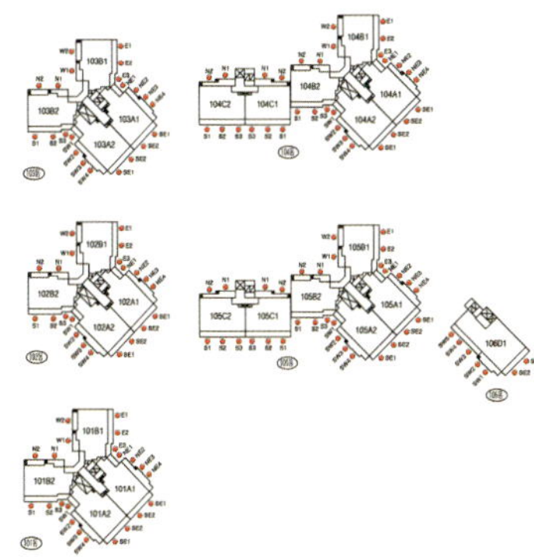

그림 2-7 사례단지/환기구 위치

나. 분석사례 단지 풍압분포 분석

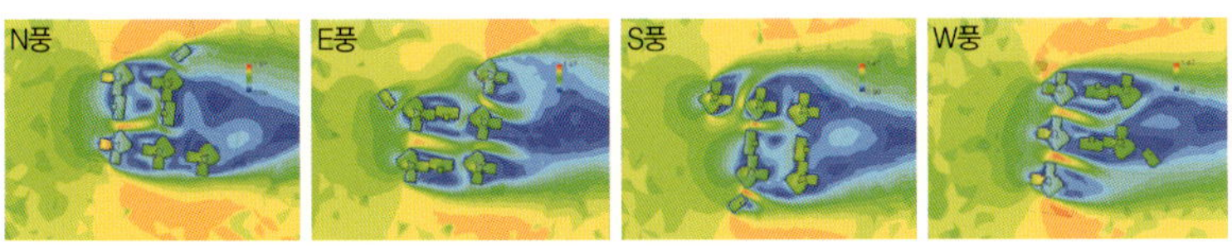

그림 2-6 단지 외부 풍압분포 분석 결과-4개 풍향만 예시

다. 분석사례 단지의 지역 풍환경 및 주동/세대유형별 연간 자연환기량 분석

풍속(m/s)	N	NNE	NE	ENE	E	ESE	SE	SSE	S	SSW	SW	WSW	W	WNW	NW	NNW
0~ 2	485	262	724	334	254	191	178	63	52	51	48	134	347	399	325	134
2~ 4	18	18	73	71	201	450	493	66	40	35	24	77	664	724	206	31
4~ 6	1	3	7	7	104	241	175	22	6		2	8	197	443	96	
6~ 8	3	1			12	37	20	4					29	123	11	
8~10					1	3	1						8	24	1	
10~12					1	2							1			

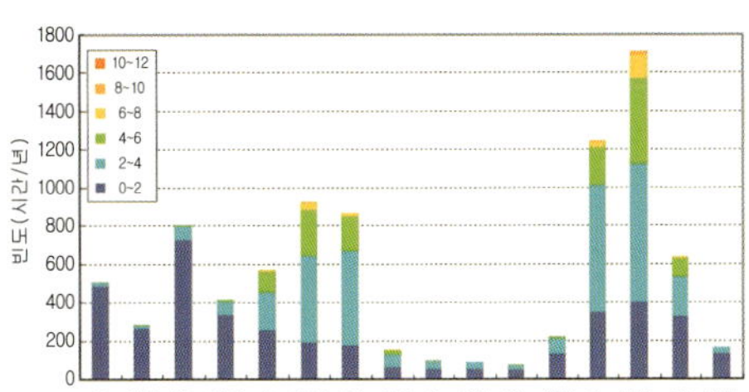

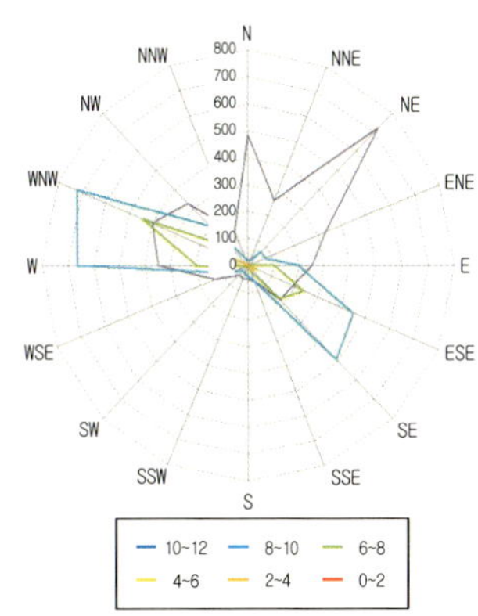

그림 2-8 2006년 대구기상청 시간당 데이터

표 2-1 동별 및 세대유형별 누적환기량 분포 (단위:ΣACH)

동 / Type	101	102	103	104	105	평균
A1	1,100.4	1,706.8	1,677.4	1,861.6	1,455.9	1,560.4
A2	2,073.9	2,756.4	2,433.4	1,631.7	1,242.0	2,027.5
B1	2,951.0	2,534.0	1,873.5	1,862.5	1,936.1	2,231.4
B2	1,963.4	1,667.4	1,827.2	1,494.6	1,468.8	1,684.3
C1	–	–	–	1,795.1	1,764.7	1,779.9
C2	–	–	–	1,795.6	1,850.1	1,822.8
평균	2,022.1	2,166.1	1,952.8	1,740.2	1,619.6	

2.2.3 도로교통 소음기준 만족을 고려한 단지 배치계획 평가

법규개정(주택건설기준등에 관한 규정, 공동주택소음측정기준)에 의거, 주택법이 적용되는 공동주택의 법규상 규정된 실내 · 외 소음기준을 만족시키는 계획 가이드를 제공한다.

가. 소음기준 평가

주동형태와 도로와의 대면각도에 따른 소음도와 차음대책에 따른 소음 경감도를 알아보기 위해 시뮬레이션을 수행하였다. 소음도 평가를 위해 –자 주동과 ㄱ자 주동을 대상으로 도로와의 대면각을 90˚, 45˚, 0˚, –45˚로 설정한 후 교통량과 주행속도에 따라 소음도를 평가하였다. 소음도를 경감시키기 위한 차음대책으로 방음벽을 설치하거나 거리를 이격하여 평가하였으며 창호를 변경하여 이에 따른 소음 경감을 분석하였다. 각 주동별 시뮬레이션 결과 중 첫 번째 그래프는 방음벽과 이격거리에 따른 소음도를 나타내고 있으며 두 번째 그래프는 창호에 따른 소음도를 나타내고 있다.

• 시뮬레이션(CadnaA 3.7)

대면각도 / 구분	90˚	45˚	0˚	-45˚
– 자형 주동	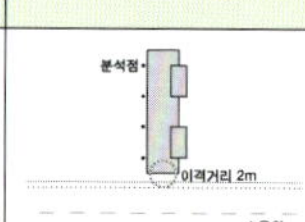	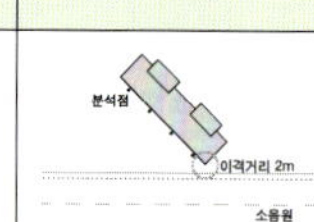	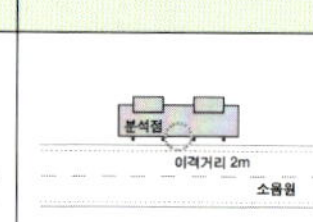	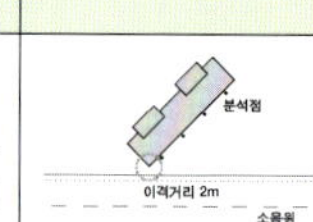
ㄱ 자형 주동	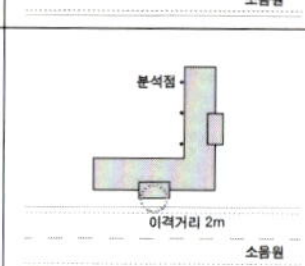	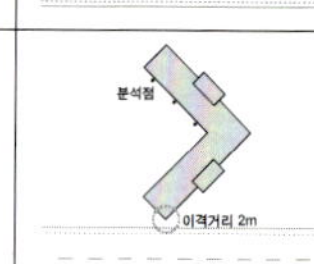	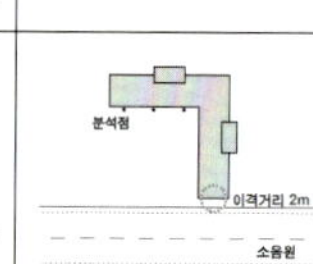	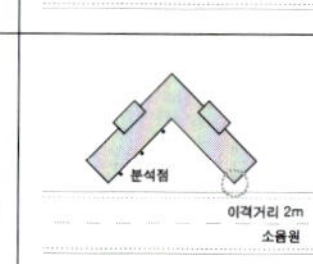
소음원	– 교통량 : 시간당 500대, 1000대, 2000대 – 주행속도 : 60, 80, 100Km/h			

나. 시뮬레이션 결과 1 : ㅡ 자형

• 방음벽과 이격거리에 따른 소음도

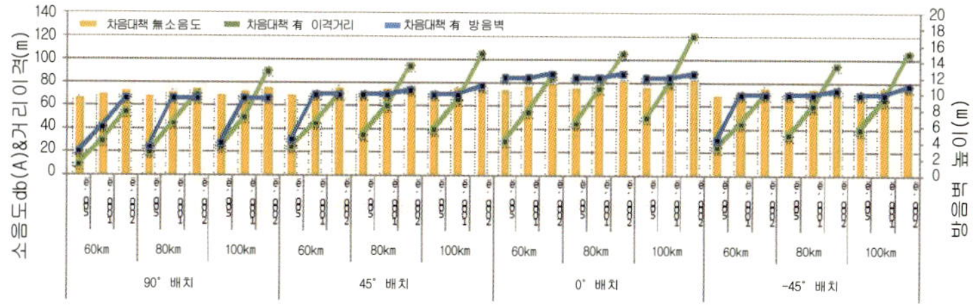

그림 2-9 배치유형 및 입력조건

• 창호에 따른 소음도

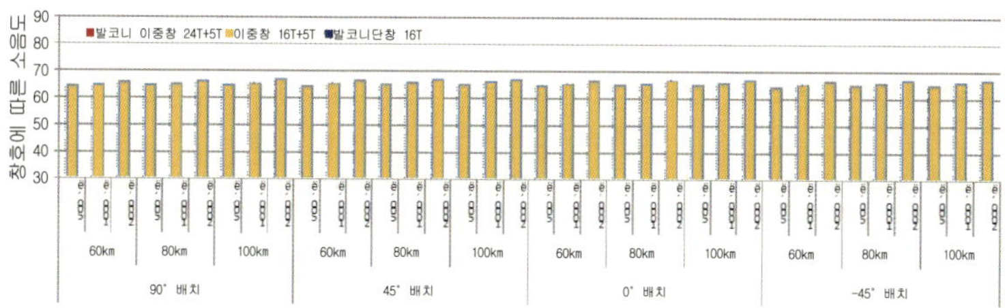

그림 2-10 배치유형 및 입력조건

다. 시뮬레이션 결과 2 : ㄱ 자형

• 방음벽과 이격거리에 따른 소음도

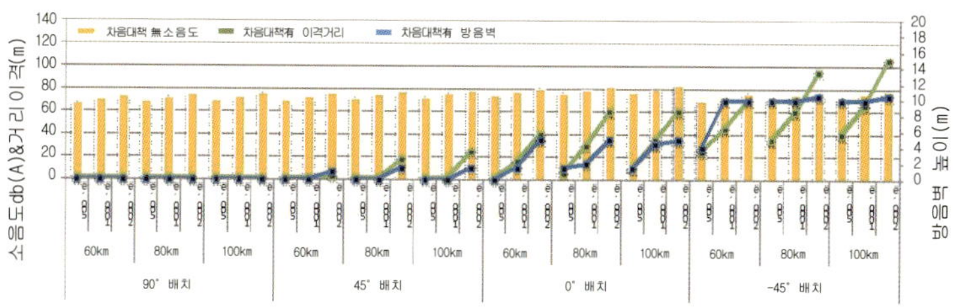

그림 2-11 배치유형 및 입력조건

• 창호에 따른 소음도

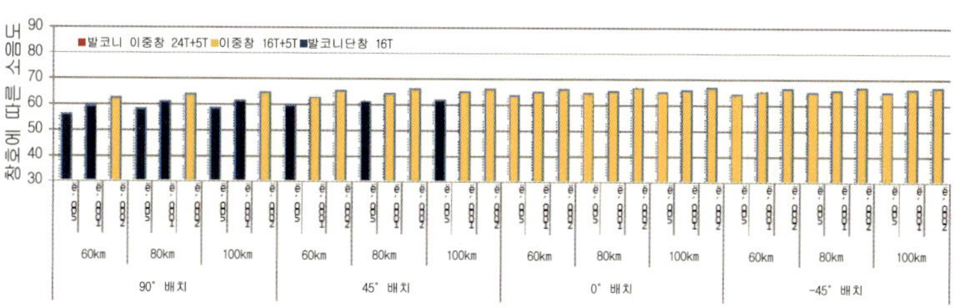

그림 2-12 배치유형 및 입력조건

2.3 공동주택의 인공지반계획

국내의 공동주택단지내에서 최근 인공지반의 활용 범위 및 추세를 알아보기 위해 실제 공동주택단지를 대상으로 인공지반의 유형 및 면적 비율 등의 조사를 진행한 조사내용은 다음과 같다.

구 분	A단지	B단지	C단지	D단지	비 고
1.위 치	경기도 용인시 동백지구	경기도 용인시 수지지구	경기도 화성시 동탄지구	경기도 화성시 동탄지구	
2.준공일	2006.4	2010.6	2008.6	2008.2	
3.세대수	743	636	1226	727	
4.대지면적(㎡)	55,693	49,730	68,556	56,467	
5.조경면적(㎡) (녹지율)	20,280 (36.4%)	28,082 (56.5%)	43,754 (63.8%)	31,534 (55.8%)	
①자연지반(㎡)	11,160	14,951	19,865	14,079	
②인공지반(㎡)	9,120 (45%)	13,131 (46.7%)	23,889 (54.6%)	17,455 (55.4%)	
6.전체인공지반	23,134 (41.5%)	16,666 (33.5%)	43,035 (62.8%)	21,118 (37.4%)	

조사결과는 공동주택단지의 친환경성 향상 노력에 의해 단지내 녹지공간의 비율이 과거에 비해 높아지고 있다. 인공지반의 경우 단지내 조경면적 중 차지하는 비율이 약 45~55%로 매우 높은 영역을 차지하는 사실을 알 수 있으며, 비조경면적을 포함할 경우 인공지반의 비율은 더욱 확대되고 있다는 것을 알 수 있다.

그림 2-13 실측대상지

2.3.1 인공지반의 열적 특성 분석

가. 단지내 인공지반 실측목적 및 내용

- 실측목적 : 단지 내 인공지반의 열적 특성을 알아보기 위함.
- 실측내용 : 신축된 공동주택단지 내에서 하절기(8월)에 진행하였으며, 지반의 열적 특성을 파악하기 위해 지반 천공 후 토심별 온도, 열류변화 및 지표면 온도 변화를 측정함.

그림 2-14 인공지반 측정

나. 지표면 온도 변화

- 인공지반 상부와 아스팔트 상부온도는 야간에 적은 온도차, 주간에 아스팔트의 온도가 매우 높게 나타남.
- 주·야간의 온도 차이는 열화상 측정 결과(주간 13:00, 야간 24:00)를 통해 분명히 알 수 있음.
- 전반적으로 인공지반(녹지면)의 상하부 온도는 현저히 낮은 온도분포를 보이며, 아스팔트면의 높은 온도분포는 단지내 열 환경을 악화시킬 것으로 판단됨.

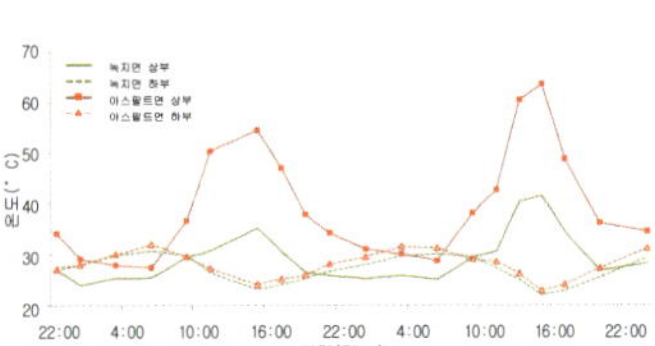

그림 2-15 인공지반 및 아스팔트의 표면온도 변화

다. 인공지반의 토심별 온도 변화

- 지표면 근처의 토양온도는 저온에서 고온으로 큰 온도 변화를 나타내는 데 비해 깊은 토양에서 안정적인 온도분포를 보임.
- 토심별 온도의 경우 야간에는 지표면 근처로 갈수록 저온특성을 보이며, 주간에는 고온특성을 보임.
- 결과적으로 주/야간의 열 이동방향의 변화를 판단할 수 있음.

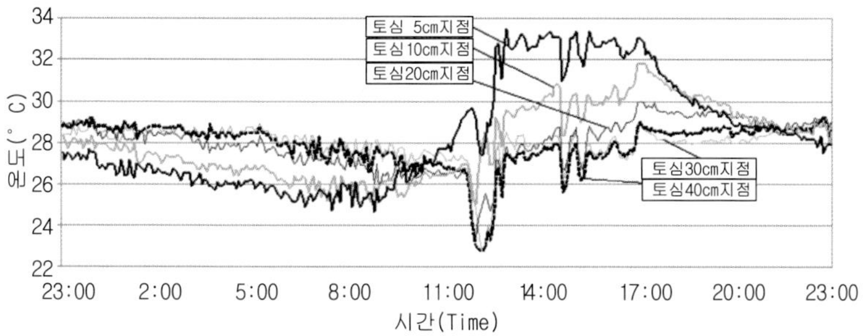

그림 2-16 인공지반(녹지면) 내 토양온도 변화

라. 고 찰

단지 내 인공지반 측정을 통해 표면 마감특성에 따른 표면온도 변화를 살펴본 결과 지표면 마감에 따라 지반 상하부에 미치는 열적 영향이 크게 변화할 것으로 예상된다.

2.3.2 시뮬레이션을 통한 인공지반의 구성이 실내 열환경에 미치는 영향의 검토

인공지반의 열적 성능을 상세하게 분석하기 위해 시뮬레이션 프로그램(TRNSYS)을 통해 인공지반의 조성방법(표면 마감, 토양재료, 토심)의 차이가 인공지반의 열류특성에 미치는 영향에 대해 검토했다.

가. 시뮬레이션 조건

구분	내용
시뮬레이션 개요	- 지반의 열성능을 알아보기 위해 단실공간에 대해 실험적인 시뮬레이션을 진행함. - 천장부 : 인공지반을 조성, 그 외 벽체 : 열류는 거의 발생하지 않는 단열 벽체 - 그 밖에 각종 재료의 물성치는 기존 연구자료 및 국내 기준을 참고
Case 선정	- 기본 Case, 일반토양 이용 Case(4개), 경량토양 이용 Case(4개) 등 크게 세 가지로 구분하여 토심의 깊이에 따라 총 9가지 Case로 세분

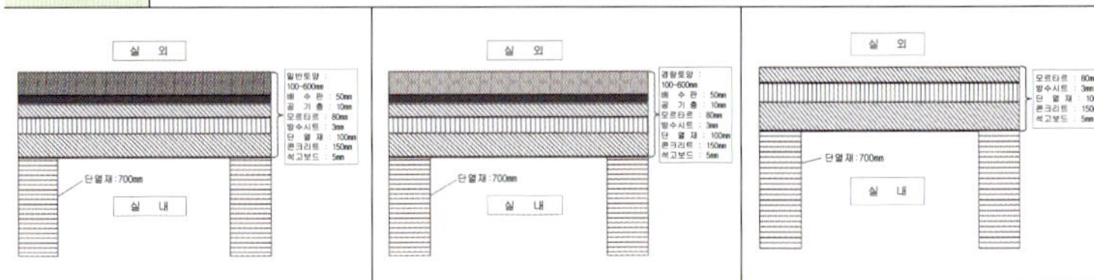

(a) 기본 구성 : 인공지반 無 (Case 1) | (b) 일반토양 적용 (Case 2-1~4) | (c) 경량토양 적용 (Case 3-1~4)

나. 시뮬레이션 결과

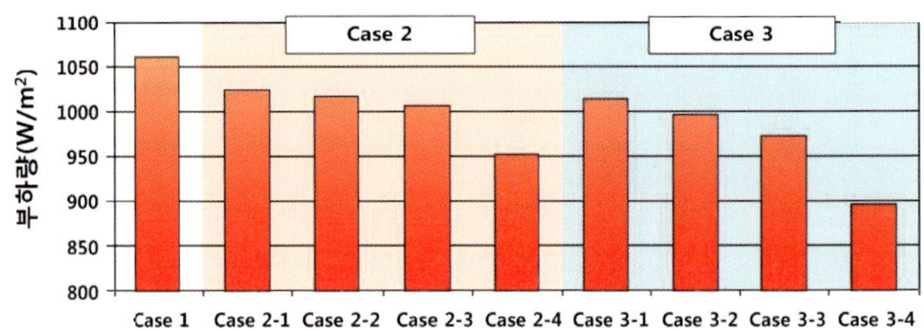

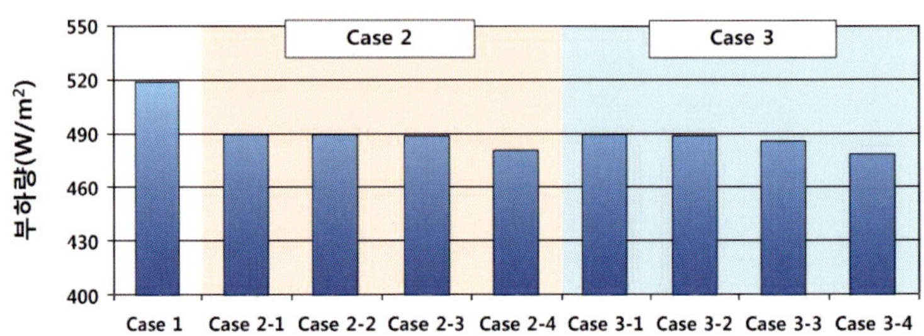

동일한 재료가 적용된 Case 2(일반토양)와 Case 3(경량토양)의 경우 토양 두께에 의한 단열효과로 거의 동일한 비율로 감소한다.

① 동절기

- 난방부하 : 인공지반의 토심 10cm당 약 0.6%(일반토양 적용), 1.9%(경량토양 적용)의 비율로 감소했다.
- 콘크리트면을 녹지면으로 변화시킨 효과는 약 3.0% 정도로 나타났다.

	Case 1	Case 2-1	Case 2-2	Case 2-3	Case 2-4	Case 3-1	Case 3-2	Case 3-3	Case 3-4
부하량 (W/m^2)	1062	1025	1017	1007	953	1015	997	974	897
부하저감율 (%)	0.0	3.5	4.3	5.2	10.3	4.5	6.2	8.3	15.6

	Case 1	Case 2-1	Case 2-2	Case 2-3	Case 2-4	Case 3-1	Case 3-2	Case 3-3	Case 3-4
부하량 (W/m^2)	519	490	490	489	481	490	489	486	479
부하저감율 (%)	0.0	5.6	5.5	5.7	7.4	5.5	5.7	6.3	7.6

② 하절기

- 동절기와 비교했을 때 부하저감률이 매우 적다.
- 표면마감에 따른 부하 저감은 큰 감소폭을 보였다. (녹지면이 콘크리트면에 비해 약 5.5%의 부하 저감을 보여 일사에 의한 영향이 크게 나타났다.)

2.4 생태면적률과 표면반사율

생태면적률은 개발로 인해 훼손되기 쉬운 도시공간의 생태적 기능(자연의 순환 기능)을 유지 또는 개선할 수 있도록 유도하기 위한 환경계획 지표이다.

2.4.1 생태면적률

가. 조사내용

표 2-2 서울특별시 생태면적률에 관한 기준

건축유형	신설 생태면적률 기준	비고
일반주택	20% 이상	
공동주택	30% 이상	
일반 건축물(업무, 판매, 공장 등)	20% 이상	환경오염물질 배출 사업장 제외
공공시설 및 건축물	30% 이상	도로 20% 이상 지하, 공중시설 제외
교육시설(초 · 중 · 고등학교, 대학교 등)	40% 이상	
녹지지역 시설 및 건축물	50% 이상	

표 2-3 환경부 생태면적률에 관한 기준

구 분		적용 목표 범주	적용 목표		
			생태적 가치 (하)	생태적 가치 (중)	생태적 가치 (상)
공동주택지	저층연립	30 ~ 40%	30% 이상	35% 이상	40% 이상
	아파트단지	30 ~ 50%	30% 이상	40% 이상	50% 이상
단독주택지		30 ~ 50%	30% 이상	40% 이상	50% 이상
상업지	일반상업지구 근린상업지역 중심상업지역	20 ~ 40%	20% 이상	30% 이상	40% 이상
교육시설	초등학교 / 중학교 고등학교 / 대학교	40 ~ 60%	40% 이상	50% 이상	60% 이상
공공건물		30 ~ 50%	30% 이상	40% 이상	50% 이상
기 타 (최소 행정목표)		20%	20% 이상		

나. 생태면적률 면적 변화에 따른 공기온도 변화

	생태면적률		30%	40%	50%	60%
조건	Case study		Case-1 녹지 30% 수공간 0% Case-2 녹지 25% 수공간 5% Case-3 녹지 20% 수공간 10%	Case-1 녹지 40% 수공간 0% Case-2 녹지 35% 수공간 5% Case-3 녹지 30% 수공간 10%	Case-1 녹지 50% 수공간 0% Case-2 녹지 45% 수공간 5% Case-3 녹지 40% 수공간 10%	Case-1 녹지 60% 수공간 0% Case-2 녹지 55% 수공간 5% Case-3 녹지 50% 수공간 10%
	외부 단지 구성	녹지공간	20~30%	30~40%	40~50%	50~60%
		수공간	0~10%	0~10%	0~10%	0~10%
		블록공간	60%	50%	40%	30%

결과		고찰	
	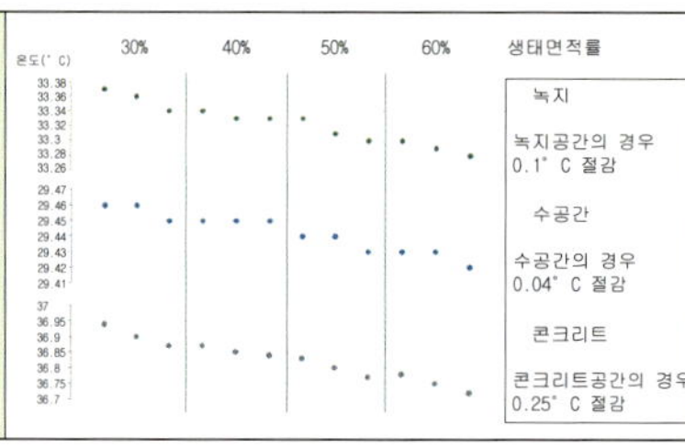		실제 공동주택단지의 경우 도로와 보행로, 주차장의 크기 등을 고려해 볼 때, 60%는 과도한 수치지만 현재 서울시 생태면적률 기준을 40%로 증가(옥상녹화, 벽면녹화, 투수성 포장)시키는 것은 가능할 것으로 판단

2.4.2 표면반사율

알베도는 지표의 태양복사에너지의 전체 입사량과 지표에 의해 반사되는 태양복사에너지의 비율이다. 알베도는 자외선과 적외선의 반사도 포함하고 있으므로 일반적으로 지표면에서 빛의 반사와는 다르다. 알베도가 낮은 지역은 더 많은 태양에너지를 흡수하며, 그에 따라 외부환경도 달라지게 된다.

시뮬레이션 개요	- 중정형 단지 배치로 외부 마감을 콘크리트로 한 것을 기본 케이스로 하고 외부 열환경을 조절할 수 있는 요소인 표면 마감재질에 대해 CFD 시뮬레이션을 적용하였다. - 천장부 : 인공지반을 조성, 그 외 벽체 : 열류는 거의 발생하지 않는 단열 벽체 - 그 밖에 각종 재료의 물성치는 기존 연구자료 및 국내 기준을 참고

표 2-4 Case 선정

구분	중정형 공동주택단지 (콘크리트마감)	중정형 공동주택단지 (아스팔트마감)	중정형 공동주택단지 (잔디마감)	중정형 공동주택단지 (수공간마감)
형태		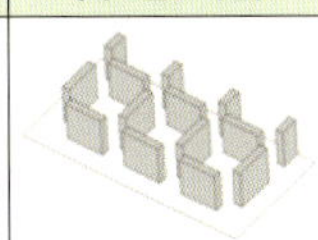	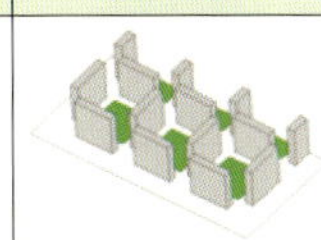	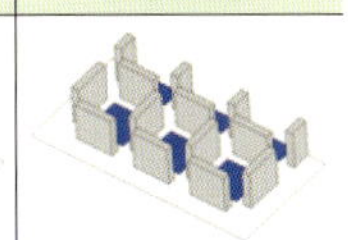
높이	50m	50m	50m	50m

CASE1 (콘크리트마감) CASE3 (잔디마감) CASE4 (수공간)

그림 2-17 Velocity 분포

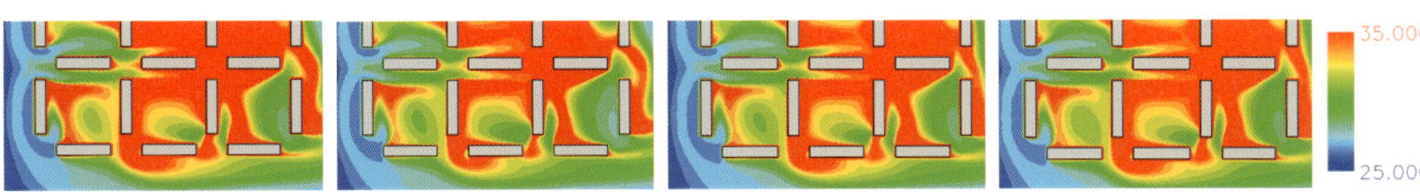

CASE1 (콘크리트마감) CASE2 (아스팔트마감) CASE3 (잔디마감) CASE4 (수공간)

그림 2-18 Temperature 분포

2.4.3 공동주택 단지 열환경 실측

<table>
<tr><td>실측
목적 및
내용</td><td colspan="2">- 서울시 신도림동에 위치한 D건설사의 친환경 공동주택단지를 선정
- 공동주택 단지 외부 표면 마감재질에 따른 열환경 평가

실측대상지
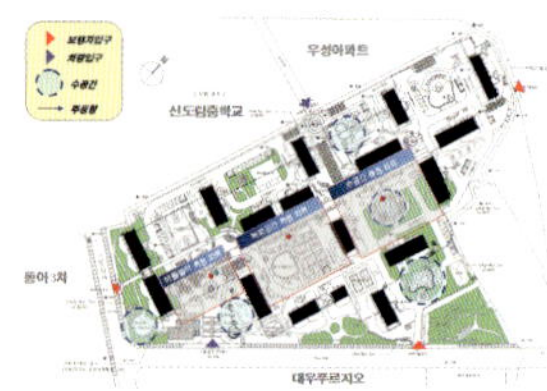
인공지반 측정</td></tr>
<tr><td>측정
결과</td><td>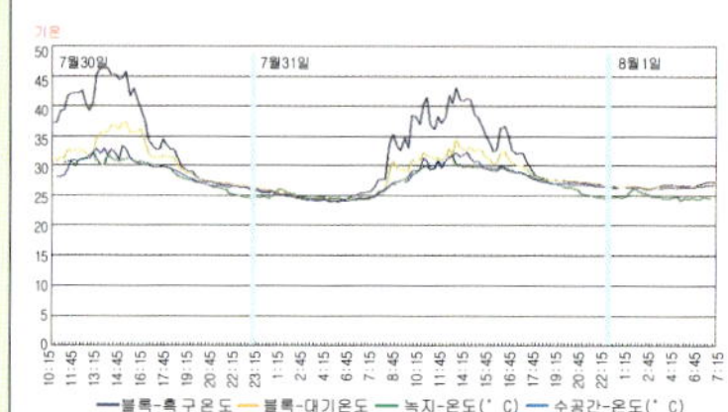

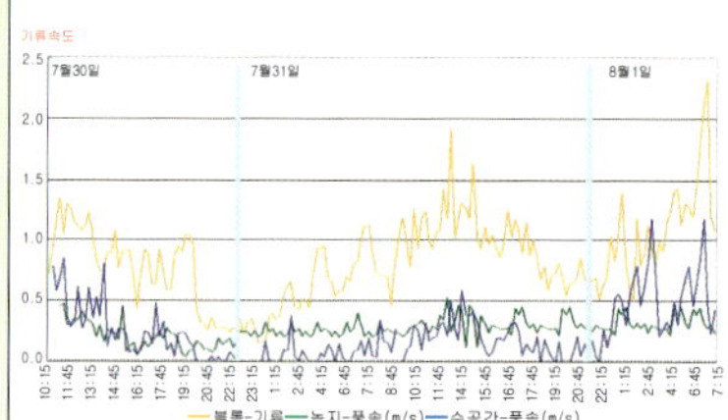
</td><td>1) 온도데이터 분석
- 온도가 가장 높을 때
:블록 (33.1℃)>수목 (31.7℃)>수공간(30.9℃)
- 하루 평균 온도분포
:블록(28℃))수목, 수공간(27℃)

2) 기류데이터 분석
- 블록지점의 평균기류속도가 0.87m/s로 가장 빨랐으며, 녹지공간에서 0.27m/s로 가장 느렸다.
- 공간별 최대풍속은 블록(1.9m/s)>수공간(0.7m/s)>수목(0.6m/s)
- 평균풍속은 블록(1.0m/s)>수목(0.3m/s)>수공간(0.27m/s)</td></tr>
</table>

3. 기대효과

3.1 기술적 측면

열환경 평가프로그램 개발과 실용화를 통해 기술확산의 효과를 가진다. CFD 프로그램은 전문적인 지식이 필요하고, 복잡한 수치결과를 비교·분석해야 하는 난점이 있다. 이를 극복하고 열쾌적성을 손쉽게 판단할 수 있는 프로그램을 개발하여 실용화한다면 친환경 단지를 조성하는 데 큰 도움이 될 것이다.

또한 공동주택단지 환경이 각 세대에 미치는 영향도 분석을 통해 도시 미기후 영향 판단 근거를 제시할 수 있다. 단지내에서 형성인자는 열환경 형성요소의 영향도를 분석하는 것은 실제 공동주택단지 설계 시 활용될 수 있는 기초자료이며, 이를 통해 도시 미기후에 미치는 영향을 판단할 수 있다.

이러한 실증적인 연구를 토대로 국내에서 프로그램을 개발함으로써 해외 기술 의존도를 개선할 수 있다.

우리나라는 그 동안 일정한 비용을 내고 선진국에서 개발한 프로그램을 사용해 왔고, 선진국의 기술 이전 기피현상으로 많은 어려움을 겪어 왔다. 이러한 문제점을 극복하기 위해 실증적인 연구를 토대로 국내에서 프로그램을 개발해 선진국의 기술 이전 기피현상을 극복하고, 기술 이전에 드는 막대한 비용을 절감할 수 있다. 마지막으로 단지배치계획지침 개발로 인해 단지부하 저감효과를 낼 수 있다. 단지배치계획에 따라 단지부하가 크게 달라지기 때문에 최적의 단지배치계획으로 단지부하 저감의 효과를 극대화시킬 수 있다.

3.2 사회 · 경제적 측면

공동주택의단지 배치계획에 따라 환경부하를 저감시킬 수 있을 뿐만 아니라 단지내 에너지 사용량을 절약할 수 있고, 그에 따라 단지 전체의 냉난방 비용을 크게 절감시킬 수 있다. 공동주택의 단지 배치계획 지침을 개발함으로써 에너지 저감에 기여하며 크게는 국가에너지 예산을 절약할 수 있다. 또한 외부환경을 해석할 수 있는 프로그램을 개발함으로써 사용료로 나가던 비용을 절감할 수 있고, 수출을 통해 경제적으로 큰 이득을 볼 수 있다. 또한 국가 이미지 향상으로 인해 대외경쟁력이 높아지고, 관련분야 또한 긍정적인 영향이 있을 것이다.

Flexibility in Floor Plan & Partition Wall System

5장 가변형 평면시스템

연세대학교 건축공학과 **이상호** 교수

포항산업과학연구원 **백승경** 연구원

(주)유창

1. 연구의 목적

기존 주택생산방식에 대한 비판은 획일성 문제와 생산 효율성 문제로 요약된다. 우선 대량생산 주택 방식이 한국 건축 주거상황을 개선했음은 부정할 수 없다. 하지만 개개인의 차이를 무시한 채 사회 전체를 획일적인 주택들로 뒤덮는 일은 더 이상 참을 수 없는 현실이 되었다. 이 때문에 사용자의 요구를 융통성 있게 대처하기 위해서 구조적 구성요소의 근본적인 변화 없이 내부공간에 장치나 수법 등의 요소로 변화를 주어 재배치나 확장할 수 있는 가변형 건축에 대한 요구가 생겨났다. 또한 거주자의 의사를 최대한 반영할 수 있고 사회의 다변화, 가족주기의 변화 등을 유연하게 수용할 수 있는 내부공간 구성이 용이하게 변화할 수 있는 주택이 필요하다. 주거공간을 구성하는 요소 및 구성체계를 변화시킴으로써 새로운 환경에 맞추어 변화되는 공간구성요소가 완전한 주택기능을 수행할 수 있는 가변형 벽체시스템의 개발이 필요하다.

1.1 가변형 평면계획 지침 개발

유럽 및 일본을 중심으로 실험되고 있는 국외의 가변형 주택 발전 경향과 국내에서의 경향을 조사하여 가변형 공동주택의 최근 동향을 알아본다. 그리고 국내에서 계획된 공동주택의 가변형 평면계획의 사례를 조사 분석한다. 이를 통해 국내의 공동주택에 있어서 가변성의 적용 현황과 문제점 및 한계를 파악하고, 국외 사례와 비교를 통해 적절한 해결책을 모색한다.

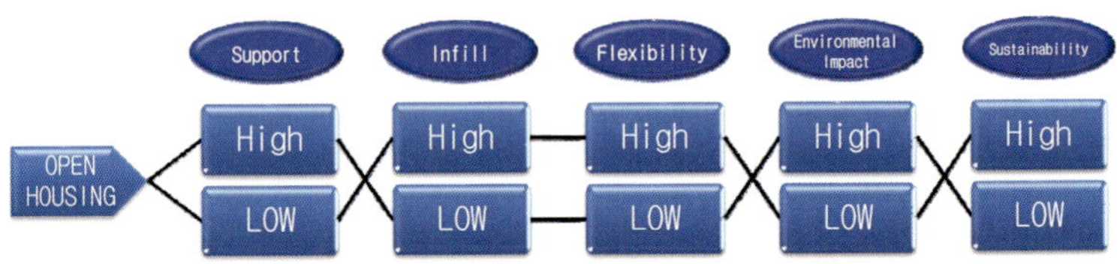

그림 1-1 Open Housing & Sustainability

1.2 가변형 벽체시스템 개발

가변형 평면시스템의 구현을 위해서는 평면의 부위에 따라서 단일구조, 이중구조 등 요구성능에 대응하는 효과적인 시공이 가능해야 한다. 또한 퇴거, 신규 입주 등 거주자의 요구 시 실의 확대, 분할 등 평면 변경의 요구에 합리적으로 대응할 수 있는 가변형 벽체시스템을 개발한다.

2. 연구의 내용

2.1 가변형 평면

2.1.1 가변형 주택계획 이론

가변형 주택계획 이론		주요 개념
SAR이론	- 가변형 주택의 개념적 모체로서 - 여러 이론에 영향을 줌	- Support 와 Infill의 구분 - Level 이론 - 타탄 그리드(Tartan Gride) 도입 - 기준대(Zones)의 한계대(Margins)
모듈러 코디네이션	- 가변형 주택의 주요개념인 호환성을 위한 연구의 기초가 되는 이론	- 건축구성재의 치수 관계를 모듈에 따라 조정 - 모듈격자에 의한 설계 - 부품에 의한 설계
SI 주택 이론	- 기존의 이론들을 일본의 특성에 맞게 발전시킨 이론	- Skeleton과 Infill의 분리 - KEP(Kodan Experimental Project) - NPS(New Planning System) - CHS(Century Housing System)
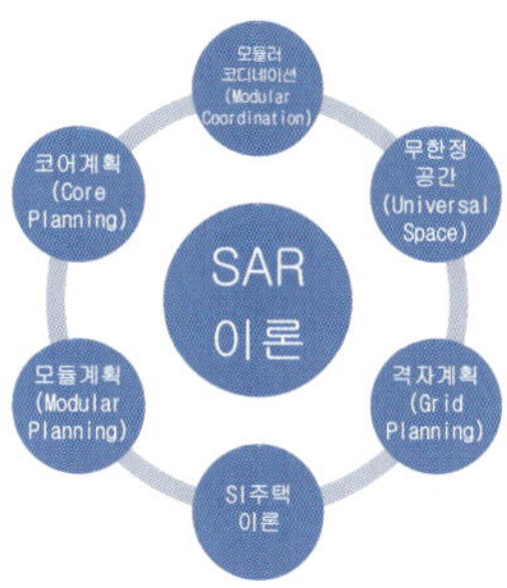		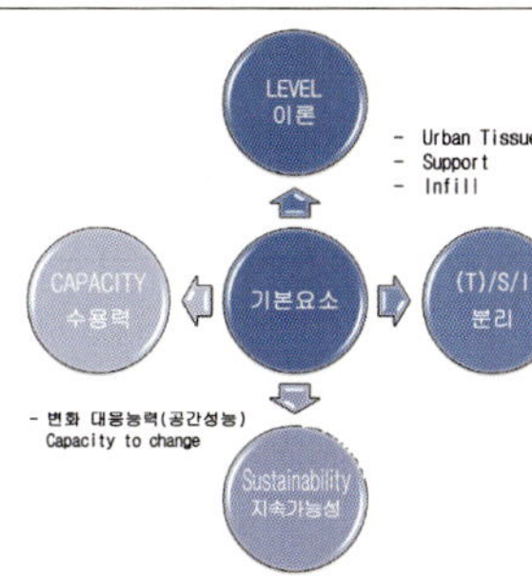

2.1.2 가변형 평면 사례

가. 국내사례

현재 공급적 측면에서도 거주자의 의사를 수용하기 위한 선진공급방식이 부분적으로 적용됨으로써 코퍼레이티브방식, 2단계 공급방식, 메뉴 및 옵션방식 등을 시도하고 있으며, 주문식 아파트, 반주문식 아파트, 선택형 아파트 등도 제안되고 있다. 그러나 이러한 제도의 경우 주택가격 상승, 분양과 입주의 시차에 의한 입주자 취향 변화에 의한 문제, 획일적인 옵션정책, 공기의 지연이나 공사의 복잡 등의 문제로 최근에는 활성화되고 있지 못하고 있는 실정이다.

① 당산동 강변 시범아파트(1970)

국내에서는 주택 전체에 가변성의 개념을 도입한 사례는 찾아보기 힘든 실정이며, 당산동 강변 시범아파트가 구조체와 비구조체가 분리되어 계획된 최초의 사례이다.

② 선경시티빌(1995)

선경시티빌103(1995)은 물을 사용하는 공간을 고정형 공간으로 설정하고 이외의 공간은 통합 및 분리가 자유롭도록 계획하였다.

③ 고양 능곡 주공아파트(1997)

기존 구조체의 변경 없이 두 방 사이에 수납벽체형 가구를 이용하여 2LDK 또는 3LDK형의 평면을 적용하였다.

나. KSI 실험주택(일본)

도시정비공단 산하 도시공단 종합연구소 기술센터(Urban Housing Technology Research Institute)에서 다양한 라이프스타일이나 워크 스타일에 대응해, 양질의 주거타입이 가능한 새로운 시스템의 집합주택의 실용화에 필요한 실험을 실시하였다. 공동주택에서 공간의 가변을 제약하는 고정요소로 구조형식, 주호 및 공간의 형태, 외벽, 출입구, 설비, 물 사용공간, 내장벽체, 천장, 바닥 등이 있다. 이러한 고정요소에 KSI 실험주택에서는 바닥배선 피트방식(이중바닥시스템), 바닥 및 천장 선행공법, 경량 · 이동 칸막이 내장벽체(패널형, 수납형)와 가구, 설비내장형 벽체 부품 적용, 공급관 배선 집중 : 배수해더공법, 조명의 이동이 가능한 테이프 케이블 방식, 배선용 걸레받이 적용과 같은 요소기술을 적용하고 있다.

다. 시노노메 주택(일본)

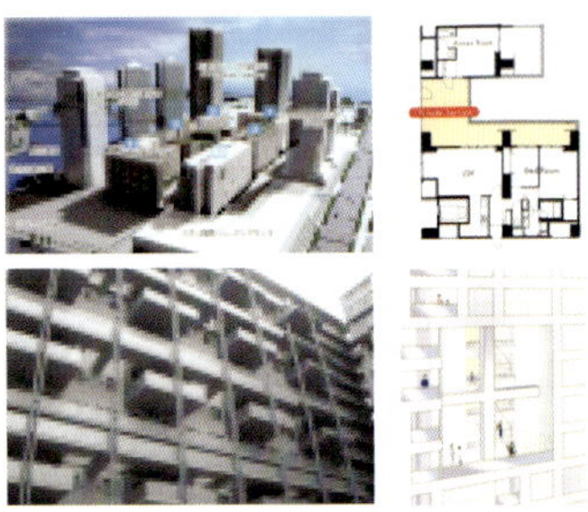

그림 2-1 가변형 평면사례

시노노메 주택은 SI개념을 적용한 임대주택으로서, KSI 실험주택에서 연구된 SI-System의 요소기술을 실제 공동주택에 적용한 사례이다. 이 공동주택은 SI주택의 주요원칙인 100년을 사용할 수 있는 장수명 구조체, 보가 없는 바닥판, 공용설비의 외부설치, 전기설비재 등을 콘크리트로부터 노출시키는 것을 목표로 설계 및 시공되었다. 이러한 요소기술은 거주자의 시대적 요구조건인 평면변경, 면적변경, 용도변경 등을 용이하게 한다.

2.1.3 가변형 평면 디자인

가. 기본설계 요소

① 구조 : RC라멘조, Flat Plate Slab(무량판 구조), 내부에 보없는 장스팬 구조 적합 고내구성 구조 - 슬래브 두께 200mm, 물시멘트비 55% 권장

② 공간 : 물 사용 공간(부엌, 화장실) 집중화 및 하부 이중바닥 또는 슬래브 다운 적용 이중바닥 필수, 이중천장 선택적 적용 - 바닥구배 1/50~1/100 가능

하도록 바닥높이 결정

③ 공용설비 : 수직배관은 계단실, 복도, 외부에 설치, 수평배관 이중바닥 하부 배선, Flexible Pipe System

④ 기타 : 내장 건식벽체 및 수납용 가구 등 설치
배선용 걸레받이, 돌림띠 설치, 해체 가능한 건식 바닥난방 설치
주호 내부공사 - 바닥 및 천장 선행, 벽체 후시공 공법

나. 구조유형별 Open Plan 계획

벽식구조	혼합구조	Flat Plate 구조	라멘구조 -이중골조방식	라멘구조 -모멘트골조방식
• 수직하중과 횡력을 전단벽이 부담하는 방식	• 벽식구조에서 벽체 일부분을 기둥으로 바꾸거나 부분적으로 보를 활용	• 보가 없이 기둥과 슬래브 만으로 중력 하중을 저항하는 방식	• 횡력의 25%를 부담하는 모멘트 연성골조가 전단벽이나 가새골조와 결합	• 수직하중과 횡력을 보와 기둥으로 구성한 라멘구조가 부담하는 방식

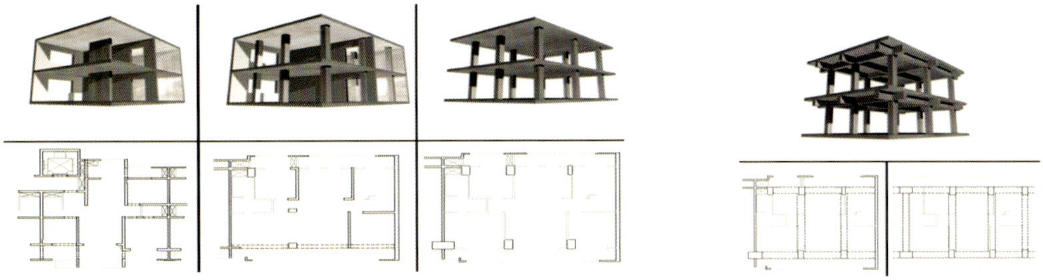

2.1.4 가변형 평면의 기본설계 기준

공용공간	- 공용공간 규모는 거주자의 주호 규모 가변 요구 및 장래 사회변화에 대응하도록 공용복도나 계단의 폭을 충분히 확보한다. - 공용공간 위치는 거주자의 주호 규모 가변 요구 및 주호 내부의 공간 가변성 확보를 위해 외기에 면하도록 한다. - 공용설비 공간은 거주자의 가변 요구 대응 및 공용설비의 점검 및 보수, 갱신이 용이하도록 구조체와 함께 구획하여 독립적 경로를 마련하는 것을 원칙으로 충분히 여유공간을 확보한다. - 공용설비의 위치는 가능한 공용공간에 설치하는 것을 원칙으로 하되 불가피하게 주호 내부에 위치할 경우에는 주호의 외기부분이나 발코니 공간 등에 예비 덕트를 설치한다.
전용공간	- 실 구성 치수는 실 기능의 최소치수 이상을 확보하여 실간 공간 가변이 용이하도록 한다. - 층고는 전용배관, 배선의 이동경로 확보 및 수직방향의 공간 가변을 고려하여 충분히 치수를 확보한다. - 천장고 및 바닥 단차는 칸막이벽 이설시 장애가 발생하지 않도록 균질하게 계획한다. - 전용설비 공간은 주호 내부의 가변 대응과 유지관리 및 갱신성을 확보할 뿐만 아니라 홈오토메이션에 대응하기 위해 구조체와 분리된 별도의 공간을 확보한다. - 전용설비 위치는 주호 내부의 개별 전용부분에 배치시켜 공용배관과의 독립성을 확보한다. - 가변계획의 대상이 되는 가변영역과 고정되는 영역을 명확히 구분하여 조닝한다. - 가변조닝계획을 토대로 물 사용 공간의 가변 정도 및 수준을 결정한다.
구조계획	- 구조방식은 공간 가변에 용이하게 대응할 수 있는 Flat Slab 구조 및 라멘조를 적용한다. - 구조체 위치는 공간 가변이 용이하도록 가능하면 주호 외부에 위치하거나 경계벽 주변에 위치할 경우 주호내에 돌출되지 않도록 하며, 불가피하게 주호 내부에 위치하는 경우에는 공간의 가변성을 저해하지 않는 곳에 위치하도록 한다. - 세대 경계벽이 내력벽일 경우 향후 수평방향 세대 통합을 고려하여 개구부 부위를 미리 설정한 뒤 개구부 주위를 구조 보강한다. - 세대 경계바닥 슬래브는 향후 수직방향 세대 통합을 고려하여 세대내 계단 설치를 위한 슬래브 개구부 예상부위를 구조 보강한다.

2.2 가변형 벽체시스템

주거공간의 효율적 활용을 위한 Open Plan은 거주자의 각기 상이한 라이프 스타일에 따른 다양한 요구 수용 및 건물의 장기적 사용과 노후화에 따른 합리적 개·보수에 대한 요구 등 기술적 측면에의 필요성에 의하여 최근 적용이 더욱 활발해지고 있다. 가변형 벽체시스템은 이러한 Open Plan을 구현하는 필수적 요소 중 하나이다. 국내에서는 1990년대 이후 아파트의 평면의 다양화 및 이에 따른 구조시스템의 개발, 건식공법 적용 등에 따라 가변형 벽체에 대한 연구가 추진되었다. 대한주택공사 주택연구소의 소형 공동주택 수납벽체시스템 개발, 입체수납시스템을 적용한 소형 공동주택의 내부공간계획 연구, 포항산업과학연구원의 RC조 아파트의 건식벽체 시범적용 연구 등이 대표적인 사례이다.

가변형 벽체는 시스템의 구성방법과 그에 따른 시공상의 차이점에 의하여 세 가지로 구분할 수 있다.

가. 골조형

골조 및 마감재를 별도로 시공하는 개념이며 골조를 현장에 설치한 후에 마감재를 시공하는 방식으로 골조형은 자재를 현장에서 가공하므로 치수 대응이 용이하고 공사비가 저렴하지만 고정식이므로 재사용에 어려움이 있다.

나. 패널형

패널을 시공하는 개념이며 골조 및 마감 바탕재의 일체화 시공이 가능한 방식이다. 설계치수에 따른 주문제작방식이며 조정볼트나 Jack 시스템으로 패널 상하부의 높이 조정이 가능하지만 공사비가 비싼 편이다.

다. 수납형

가구형 수납벽체 시공방식으로 박스방식 및 녹다운 패널 조립방식 개념의 시스템이다. 공간구획과 수납이 동시에 가능하지만 수납벽체 제작 시 시공부위에 대한 정확한 치수와 시공오차를 고려해야 한다.

골조형 패널형 수납형

그림 2-2 가변형 벽체 시공

2.2.1 가변형 벽체시스템 개요

가변형 건식벽체시스템은 골조형 시스템으로서 ±1.0mm 내외의 박판강재를 소재로 한 프레임 패널과 가이드 런너 및 런너, 마감바탕용 패널 등으로 구성된다. 시스템의 주요 부재는 프레임 패널로서 강판면과 스터드가 일체화되어 있으며 벽체의 구조적인 프레임으로서의 역할을 한다. 프레임 패널의 내측면으로는 유리면 등 흡음재를 삽입, 시공할 수 있으며 외측면으로 각종 보드재를 부착하여 마감할 수 있다. 프레임 패널은 2개의 스터드부와 이들 스터드부를 연결하는 강판면으로 되어 있으며 스터드부 간 간격(플랜지 중심 사이)은 450mm를 기본으로 구성된다. 스터드부의 플랜지 길이는 40mm, 리브는 10mm로 되어 있다. 웨브폭은 50mm부터 150mm까지 다양한 사이즈로 제작할 수 있다. 프레임 패널은 일반 스틸스터드와 마찬가지로 C채널 형상의 런너에 삽입되어 시공할 수 있다. 이때 상부 런너는 슬래브의 처짐과 이에 따른 가변형 벽체 시스템 시공을 고려하여 통상적인 런너의 플랜지 길이보다 다소 길게 형성되어 있다

(상부 런너 80mm, 하부 런너 40mm) 프레임 패널은 통상 천장고의 길이에 준하나, 슬래브의 처짐을 고려하여 슬래브의 최대 처짐보다 약간 짧도록 하여 런너 사이에 삽입될 수 있도록 한다. 시스템의 구성사항은 아래 표와 같다.

표 2-1 가변형 벽체 시스템 구성

구분	구성사항
기본 부재 구성	- 가변형 벽체 : 프레임 패널, 단부용 패널 및 런너, 가이드 런너로 구성됨. - 프레임 패널 : 2개의 스터드부 및 이와 연속된 강판면으로 구성, 스터드부간 간격 (450mm, 600mm) - 단부용 프레임 패널 : 석고보드 등 마감재의 생산규격에 따른 시공을 고려하여 스터드부 플랜지의 1/2 길이만큼 스터드부 간 길이가 짧으며, 스터드부의 형태가 C형상임. - 런너/가이드 런너 : 천공부를 형성하여 배선, 배관 처리를 할 수 있음 - 소재 : ±0.8mm ~ ±1.0mm 아연도금강 사용 - 시공방법 : 패널 설치를 위하여 패널 전용 런너를 가이드 런너에 스크류 등으로 설치 후 패널을 삽입 시공하거나 상·하부 런너에 패널을 선 삽입 후 가이드 런너 사이에 패널을 삽입, 설치함. 일정 간격으로 형성된 스터드의 플랜지에 석고보드 등을 스크류를 이용하여 고정하며, 마감재 설치 전에 패널 내측 강판면에 유리면 등 흡음재를 삽입 설치함.
패널용 런너	- 웨브 폭 : 52, 67, 77, 92, 102, 127, 142, 152mm - 플랜지 : 상부용 (80mm), 하부용(40mm)
프레임 패널	- 웨브 폭 : 50, 65, 75, 90, 100, 125, 140, 150mm - 플랜지 : 40mm(중앙부 단차 형상으로 접힌 부분도 동일) - 스터드부 간 길이 : 450mm 또는 600mm(단부의 스터드부 플랜지 중심선 사이의 길이임)

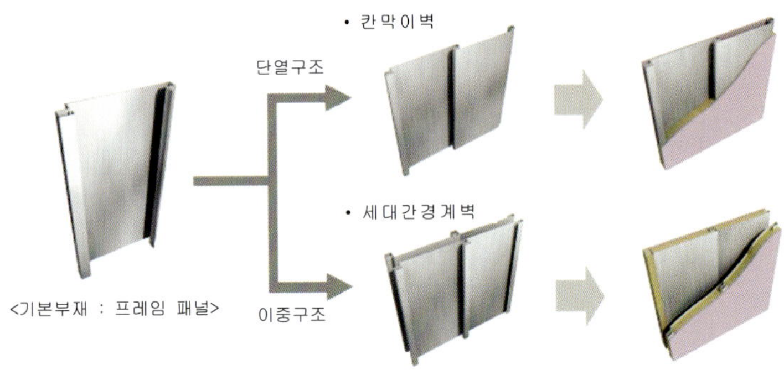

그림 2-3 가변형 벽체 시스템 개요도

2.2.2 가변형 벽체시스템 특성 및 성능

칸막이벽, 세대간 경계벽 등 용도에 적응할 수 있다. 프레임 패널 배열에 따라 단일구조, 이중구조 벽체로 구성이 가능하며, 벽체 해체 및 재설치 시 천장 및 바닥 마감공사 등 유관 공정에서의 자재 손실 및 공사 간섭을 최소화할 수 있으며, 규격화된 프레임 패널을 별도의 스크류 긴결 등이 필요 없이 간단히 삽입 설치할 수 있어 시공성이 우수하다.

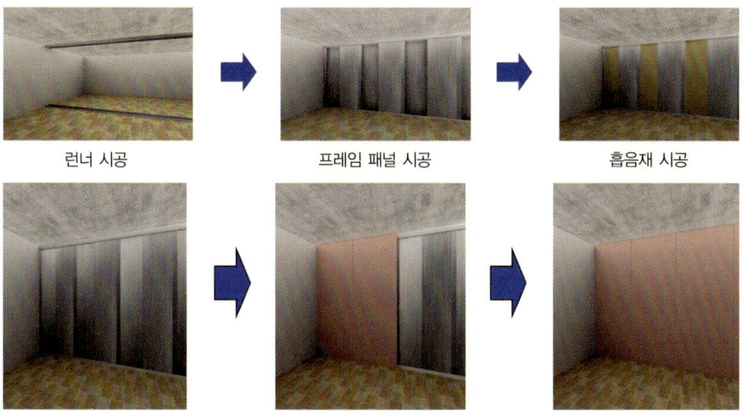

그림 2-4 가변형 벽체 표준시공방법

가. 차음성능

이중구조 배열 시 차음성능 인정구조 1급 이상에(Rwtc=58이상) 해당하는 성능 구현으로 쾌적하고 정온한 주거환경의 제공이 가능하다.

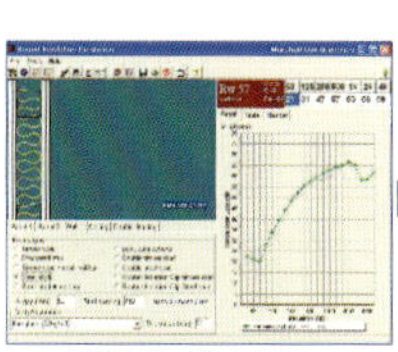

단일구조	1	2	3	4
63	21	22	20	20
125	31	34	26	31
250	47	49	42	45
500	57	58	54	56
1000	63	64	60	62
2000	66	67	63	66
4000	59	61	57	59
D(실험값예측)	40	43	36	40

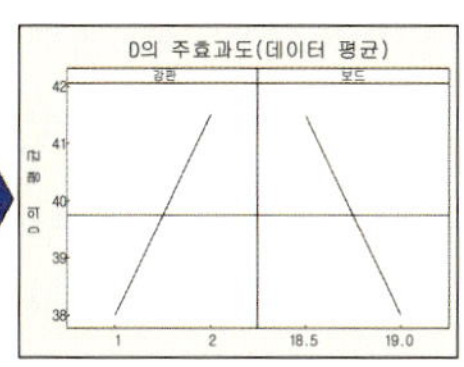

• 세대간 경계벽

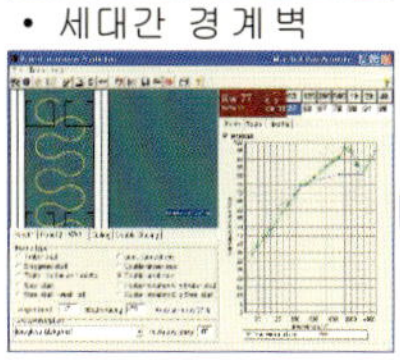

이중구조	1	2	3	4
63	35	39	33	37
125	50	53	48	52
250	66	69	64	67
500	76	79	75	78
1000	86	89	84	88
2000	91	96	84	91
4000	86	90	85	86
D(실험값예측)	56	59	55	58

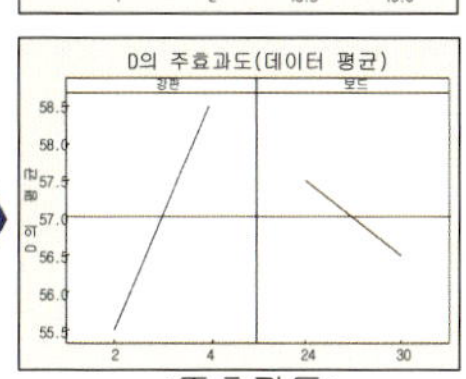

<시뮬레이션> <성능예측> <주효과도>

그림 2-5 차음성능 분석

나. 내화성능

가변형 벽체시스템은 강판면이 연속되어 구성되며 그 외측에 석고보드 등으로 마감되는 구조를 가지고 있다. 통상의 방화석고보드(15mm, 19mm)를 일면에

2겹 적용함으로써 2시간 이상의 내화성능을 확보할 수 있다. 따라서 실간 칸막이벽 이외에도 세대간 구획벽으로서 적용이 가능하다.

다. 차음 및 내화구조

구 분	사양	차음성능(RW+C)	내화성
Type-01	시멘트보드(9mm)+방화석고보드(19mm) +암면(50mm)+프레임 패널(50mm)+공간 +프레임 패널(50mm)+암면(50mm) +방화석고보드(19mm)+시멘트보드(9mm)	64	2시간
Type-02	방화석고보드(19mm) 2겹 +암면(50mm)+프레임 패널(50mm)+공간 +프레임 패널(50mm)+암면(50mm) +방화석고보드(19mm) 2겹	63	2시간

라. Sustainability

동일한 천장고 치수를 유지할 경우 프레임 패널의 해체 및 재설치 시 100% 재사용이 가능하다.

프레임 패널 및 런너 : 박판 아연도금강을 소재로 함으로써 100% Recycle이 가능하며, 건식공법으로서 타 소재와 분리가 용이하다.

2.2.3 설계 및 시공 가이드라인

가.설계 가이드라인

벽체는 시공되는 부위에 따라서 각기 상이한 성능과 구성을 만족해야 한다. 구성상의 특징으로 볼 때 건식벽체는 크게 주요 프레임 및 자재가 단일한 1개의

지그재그 배열(단일구조)

연속형 배열(이중구조)

그림 2-6 설계 가이드 라인

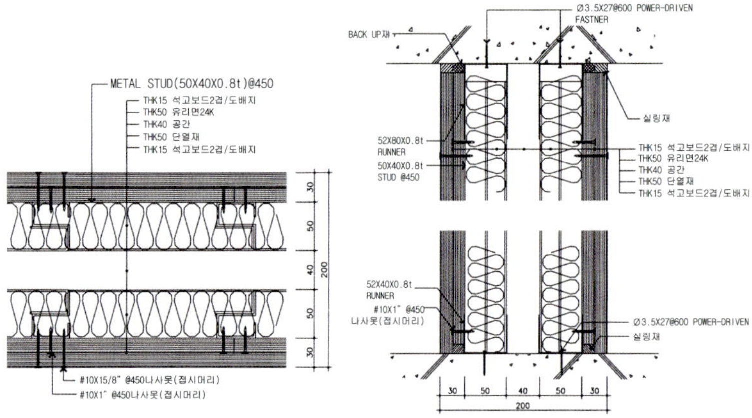

그림 2-7 칸막이벽 상세

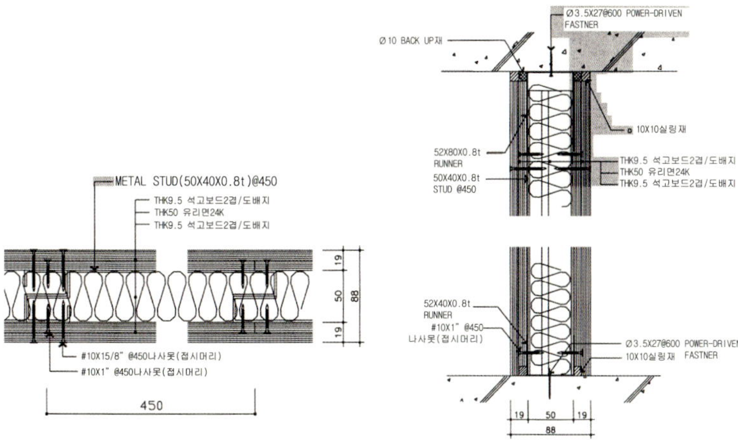

그림 2-8 세대간 경계벽 상세

열로 시공되는 단일구조와 2개 혹은 그 이상의 복수개의 열로 시공되는 다중구조로 구분된다. 통상적으로 실내 일반 칸막이벽인 경우는 단일구조로, 공동주택의 세대간 경계벽 등 구획벽의 경우에는 다중구조(보통 이중구조)로 설계, 시공되는 것이 일반적이다. 본 가변형 벽체시스템은 주요 부재인 프레임 패널을 활용하여 용도에 따라 단일 및 다중구조의 벽체로 구성할 수 있다.

나. 시공 가이드라인

가변형 벽체시스템은 런너 사이에 프레임 패널을 삽입, 설치한 후 흡음재 및 마감보드재를 취부하는 과정으로 시공된다. 프레임 패널은 스크류 등 긴결재를 사용하지 않고 런너 사이에 바로 삽입하여 설치한다. 패널 프레임의 양 스터드부

자재 반입 및 확인, 도면 확인 / 먹줄시공, 절단가공 / 런너 설치 / 프레임 패널 시공 / 콘센트박스 설치

핀 고정, 유리면(단열재)시공 / 석고보드 2겹 시공 / 실란트 및 몰딩류 설치, 퍼티마감 / 벽체 해체 / 해체부위 마감

그림 2-9 가변형 벽체 시공순서

에서 서로 맞물려 구속되므로 긴결재를 사용하여 고정할 필요가 없으며, 런너로부터 프레임 패널의 탈락 우려가 없으므로 기존의 C형 스틸스터드를 설치할 때와 달리 스트랩 고정 등을 필요로 하지 않는다.

한편, 바닥 및 천장 마감면에 맞추어 가이드런너를 선 시공하고, 그 위에 런너 및 크레인 패널을 설치함으로써 벽체의 해체, 재설치 시에 인접 마감재의 훼손발생 등 공사 간섭으로 인한 문제를 해결하고 가변형 구조로서의 시공 용이성을 확보한다.

3. 기대효과

3.1 기술적 측면

현재 공동주택의 벽체는 대부분 습식공법으로 시공되고 있는 데 반하여 본 가변형 벽체는 건식공법을 기반으로 함으로써 건식화에 따른 시공현장의 생산성 향상 및 현장 환경의 개선을 기대할 수 있다. 또한 건식화를 전제로 함으로써 건설산업의 부품화를 지향할 수 있다. 본 가변형 벽체는 거주자의 요구에 따라 다양한 평면 선택 기회를 제공할 수 있으므로 평면 다양화에 따른 공동주택 설계의 선진화를 기대해 볼 수 있으며, 벽체의 이동 및 설치에 따른 재사용이 용이하므로 자원의 합리적 사용 및 폐자재 발생 저감 등 친환경적 효과를 기대할 수 있다.

3.2 사회 · 경제적 측면

건식벽체 관련 업체의 추산에 따르면 가변형 벽체를 포함한 국내 건식벽체의 시장은 철골조 상업용 건축물, 라멘조 아파트, 고층 주상복합 아파트 등을 중심으로 그 규모가 점차 증가되는 추세에 있다. 건식공법 기반의 가변형 벽체 개발에 의하여 현장투입 노무비의 저감효과가 높을 것으로 판단하며, 이에 따른 공기단축 등 공사비, 인건비 절감 등 경제적 비용의 저감이 가능할 것으로 기대된다. 주요 부재의 재사용이 가능한 벽체시스템으로서 공동주택 개 · 보수, 리모델링 등 관련 산업에의 활발한 활용이 예상된다.

External Insulation System

6장 외단열시스템

이화여자대학교 건축공학과 **송승영** 교수

(주)케이씨씨

(주)토문엔지니어링건축사사무소

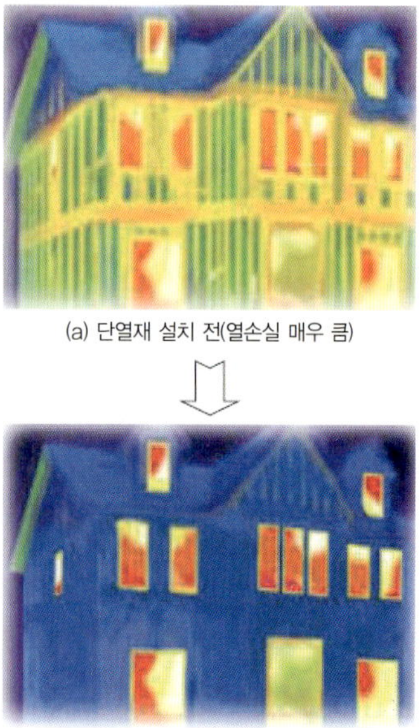

(a) 단열재 설치 전(열손실 매우 큼)

(b) 단열재 설치 후(외단열로 열손실 크게 줄임)

그림 1-1 열화상 촬영에 의한 외피 단열의 에너지 절약 효과

1. 연구의 목적

주거용 건축물의 경우, 상업용 건물과는 달리 인체, 조명, 기기 등에 의한 내부 발열이 적어 상대적으로 난방부하의 비중이 매우 크며, 외피부하 지배형 건물(Envelope Load Dominated Building)이 되므로 외피 단열성능이 전체 에너지 소비에 미치는 영향이 매우 크다. 따라서 외피 단열은 에너지 절약을 위해 가장 중요한 사항이고, 국내 공동주택의 경우, 외피에서 발생하는 열손실이 난방에너지 소비량에 미치는 영향이 가장 큰 것으로 나타난다.(외피에서의 열손실:82%, 침기에 의한 열손실:18%) 건물에서의 외피 단열은 외피를 통한 열손실 · 획득을 감소시킴으로써 에너지 · CO_2 성능 측면과 실내환경 성능 측면에서 다음과 같은 이점을 제공한다.

1) 에너지 · CO_2 성능 측면에서는 외피를 통한 열손실 · 획득을 감소시켜 실내 열환경을 쾌적한 상태로 유지하기 위해 필요한 냉 · 난방 에너지 소비량을 감소시키고, 이를 통해 CO_2 배출량을 줄여준다. 또한 냉 · 난방 설비용량을 줄여줌으로써 설비 시공비용도 감소시킨다.

2) 실내환경 성능 측면에서는 실내측 표면온도를 실내공기의 노점온도보다 높게 유지되게 하여, 거주자에게 악영향을 미칠 수 있는 표면 결로 발생을 방지한다. 또한 실내측 표면온도를 상대적으로 높게(동계) 혹은 낮게(하계) 유지되게 하며, 중간기 등과 같이 냉 · 난방이 크게 필요하지 않은 경우 외기온 변화에 따른 실온의 변동폭을 줄여 재실자의 열쾌적을 향상시킨다.
이에 본 연구에서는 국내의 공동주택에 적용 가능한 외단열시스템을 개발하고 그 적용성을 검증하였다.

2. 공동주택 외단열 기술 개요

2.1 외단열의 개요

단열은 급격한 외기온도를 최대한 억제하고 실내 온열환경을 쾌적한 상태로 유지하며 열 손실량을 최소화할 수있다. 건물의 단열시스템은 단열재의 위치에 따라 크게 내단열, 중단열, 외단열로 나눌수 있다.

2.1.1 외단열공법

단열재를 외벽에 직접 설치하여 내수성과 내충격성을 지닌 재료로 시공하는 공법으로 건물 외부를 감싸 단열의 불연속 부위를 방지, 열손실량을 최소화하고 표면 및 내부결로 발생을 방지한다.

2.1.2 중단열공법

외벽의 시멘트벽돌 공간쌓기 시 내부에 단열재를 설치하는 공법으로, 단열의 불연속 부위가 발생하기 쉬우며 외부의 열손실이 크고, 실내측에 국부결로 발생 가능성이 있다.

2.1.3 내단열공법

단열재를 실내 측에 설치하는 공법으로 단열의 불연속 부위가 발생(기둥, 보, 슬래브의 단부 등)하기 쉬우며 내부 결로가 발생할 수 있다.

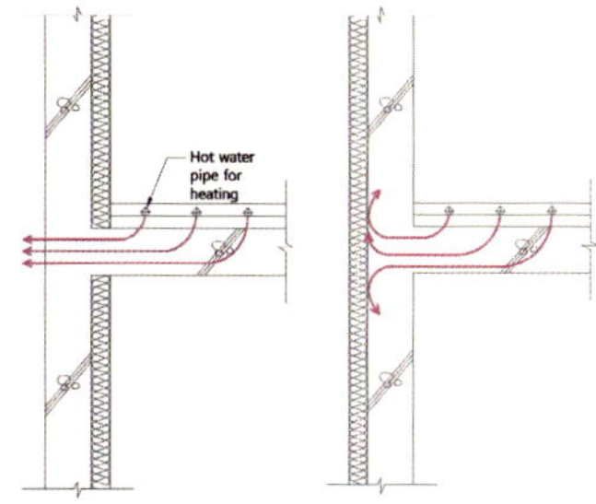

그림 2-1 단열시스템별 벽-슬래브 접합부에서의 전열현상

2.1.4 외단열 기술의 특장점

가. 국내 공동주택은 거의 대부분 그림 2-1 (a)에서와 같이 단열재가 외피의 실내측에 위치하는 내단열로 시공되므로, 벽-슬래브, 벽-벽 접합부 등에서 단열재가 불연속될 수밖에 없어 필연적으로 매우 많은 열교(Thermal Bridge)가 발생한다.

나. 열교 발생 시 열손실 및 열획득의 증가, 실내측 표면결로 등의 문제가 발생한다. 특히, 국내 공동주택에는 난방용 온수배관이 바닥에 설치되므로 벽-슬래브 접합부 열교부위를 통해 매우 큰 난방에너지 손실이 발생하고 있다.

다. 외단열은 건물 외피의 실외측에 단열재를 설치하여 2-1 (b)에서와 같이 열교 발생을 근원적으로 차단함으로써 난방 및 냉방에너지 절약과 실내측 표면결로를 방지할 수 있는 단열시스템이다.

라. 국내 공동주택에 외단열 적용 시 열교 발생으로 인한 문제점을 근원적으로 차단할 수 있을 뿐만 아니라, 콘크리트 벽체 등과 같은 축열재가 단열재 내측에 위치하게 되어 난방열 축열에 의한 난방효율 향상이 기대된다는 장점도 있다.

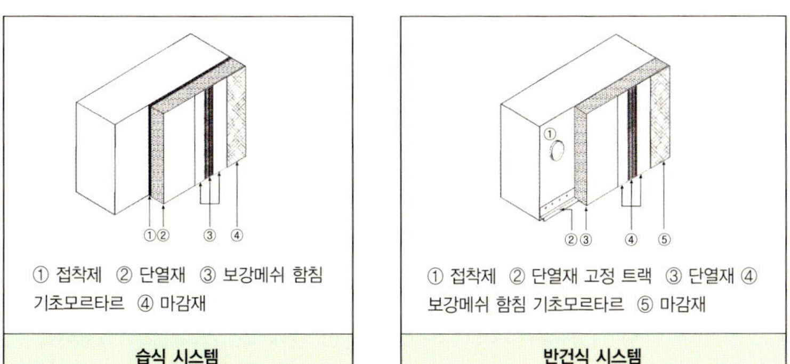

그림 2-2 외단열시스템 공법별 구성요소

2.2 국내외 외단열시스템의 종류

외단열시스템은 단열시스템의 고정방식에 따라 크게 습식(접착제로 고정), 반건식(Track 등으로 고정), 건식(지지 프레임 설치하여 고정)시스템으로 구분된다.

2.2.1 습식 및 반건식 외단열시스템 구성

구조체 → 단열재 → 보강메쉬 함침 기초모르타르 → 마감재

2.2.2 건식 외단열시스템 구성

구조체 → 단열재 → 통기층 → 마감재

2.2.3 국내의 주요 외단열시스템 현황

표 2-1 국내외 주요 외단열시스템 현황

제 품	단열재	습식	반건식	건식
한국 효성이노테크	EPS	O	X	X
한국 KCC	글라스울, 미네랄울	O	O	O
독일 Sto사	EPS	O	O	X
	미네랄울	O	O	O
	미네랄폼	O	X	X
미국 Dryvit사	EPS	O	O	O
일본 Nittobo사	EPS/페놀폼	X	O	X
	미네랄울	O	X	X
	미네랄울/글라스울/페놀폼	X	O	O
일본 Ashahi사	글라스울	X	O	O

2.3 국내외 공동주택 외단열시스템 적용 사례

국외 건물에서의 외단열시스템 전용 면적(2004년 시장 추정 자료)은 유럽 50~60백만㎡/년, 북미 9~10백만㎡/년, 중국 40~50백만㎡/년으로 추정된다. 유럽의 에너지 절약형 주택인 패시브하우스(Passive House)에서는 외피 및 창호에서의 열교 제거를 매우 중요시하고 있으며, 외단열시스템 적용을 당연시하고 있다. 뿐만 아니라 중국에서는 2008년 올림픽 및 에너지 정책 차원에서 외단열시스템을 강제 적용했다. 이렇게 국외의 경우는 신축 및 리모델링, 그리고 저층부터 고층 공동주택에 이르기까지 다양하게 외단열이 적용되고 있는 것을 알 수 있다. 하지만 국내의 경우 공동주택 외단열 적용 사례는 표 2-2의 사례를 제외하고 거의 전무하다고 할 수 있다.

표 2-2 국내외 외단열 공동주택 사례

김포 H 공동주택		성남 M 공동주택	

Wohnhochhaus Waldsassener Str., Berlin (독일)	Wohnanlage Möikestraß, Ludwigshafen-Oggersheim (독일)	Wohnanlage, Nicolaistraß/ Katharinenstraße, Zwickau (독일)	Eigentumswohnanlage, Mittlerer Hasenpfad, Frankfurt (독일)

Wohnanlage Korber Höe, Salierstraß/Wildtaubenweg (독일)	Wohnbaugruppe Mäkisches Viertel, Berlin (독일)	Greenwich Millennium Village (영국)	Sovereign Quay (영국)

미네랄울 시공 전경 (미국)	습식 마감시공 전경 (미국)	마감재 하단부 시공 전경 (미국)	완공 전경 (미국)

공동주택 1 (캐나다)	공동주택 2 (캐나다)	공동주택 3 (캐나다)	공동주택 4 (캐나다)

공동주택 1 (중국)	공동주택 2 (중국)	공동주택 3 (중국)	

3. 한국형 공동주택 외단열시스템의 개발

3.1 개발 외단열시스템 개요 및 구성

연구 참여기관인 (주)케이씨씨에서 습식, 반건식, 건식 시스템의 3종 외단열시스템을 개발했다. 이는 구조안정성, 내구성, 마감성, 공법의 다양성 부족 등 기존 국내 외단열시스템의 문제점을 개선했다. 또한 친환경 소재인 미네랄울과 글라스울을 적용하여 자원 재활용을 통한 환경보호가 가능하며, 불연 단열재로써 화재 시 인명 보존이 가능하도록 했다.

3.1.1. 습식 시스템

구조체 외측에 접착모르타르 단열재를 고정시킨 후 보강메쉬 함침 기초모르타르, 마감모르타르 순으로 적용한다.

3.1.2 반건식 시스템

구조체 외측에 Track을 이용하여 기계적으로 단열재를 고정시키며, 보강메쉬 함침 기초모르타르, 마감모르타르 순으로 적용한다.

3.1.3 건식 시스템

구조체 외측에 단열재 고정용 각형의 수평, 수직바를 앵글로 고정시키고 단열재를 삽입후 석재패널로 마감한다.

표 3-1 습식, 반건식 시스템 구성요소

구조체	콘크리트, 블록, 벽돌, 옹벽 등의 구조물에 설치 가능
Insulation (단열재)	외단열시스템에 적용하기 위해 특별히 제조된 제품으로 밀도는 100K 이상, 열전도율은 0.036W/mK 이하의 제품 적용
Adhesive Mortar (접착모르타르)/Base coat(기초모르타르)	기존 아크릴 중합수지 대신 방수, 방습효과가 큰 수지를 사용, 1액형 타입 Powder 및 액상형태로 현장에서 수지류와 시멘트의 첨가 없이 물만으로 혼합하여 사용
Glass Mesh (보강 유리섬유 메쉬)	보강 유리섬유 메쉬는 시멘트 및 알칼리에 강한 저항력을 갖도록 스티렌 부타디엔 코팅처리가 되어 있으며, 풀어짐이나 변형이 없도록 제조
Fastener (고정핀)	단열재 고정용 패스너는 플라스틱 제품으로서 당해 외벽단열마감시스템 전문제조업자가 지정하는 것을 사용하되, 길이는 65mm(앵커못 포함시 90mm)인 것을 사용
Starter Track (스타터 트랙)	구조물의 하단부에 설치하여 단열재의 고정 및 시공 마감성, 내구성을 향상시키기 위해 알루미늄 재질을 사용
T-Spline	단열재와 단열재의 Module에 삽입하여 단재의 평탄화가 가능, PVC재질 사용
Immediate Track (중간트랙)	단열재와 단열재 모듈의 평활도 유지, 마감성능 향상, 내구성 향상, PVC로 제작
Finish Coat (마감모르타르 또는 도료)	숲으로 wall-Finish 외단열 마감재, 숲으로 무늬용 texture-Finsih 외단열 마감재, 숲으로 EURO Detail Texture

표 3-2 외단열시스템별 구성요소

구 분	습식 시스템	반건식 시스템	건식 시스템
개발 시스템 세부 새시도면	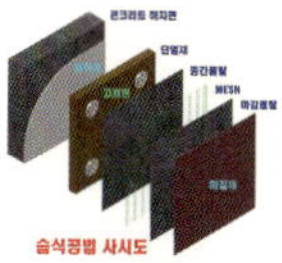		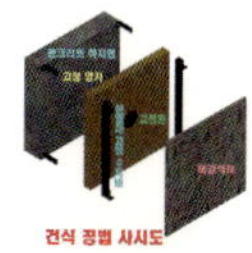
모형	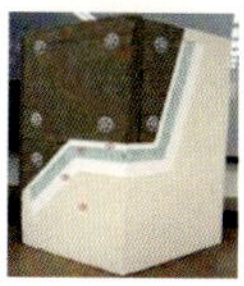		
적용 단열재	Mineral Wool	Mineral Wool	Glass Wool
적용 부위	중 · 고층 부위 외벽 적용	중 · 고층 부위 외벽 적용	저층 부위 외벽 적용

표 3-3 시공 부자재 상세도

Fastener(고정핀)	Starter track	T-spline	중간트랙
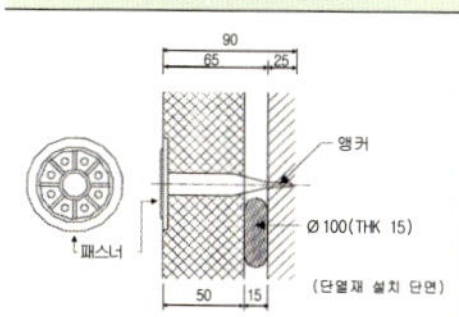	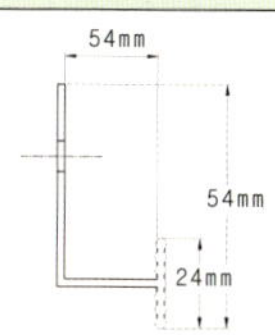	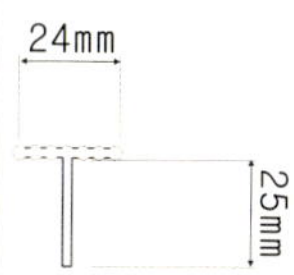	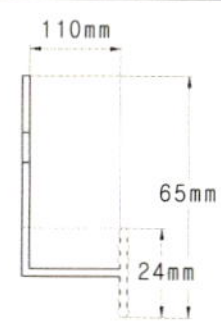

표 3-4 습식, 반건식 마감 디자인

숲으로 무늬용 Texture Finishing System			숲으로 Euro Detail Texture Finishing System		
캐리비안 무늬	연꽃 무늬	패턴롤러 무늬	연꽃 무늬	파도 무늬	패턴롤러 무늬
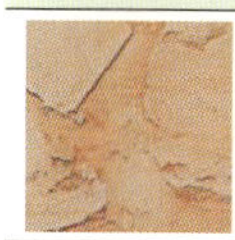		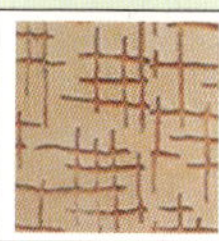			

3.2 개발 외단열시스템 성능

3.2.1 단열재 개발

현재 유럽에서는 높이 22m 이상 건물의 외단열재로 유기단열재(EPS, XPS) 대신 불연 무기단열재인 미네랄울(Mineral Wool) 사용을 의무화하고 있다. 창틀 주위 및 층간 방화구획에 기본적으로 사용되고 있으며, 저층건물이나 일반 공동주택에도 미네랄울이 전체 건축물에 적용되고 있다.

본 연구에서는 유럽에서 적용되고 있는 미네랄울 단열재를 분석하고, 국산 미네랄울 제품의 물성을 개선했으며, 1차, 2차 제품 개선을 진행한 결과, 독일 외단열시스템에 적용되고 있는 단열재 물성 기준에 준하는 결과를 얻었다.

표 3-5 외단열 적용 단열재 물성 측정결과

구 분	독일 R사 기준	KS 규격 기준	KCC 기존품	1차개선품	2차개선품
밀도(K)	100~150	〉102	119	109	146
열전도율(W/㎡K)	〈 0.041	〈 0.043	0.042	0.044	0.042
흡수율(kg/㎡)	〈 1	-	0.1	0.08	0.4
10%변형 압축률(N/㎠)	〉2	-	1.6	2.2	2.3

3.2.2 습식, 반건식 시스템용 접착모르타르 제품

국내에는 외단열 시스템 적용 모르타르 제품의 관리기준이 없기 때문에, 일부 항목은 국내 엷은벽 바름재 시험표준(KS F 4715)을 차용하고, 일부는 유럽 EOTA(European Organization for Technical Approvals) 기준에 근거하여 물성을 평가하였다. 평가결과, 개발된 외단열시스템은 유럽의 외단열 제품과 비교하여 동등 이상의 물성을 확보하였음을 확인할 수 있다.

가. 접착모르타르 물성평가 결과

표 3-6 국내기준

구 분	부착강도	물흡수계수	열전도율	수증기투과성
관리기준	〉1.0	〈 0.2	〈 0.9	1.5~3.5
유럽 제품	1.0	0.02	0.8	2.8
KCC 제품	1.5	0.04	0.2	1.5
시험표준	KS F 4715	KS F 4715	KS L 9016	KS F 4715

표 3-7 유럽 EOTA기준

구분	인장강도		작업성
	대기양생(14일)	대기14일+2일 수분 양생	
관리기준	〉0.25	〉0.08	양호
유럽 제품	0.76	0.18	우수
KCC 제품	0.5	0.58	우수
시험표준	DIN 18555	DIN 18555	-

나. 기초모르타르 물성평가 결과

표 3-8 국내기준

구 분	부착강도	물흡수계수	열전도율	수증기투과성
관리기준	〉 0.8	〈 0.2	〈 0.7	1.5~3.5
유럽 제품	1.1	0.08	0.1	1.5
KCC 제품	0.9	0.01	0.2	2.4
시험표준	KS F 4715	KS F 4715	KS L 9016	KS F 4715

표 3-9 유럽 EOTA기준

구 분	인장강도		충격강도	수분흡수성	작업성
	대기양생(14일)	대기14일+2일 수분양생			
관리기준	〉 0.08	〉 0.08	〉 3	0.3~0.6	양호
유럽 제품	0.09	0.11	4.5	0.5	우수
KCC 제품	0.11	0.08	4	0.4	우수
시험표준	DIN 18555	DIN 18555	-	DIN 52617	-

3.2.3 개발 제품에 대한 내구성 시험

가. 단기 옥외 폭로시험

다양한 단열재 종류, 접착제 종류, 다양한 마감재 등의 변수를 적용하여 2007년 11월부터 2009년 2월까지 약 15개월 동안 KCC 중앙연구소 옥외 폭로 실시결과 마감재 및 단열재에 대한 양호한 물성을 확인하였다.

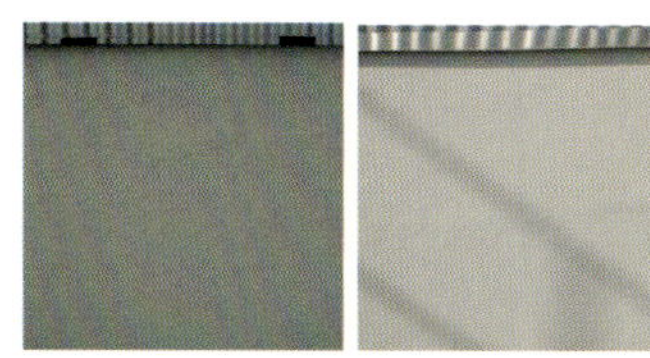

그림 3-1 단기 옥외 폭로시험제

나. 옥외 폭로시험

2008년 5월, 건재재시험연구원 서산 옥외 폭로시험장에서 개발시스템 3종을 30㎡씩 Mock-up 시공하였으며, 2009년 12월 현재 크랙, 탈락, 박리, 내오염 성능이 양호한 것으로 나타났다.

표 3-10 Mock-up 모델 시공 장기 내구성 파악

구분	습식 시스템	반건식 시스템	건식 시스템
시스템별 현장 모습			
세부내용	표면 마감상태 양호, 변색 없음		

다. Hygrothermal Test

해외에서는 외단열시스템에 대한 장기적인 내구성 및 구조적 안정성 평가를 위해 촉진노화내후성 시험을 실시하고 있으며, 시험체 제작 및 시험은 독일 Wacker사 Shanghai 기술연구소에서 진행하였다.

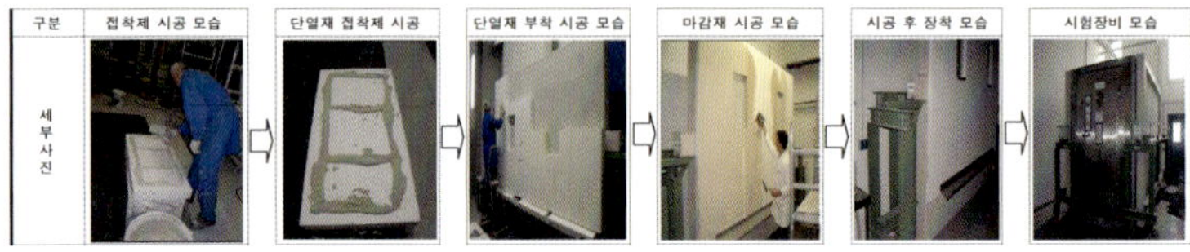

그림 3-2 Hygrothermal Test 모습

3.3 개발시스템 상세

가. 습식, 반건식 시스템 상세

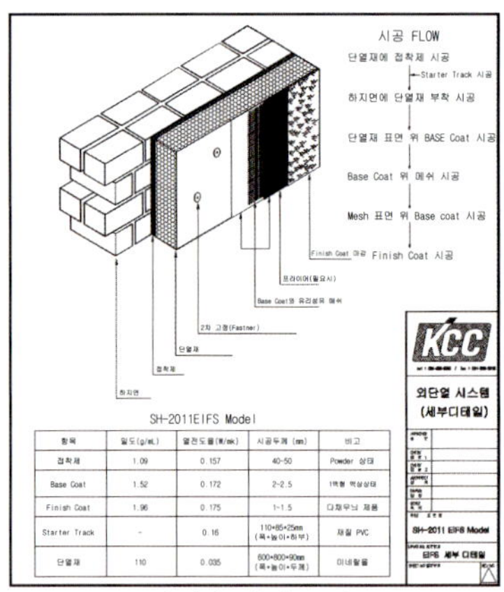

습식시스템 시공도면

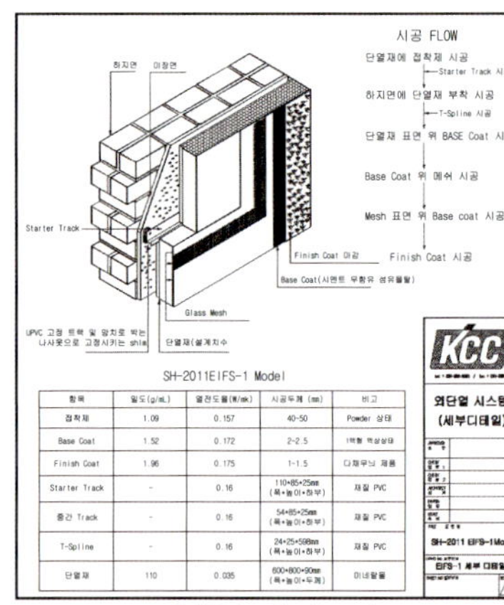

반건식시스템 시공도면

그림 3-3 습식 시스템 상세

나. 건식 시스템 상세

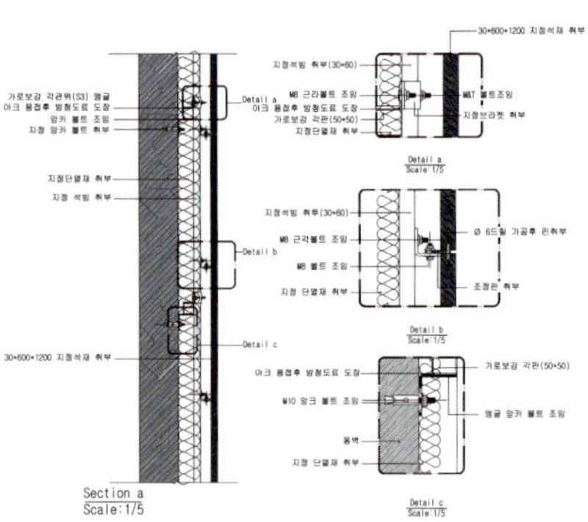

건식 시스템 단면도

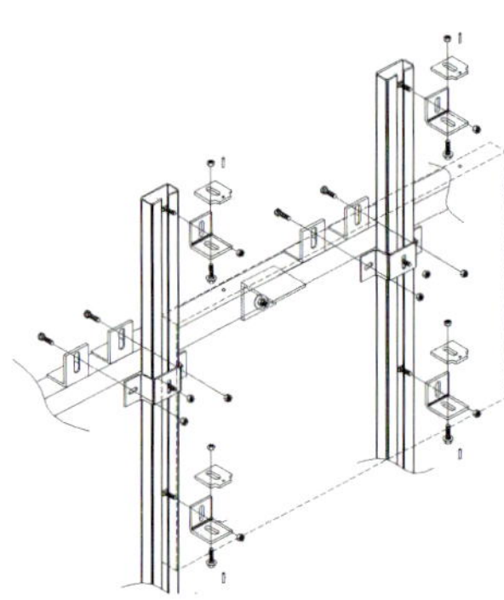

건식 시스템 조립도

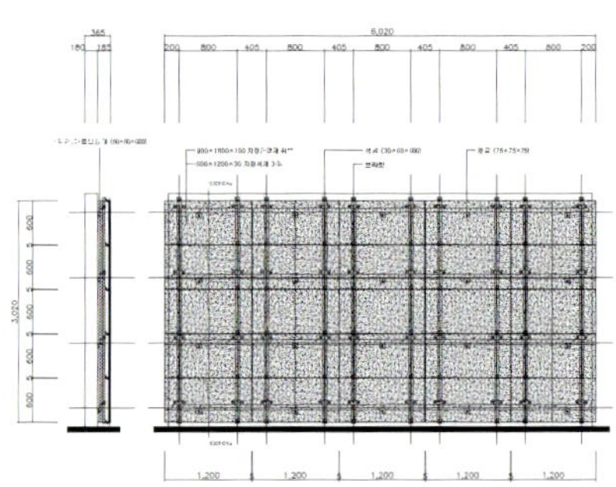

건식 시스템 입면도

그림 3-4 건식 시스템 상세

4. 기존 내단열 대비 외단열 공동주택의 에너지 절약효과

4.1 열화상 촬영을 통한 내 · 외단열 공동주택의 동계 열손실 비교

단열에 의한 공동주택의 에너지 절약효과를 비교하기 위하여 내 · 외단열을 설치한 공동주택의 외표면 온도분포를 촬영하여 열손실을 비교했다. 이는 동계 새벽 난방 시에 촬영했으며 열화상 촬영 결과는 다음과 같다.

가. 외단열 H 공동주택은 내단열 C 공동주택에 비해 벽–슬래브 접합부 외표면 온도가 외벽에서는 평균 5.3℃ 낮고, 측벽에서는 무려 평균 7.6℃나 낮게 나타났다. 그림 4-1 참조, 외표면 온도가 낮을수록 열손실이 적은 것이다.)

나. 외단열 M 공동주택은 내단열 A 공동주택에 비해 벽–슬래브 접합부 외표면 온도가 외벽에서는 평균 5.2℃ 낮고, 측벽에서는 무려 평균 7.8℃나 낮게 나타났다. 그림 4-2 참조, 외표면 온도가 낮을수록 열손실이 적은 것이다.)

다. 이를 통해 외단열 공동주택은 내단열 공동주택에 비해 난방에너지 손실이 매우 적음을 확인하였다.

표 4-1 열화상 촬영 공동주택 개요

구 분	H 공동주택	C 공동주택	M 공동주택	A 공동주택
단열 시스템	외단열	내단열	외단열	내단열
벽체 열관류율	법규 기준치 만족 (상호 동일)		법규 기준치 만족 (상호 동일)	
주소	경기도 김포시	경기도 김포시	경기도 성남시	경기도 성남시
건축규모	지하2층, 지상 15층, 4개동, 총 220세대	지하1층, 지상 12~15층, 6개동, 총 294세대	지하3층, 지상25~38층, 4개동, 총 803세대	지상21~27층, 3개동, 총203세대
촬영시각/외기온도/적용 방사율	2008.01.17 07:26AM/-10.5℃/0.9		2008.01.16 07:16AM/-9.0℃/0.9	

(a) 외관사진 (b) 열화상 촬영 사진

그림 4-1 H(좌측 1개동, 외단열) 및 C(우측 1개동, 내단열) 공동주택 열화상 촬영 결과

(a) 외관사진 (b) 열화상 촬영 사진

그림 4-2 M(좌측 건물, 외단열) 및 A(우측 1개동, 내단열) 공동주택 열화상 촬영 결과

4.2 내 · 외단열 공동주택 부위별 연간 손실, 획득열량 비교

내 · 외 단열을 적용한 공동주택 간의 부위별 연간 손실 및 획득열량을 비교하기 위해서 내단열의 공동주택 기준층을 대상으로 열교부위에 대한 실험을 하였다. 열교부위는 왼쪽의 그림과 같은 전면외벽–슬래브 접합부, 측벽–슬래브 접합부, 후면 외벽–슬래브 접합부를 선정하였다. 실험은 난방용 온수공급을 모델링한 것과 하지 않은 경우 각각에 대해 연간 3차원 비정상 전열 해석을 실시하여 이루어졌고, 이를 통해 부위별 연간손실 및 획득열량를 평가하였다.

그림 4-3 공동주택 기준층 평면도

※손실, 획득열량 정의
- 손실열량 : 구조체의 실내측 표면을 통해 실내로부터 구조체로 전달되는 열량
  (실내온도 〉 구조체 실내측 표면온도인 경우의 전열량)
- 획득열량 : 구조체의 실내측 표면을 통해 구조체로부터 실내로 전달되는 열량
  (실내온도 〈 구조체 실내측 표면온도인 경우의 전열량)

표 4-2 난방용 온수공급 모델링 여부에 따른 손실, 획득열량의 의미

난방용 온수공급 모델링 여부	구 분	의 미
X	손실열량	난방부하(작을수록 좋음)
	획득열량	냉방부하(작을수록 좋음)
O	손실열량	실제 난방 시의 난방효율(작을수록 좋음)
	획득열량	실제 난방 시의 난방효율(클수록 좋음)

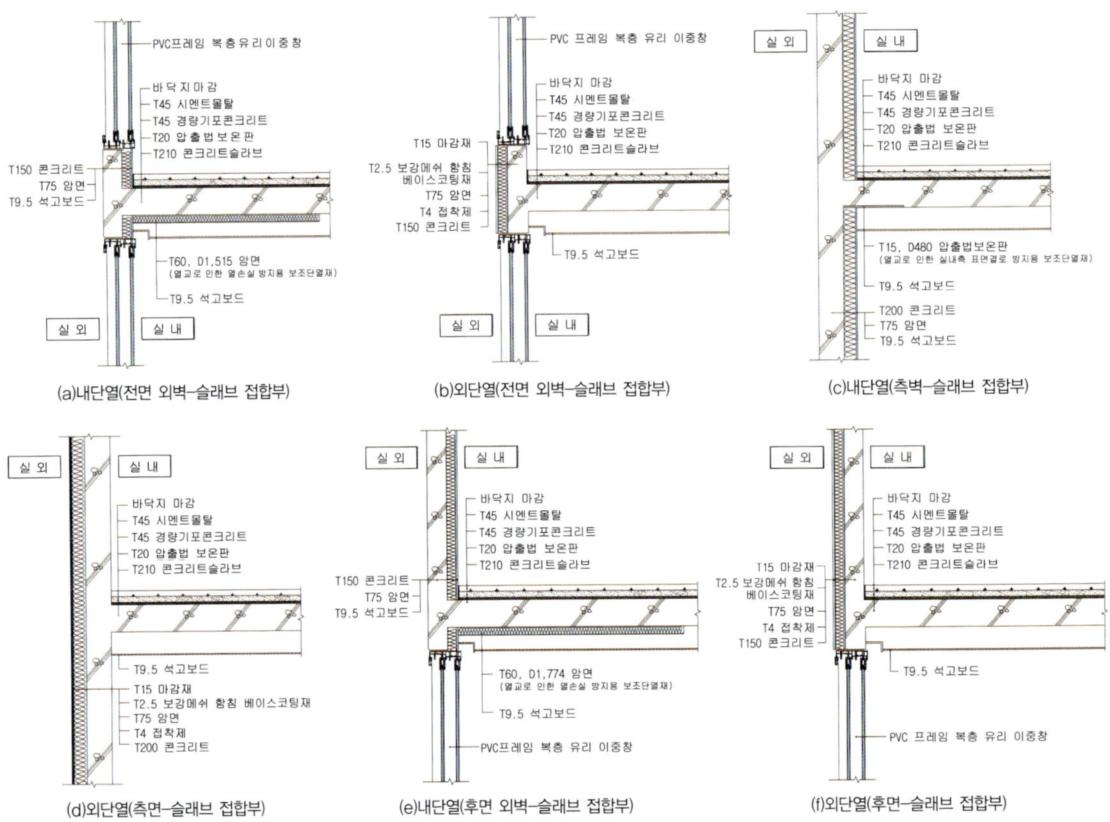

그림 4-4 부위별 단면도

4.2.1 내외단열 공동주택 부위별 연간 손실 · 획득열량 비교 결과

가. 전면 외벽–슬래브 접합부의 경우, 외단열 적용 시 설치 단열재 체적은 47.4% 감소(내단열의 경우 슬래브 하부에 보조단열재를 추가 설치하나 외단열에서는 설치할 필요 없음), 난방부하 및 냉방부하는 각각 6.7% 및 4.6% 감소, 실제 난방 시 손실열량은 4.2% 감소, 획득열량은 5.1% 증가하였다.

나. 측벽–슬래브 접합부의 경우, 외단열 적용 시 설치 단열재 체적은 4.9% 증가하나, 난방부하 및 냉방부하는 각각 37% 및 45.9% 감소, 실제 난방 시 손실열량은 29.3% 감소, 획득열량은 11.3% 증가하였다.

다. 후면 외벽–슬래브 접합부의 경우, 외단열 적용시 설치 단열재 체적은 35.6% 감소(내단열의 경우 슬래브 하부에 보조단열재를 추가 설치하나 외단열에서는 설치할 필요 없음), 난방부하 및 냉방부하는 각각 12.2% 및 11.3% 감소, 실제 난방 시 손실열량은 7.1% 감소, 획득열량은 7.3% 증가하였다.

라. 평가대상 부위를 기준으로 할 경우, 국내 공동주택에서 외단열 적용만으로 난방부하는 평균 18.6%, 냉방부하는 평균 20.6% 감소가 가능하다. 또한, 실제 난방시 손실열량은 평균 13.5% 감소 및 획득열량은 평균 7.9% 증가가 가능하다.

표 4-3 연간 손실, 획득열량

		전면 외벽–슬래브 접합부		측벽–슬래브 접합부		후면 외벽–슬래브 접합부	
		내단열	외단열	내단열	외단열	내단열	외단열
설치단열재 체적(㎥)		0.159 (0.0%)	0.084 (–47.4%)	0.286 (0.0%)	0.300 (+4.9%)	0.255 (0.0%)	0.164 (–35.6%)
난방용 온수 공급×	손실열량 (MJ)	1,800,555.4 (0.0%)	1,679,323.5 (–6.7%)	659,281.1 (0.0%)	415,102.2 (–37.0%)	1,304,719.1 (0.0%)	1,145,857.0 (–12.2%)
	획득열량 (MJ)	30,100.8 (0.0%)	28,729.5 (–4.6%)	5,674.7 (0.0%)	3,069.2 (–45.9%)	19,587.9 (0.0%)	17,375.9 (–11.3%)
난방용 온수 공급○	손실열량 (MJ)	1,459,789.6 (0.0%)	1,398,709.5 (–4.2%)	423,529.3 (0.0%)	299,337.0 (–29.3%)	994,442.6 (0.0%)	924,164.2 (–7.1%)
	획득열량 (MJ)	868,472.2 (0.0%)	912,641.0 (+5.1%)	768,899.2 (0.0%)	855,801.1 (+11.3%)	1,006,103.1 (0.0%)	1,079,781.8 (+7.3%)
연중 최저 외기온 발생 시각의 구조체 온도분포		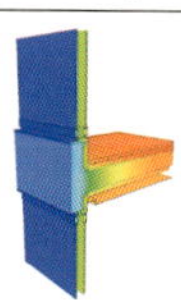	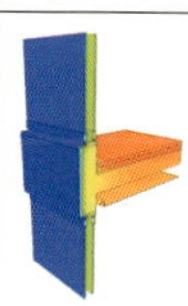	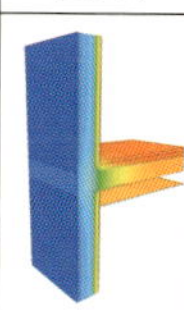	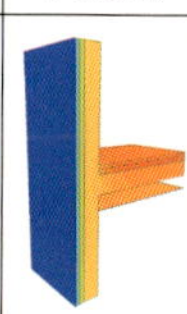	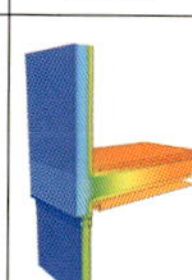	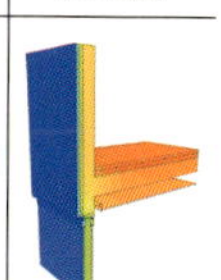

4.3 내 · 외단열 공동주택 부위별 선형 열관류율(Linear Thermal Transmittance: ψ) 비교

내 · 외단열 공동주택 부위별 선형 열류관율 비교를 위해 기준층의 전면 외벽 – 슬래브 접합부, 측벽 – 슬래브 접합부, 외벽 – 세대간벽 접합부, 세대간벽 – 지붕슬래브 접합부의 선형 열관류율 값을 산출하였으며, 외단열 적용 시 내단열의 경우에 비해 선형 열관류율을 63.7~92.7까지 낮출 수 있어 매우 효과적임을 확인하였다.

- 선형 열관류율(Linear thermal transmittance)이란 열교부위의 단열성능 평가 지표로서, 열교가 아닌 일반 구조체에서의 단열성능 지표로 사용되는 열관류율과 유사한 지표이다.
- 선형 열관류율은 ISO 10211-2007로 국제표준화 되었으며, 국내에서도 KS F ISO 10211: 2009로 표준화 작업이 진행중이다.
- 영국의 주거용 건물 에너지성능 평가 국가 기준인 SAP(The Government's Standard Assessment Procedure for Energy Rating of Dwelling)에서는 건물 열교부위의 단열성능을 선형 열관류율로 평가하도록 규정하여, 주거용 건물에서 열교로 인한 에너지 손실 방지를 도모하고 있다.
- 유럽의 초 에너지절약형 공동주택인 패시브 하우스(Passive House)에서는 열교부위의 선형 열관류율 값은 반드시 0.01W/mK 이하가 되도록 규정하고 있다.

표 4-4 선형 열관류율 비교 결과

	전면 외벽-슬래브 접합부		측벽-슬래브 접합부		외벽-세대간벽 접합부		세대간벽-지붕슬래브 접합부	
	내단열	외단열	내단열	외단열	내단열	외단열	내단열	외단열
모델링	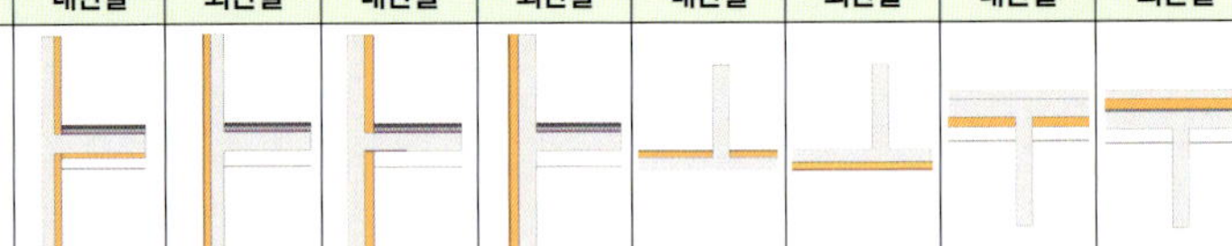							
선형 열관류율	0.546W/m · K (-63.7%)	0.198W/m · K (-63.7%)	0.610W/m · K (0.0%)	0.154W/m · K (-74.8%)	0.959W/m · K (0.0%)	0.083W/m · K (-91.4%)	0.684W/m · K (0.0%)	0.050W/m · K (-92.7%)

5. 기대효과

5.1 기술적 측면

내 · 외단열 공동주택 부위별 연간손실, 획득 열량 비교대상 부위를 기준으로 할 경우, 국내 공동주택에서 외단열 적용 시 기존 내단열의 경우에 비해 난방부하는 평균 18.6%, 냉방부하는 평균 20.6% 감소된다. 또한 실제 난방 시 손실열량은 평균 13.5% 감소 및 획득열량은 평균 7.9% 증가되어 난방 및 냉방 에너지 소비가 크게 감소되는 것으로 나타났다. 내 · 외단열 공동주택 부위별 선형 열관류율 비교대상 부위를 기준으로 할 경우, 국내 공동주택에서 외단열 적용 시 기존 내단열의 경우에 비해 선형 열관류율이 63.7%~92.7%까지 낮춰져 단열성능이 크게 향상됨을 알 수 있다. 2, 3차원의 복잡한 전열현상이 발생하는 열교부위에 대한 해석 및 에너지 성능 평가기술이 확보되었고, 확보된 기술에 근거한 외단열 설계를 실시하여 품질 안전성을 담보할 수 있다. 이를 통해 외단열 적용 시 열교 제거로 기존 내단열 공동주택에서 하자원인의 상당 부분을 차지하고 있는 결로 발생이 크게 감소했다. 또한, 외단열 소재 성능(내구성, 강도 등) 향상을 통한 외단열시스템의 성능 확보 및 보급을 활성화할 수 있다. 뿐만 아니라 난연성, 내열성의 친환경 무기단열재 외단열시스템 적용으로 화재 시 인명 보전 및 재료 재활용을 할 수 있고, 국내 공동주택의 건축양식에 적합하도록 습식, 반건식, 건식 외단열시스템의 다양한 외단열시스템 제공으로 설계 및 시공 용이성을 제공한다. 또한 이를 통해 외단열시스템 시공법의 개발을 통한 시공업체와의 연계를 통한 품질관리를 개척할 수 있다.

5.2 사회 · 경제적 측면

국내 주거용 건축물 중 큰 비중을 차지하고 있는 공동주택의 단열성능을 향상시켜 난방 및 냉방에서는 소비를 저감함으로써 국가적 차원에서 에너지 절약을 도모한다. 그리고 국가 사업인 그린홈 구현에 개발 외단열시스템을 적용함으로써 공동주택의 외단열 기술을 보급하고 확산할 수 있다.

참고문헌

1. 임도요 외 4인, 국내 공동주택 난방부하저감 목표에 따른 외피성능 기준에 관한 연구, 대한건축학회 학술발표대회 논문집, 2007.10
2. 저에너지 친환경 공동주택 연구단, Korea & China EIFS Group Meeting: Wacker & Vinnapas's Contribution to EIFS Development, 2007.8, 이화여대
3. 저에너지 친환경 공동주택 연구단, Korea & China EIFS Group Meeting: Wacker & Vinnapas's Contribution to EIFS Development, 2007.8, 이화여대
4. 한국친환경건축설비학회 2009년도 춘계학술발표대회 기획세션, 그린홈과 공동주택 외단열 기술, 2009.3

Intelligent Double Window System

7장 지능형 이중창호시스템

연세대학교 건축공학과 **이승복** 교수

(주)제이앤에스 한백

(주)케이앤월덱스

(주)솜피

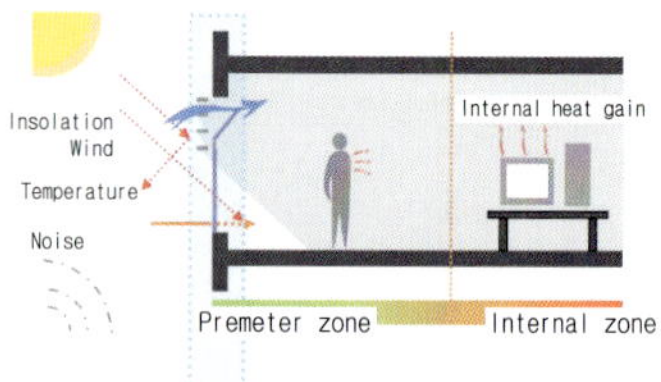

Building Envelope≒RESPONSIVE filter

그림 1-1 외피의 역할

1. 연구의 목적

건축물의 외피는 외부에서 실내공간으로의 열, 빛, 공기, 소음의 이동을 결정하는 경계면으로 실내환경의 특징을 결정짓는 주요 건축요소이다. 다양한 환경 친화적 건축물 설계전략과 더불어 실내환경조절부하를 최소화 할 수 있는 외피설계는 건물설계에 있어 매우 중요하다. 이를 통해 유지비용의 절감, 쾌적하고 건강한 환경의 제공 및 에너지 소비 감소를 달성하여 환경 친화적인 건축물을 구현할 수 있다. 이중창호시스템은 기존에 시공되던 창호시스템의 외부에 보조적인 창호를 덧댄 형태로 구성된다. 이 시스템은 차양시스템을 이용한 실내 일사유입 조절 및 시환경 개선에 유용하며, 향상된 단열 성능으로 인하여 냉난방부하를 저감시킨다. 본 연구에서는 이중창호시스템의 프로토타입 및 외피시스템 설계를 위한 지침을 개발하였다.

1.1 외피시스템의 설계지침 개발

외피시스템의 설계에 있어 가장 중요하게 고려해야 할 부분은 창호와 벽체의 단열성능을 결정하는 것이다. 또한 자연환기를 위한 충분한 개구부 면적 확보 역시 건물의 에너지 성능에 큰 영향을 주는 중요한 요소이다. 본 연구에서는 부하저감 목표치에 따른 외피의 열관류율 및 자연환기를 위한 개구부 면적을 제시하였다.

1.2 이중창호시스템의 프로토타입 개발

창호시스템은 일사의 조절 및 환기기능을 통하여 실내 열환경 및 시환경을 최적화할 수 있어야 한다. 따라서 본 연구에서는 이러한 기능적인 요구조건이 통합된 이중창호시스템의 프로토타입을 제시하였다. 이중창호시스템은 이러한 기능적인 요구조건을 통합할 수 있는 효과적인 외피시스템이다.

2. 연구의 내용

2.1 외피시스템의 설계지침 개발

2.1.1 부하 저감 목적치에 따른 외피 요소별 성능지침 개발

일반적으로 창호의 단열 성능은 벽체의 단열 성능보다는 7배~8배 낮기 때문에 창호의 단열 성능을 향상시키는 것은 공동주택의 난방부하 저감에 있어 매우 중요한 요소이다. 다음의 그래프는 외피조건의 변화에 따른 건물부하의 변화량을 벽체 열관류율 0.47 W/㎡K, 창호 3.0 W/㎡K, 창면적비 60% 사례를 기준으로 도시한 것이다. 국내 기술수준을 고려한 단기 권장 성능은 창호 2.0 W/㎡K, 벽체 0.3 W/㎡K 이다.

2.1.2 창호시스템 설계 및 제품 선택 시 고려사항

가. 창호 설계 시 고려사항

창호 시스템의 특성은 외부환경 조건 및 건물 디자인을 고려하여 결정되어야 한다. 창호시스템의 계획 · 선정시에는 일반적으로 다음과 같은 조건들을 고려해야 한다.

① 한국의 기후특성 : 한국은 하계에 일사가 많고 더우며, 동계에 낮은 외기 온도를 보이기 때문에 창호시스템은 기본적으로 단열 성능이 우수해야 한다. 그리고 하계에는 일사유입을 적절히 차단하여 냉방부하를 줄이고, 동계에는 일사유입을 최대화하여 난방부하를 줄일 수 있어야 한다.

② 공동주택의 부하 특성 : 공동주택은 실내 발열이 적어 난방부하가 냉방부하보다 크다. 따라서 난방부하 감소를 위한 창호 디자인이 중요하다.

③ 차양시스템 : 하계에 실내로의 일사유입을 억제하기 위하여 실내외부에 차양을 설치하는 것을 고려한다.

④ 소음 : 소음이 많은 곳은 차음성이 높은 창 또는 이중창호를 고려할 수 있다.

⑤ 자연환기 : 자연환기를 촉진하기 위해 외부 풍속 및 풍향에 적합한 창호 타입을 선정한다. 고층의 경우 건물 외부로 높은 풍압이 형성되기 때문에 자연환기를 위해서는 이중외피시스템이 적합하다.

⑥ 비용 : 창호의 비용 및 에너지 성능이 합리적인 창호를 선택한다.

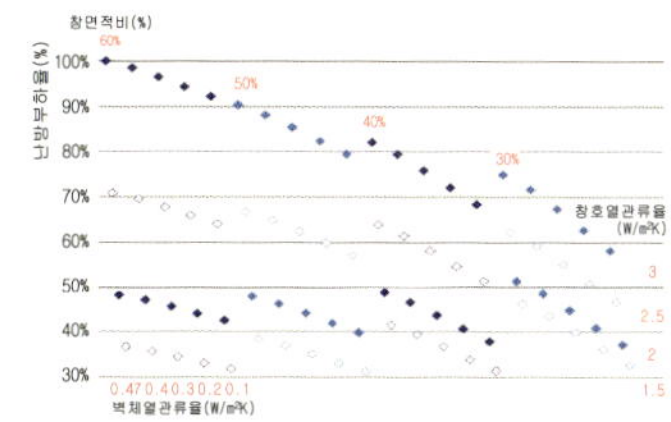

그림 2-1 외피 성능과 난방부하

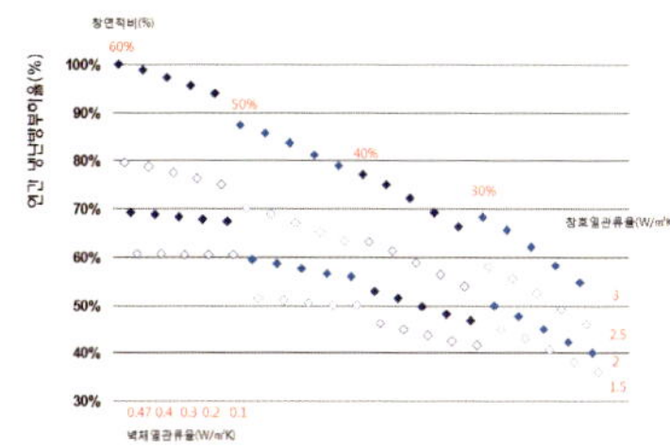

그림 2-2 외피 성능과 연간 냉난방부하

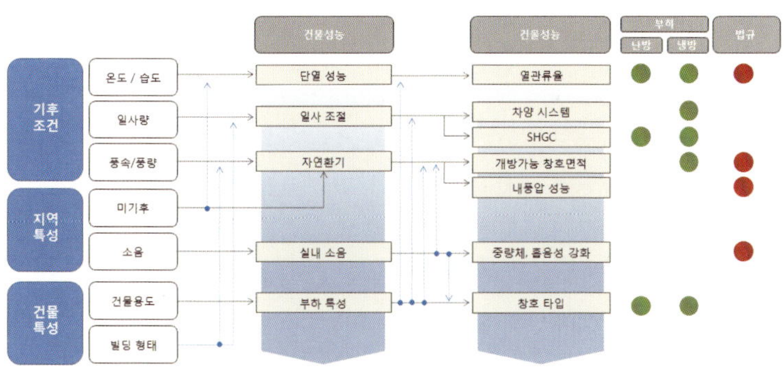

그림 2-3 창호시스템 설계 프로세스

나. 창호 단열 향상을 위한 지침

유리는 창호에서 가장 넓은 면적을 차지한다. 또한 일사투과 및 단열의 역할을 동시에 수행하기 때문에 유리의 선택이 창호의 열적 성능에 미치는 영향은 매우 크다. 공동주택의 특성에 적합한 유리를 선택하기 위해서 다음 사항을 참고하는 것을 권장한다.

표 2-1 디자인 목적에 따른 유리의 선택

디자인 목적	디자인 방법
일사획득량 증가	열관류율이 낮고 일사 투과율이 높은 유리를 선택
	남측 창에 적용되는 창호의 경우 동일한 열관류율 조건에서 유리면적이 가능한 넓은 제품 선택
	SHGC 가 높은 제품 선택
단열성능 향상	Low-E + 투명유리 또는 Low-E 를 이중으로 적용한 유리 선택
	중공에 Argon 등의 가스를 적용한 제품 채택
	이중유리 사이에 단열 간봉을 적용한 제품 선택 (결로방지)

① Low-E 유리의 선택

Low-E 코팅은 낮은 방사율을 가지고 있는 물질을 유리에 코팅하는 것으로, 유리의 단열 성능을 향상시킨다. 공동주택의 경우에는 이중유리의 실내측 유리에 적용되며, 냉방부하가 높은 오피스의 경우에는 실외측 유리에 적용된다. 단, Low-E 유리를 적용할 경우 유리의 단열 성능을 향상시키지만 일사의 투과율을 저하시키는 단점이 있다. 따라서 일반적으로 난방부하가 높은 공동주택의 특성을 고려할 때, Low-E 유리를 적용할 때에는 일사투과율 또는 SHGC 값이 높은 제품을 선택하는 것이 권장된다.

② 중공층 가스 주입

이중유리의 중간에 크립톤이나 아르곤을 적용할 경우 유리의 단열 성능을 향상시킬 수 있다. 가스 주입 후 중공층을 얼마나 기밀하게 하는지에 따라 유리의 단열 성능이 유지되는 정도가 달라지게 된다.

③ 단열 간봉의 적용

유리의 가장자리 부분은 열교가 잘 일어나는 부위이며 결로에 취약한 부분이다. 창호 전체의 단열 성능은 양호하더라도 간봉의 열적성능이 취약해 실내에 결로가 발생하는 경우도 있다. 간봉을 선택할 경우 Thermal Break가 적용되어 있거나 합성수지 재료로 이루어져 단열 성능이 높은 제품을 선택하는 것이 바람직하다.

④ 프레임의 단열 성능

프레임은 일반적으로 알루미늄, 합성수지, 목재 등으로 제작된다. 프레임은 창호 전체 면적의 10%~30% 정도를 차지하기 때문에 창호의 단열 성능에 큰 영향을 준다. 또한 프레임의 단열 성능이 낮을 경우 실내측 프레임 표면에 결로가 발생할 우려가 있다. 열손실의 방지 및 결로예방을 위해서는 열전도율이 낮은 프레임을 선택해야 한다. 알루미늄 프레임의 경우 Thermal Break로 적절하게 단열이 이루어져야 한다.

2.2 이중창호시스템의 설계 사례

2.2.1 이중창호시스템의 개요 및 특성

이중창호시스템은 두 개의 창호가 결합된 형태로 디자인이 된다. 외부 창은 상하단의 고정창과 중간부분의 개방 가능한 창으로 구성된다. 스프링클러가 설치되지 않은 공동주택에 설치될 경우 상하부의 고정창의 높이 합은 80cm 이상으로 하여 창호를 발코니 외부에 설치할 경우 슬래브 두께 15cm를 포함하여 90cm 이상 개구부가 없는 부분을 확보한다. 이러한 디자인을 통하여 발코니 확장 시 상층과 하층 개구부 사이의 간격을 90cm 이상 확보해야 하는 법규적 조건을 만족한다. 건물 외피 설계조건에 따라 고정창은 삭제 가능하다. 개방 가능한 창을 Parallel 창이나 슬라이딩(Sliding)으로 설계할 경우 환기를 위한 개방면적을 최대화 할 수 있다는 장점이 있다. Parallel 창은 전면으로 수평이동하여 개방되며, 창의 상하부 및 옆면에 개구부를 형성한다. 0.89m×2.4m의 단위 유닛을 설계할 경우 외부 창이 20cm 열릴 경우 0.94 ㎡, 25cm 열릴 경우 1.175 ㎡의 개방면적을 확보할 수 있게 된다.

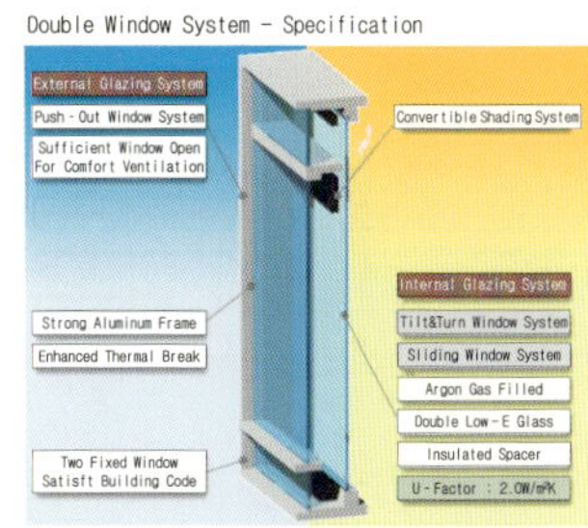

그림 2-4 이중창호 시스템 전체 구성도

가. 이중창호시스템 특성

이중창호시스템은 기존의 한 개의 외피에 다른 한 개의 외피시스템을 더하고 그 사이에의 중공층을 적극적으로 외부공간으로부터 실내를 보호하는 완충공간의 역할을 한다. 기존의 단층창에 비하여 외부의 소음을 차단할 수 있으며 전체적으로 유리로 된 시스템이므로 전망을 확보할 수 있다는 장점이 있다.

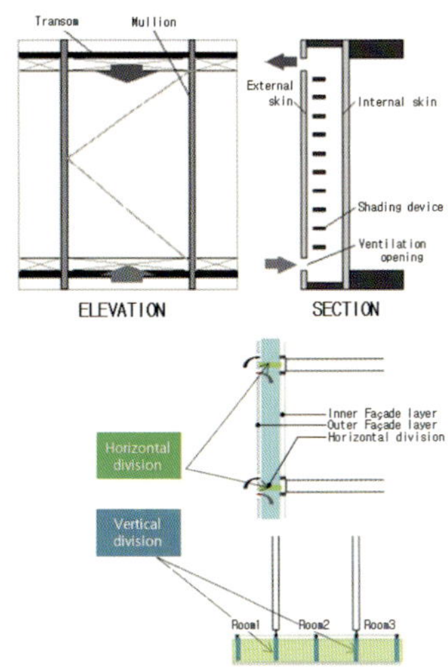

그림 2-5 Box Type

나. 이중외피시스템 종류

① 박스형(Box Type)

이중외피의 가장 고전적인 형태로 중공층은 수평적, 수직적으로 나뉨으로써 소음과 냄새의 확산을 효과적으로 차단시키다. 따라서 외부로부터의 소음이 크거나 인접실 간의 차음이 필요한 곳에서 적용한다. 각각의 유닛(Unit)마다 급기구와 배기구를 설치해 주어야 하고, 일반적으로 사각형의 창문과 환기구 형태를 가지게 된다.

② 복도형(Corridor Type)

이중외피는 각 층별로 구획되어 있으며, 수평적으로는 개방되어 있다. 수평적 구획은 방음, 방재 또는 환기가 특별히 요구되는 곳에만 설치된다. 바닥면과 천장면에 인접하고, 각 Bay에 엇갈리게 급·배기구가 설치되어야 하며, 소음의 확산을 방지하기 위해 특별한 주의가 요구된다.

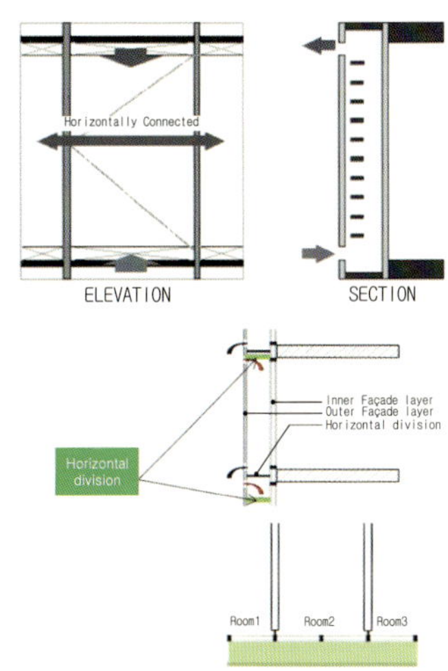

그림 2-6 Corridor Type

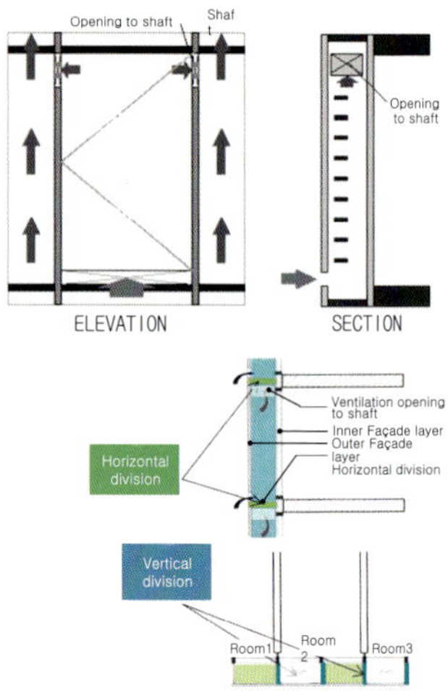

그림 2-7 Shaft Type

③ 수직통기형(Shaft Box Type)

수직통기부를 적용한 박스형의 변형이다. 수직통기부는 Bypass Opening을 통해 인접 박스형과 연결된다. 수직통기부에서 발생하는 연돌효과(Stack Effect)는 Box Window의 공기를 유인하여 기류를 발생시키고, 공기는 수직 상부까지 상승되어 외부로 배기된다. 연돌효과로 인하여 외부에 개구면적이 충분한 환기량을 확보할 수 있고, 이는 외부 소음 차단 측면에서는 긍정적인 역할을 한다. 연돌효과를 내는 수직통기부 높이는 제한적이며, 저층의 건물에서 가장 효과적이다.

④ 다층형(Multistory Type)

외부 창호는 중공층 내부의 구획 없이 설치되어 있다. 중공층의 환기는 지상레벨과 지붕레벨의 대형 환기구를 통해 이루어진다. 난방기간에 일사획득 효과를 높이기 위해 중공층은 밀폐가 가능하고, 거실은 기계적으로 환기되어야 하며, 중공층은 덕트의 역할을 수행할 수 있다. 다층형 외피는 외부 소음이 극도로 높은 경우에 적합하다. 이 타입의 경우 중공층 내부에서의 소음 전달이 문제가 될 수 있다.

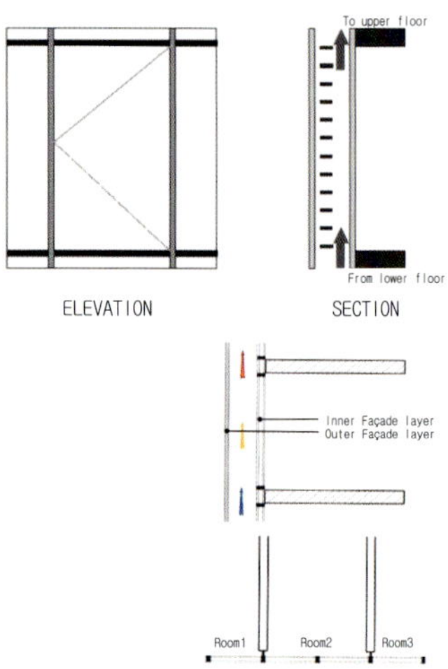

그림 2-8 Multistory Type

다. 이중창호시스템의 구성

개발된 이중창호시스템은 박스형 이중외피시스템의 특성을 적용한 시스템으로 내, 외측 2개의 유리층과 그 사이 중공층으로 구성되어 있다.

① 외측 유리

중공층과 실내를 구분하는 부분으로서 중공층과 외부의 열 유입 및 열 손실이 가장 활발하게 일어나는 부분이다. 이때 어떠한 외측 유리를 선택하느냐에 따라 실내 및 중공층으로 들어오는 일사량이 달라지고 실내 냉난방부하에 가장 많은 영향을 미치게 된다. 외측 유리의 물성인 흡수율, 투과율, 반사율 등을 고려한 유리의 선택이 무엇보다도 중요하다.

② 중공층

외측 외피와 내측 외피의 중간에 위치한 공기층으로서 외부와 실내의 환경적 완충공간 역할을 한다. 외부와 내부의 열이동이 이루어지는 중간단계로 적절한 중공층의 계획이 이루어질 때 실내 냉난방부하 저감이 가능하다. 또한 중공층에는 가변형 차양을 설치하여 일사유입을 적절히 조절할 수 있다.

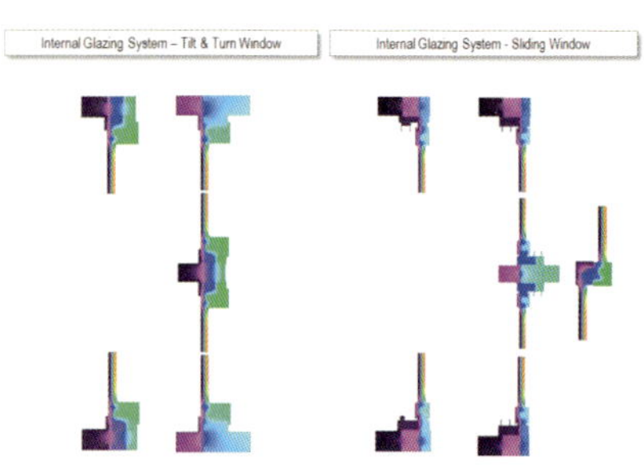

그림 2-9 이중창호 내창 시뮬레이션 결과

③ 내측 유리

실내와 중공층의 경계면으로 실내환경에 직접적으로 영향을 미치는 요소이다. 내측 유리 역시 외측 유리와 마찬가지로 일사의 투과, 흡수, 반사를 고려한 선택이 이루어져야 한다. 이와 더불어 내측 외피의 유리는 실내 부하에 직접적인 영향을 미치므로 유리의 관류율을 고려한 설계가 이루어져야 한다.

라. 개방 가능한 창문면적

일반적으로 창호 프레임 면적이 창면적의 20% 정도를 차지한다고 가정할 경우 슬라이딩 타입의 경우 순수한 창면적(80%)의 절반인 40% 정도를 개방할 수 있다. 외부 창호를 Parallel 타입으로 설계할 경우 실제 환기 가능한 면적이 전체 창호면적의 44%~55%까지 확보가 가능하여 슬라이딩 창호와 유사한 수준의 환기량을 확보할 수 있다. 이 경우 120㎡ 정도의 바닥면적을 가진 공동주택에서 배기창 면적 산정방법에 준하게 계산하더라도 법규상 환기창 조건인 바닥면적의 5% 이상의 창문면적을 확보할 수 있는 것으로 나타났다.[1]

마. 창호 단열 성능

창호의 단열 성능은 Therm/Window Simulation을 통하여 분석할 수 있다. 국내 성능 기준인 KS조건으로 시뮬레이션을 실시하여 창호 제작 전에 열적 성능을 검토할 수 있다.

바. 차양시스템

차양시스템의 단면 및 표면 반사율을 조정하여 냉방부하 저감효과를 향상시킬 수 있다. 실내에 냉방부하가 발생하는 시점(태양고도 60˚~76˚)에는 직달일사의 실내 유입량을 효과적으로 차단하고 동계에는 실내로의 일사유입을 최대화하기 위해서는 가변차양의 적용이 타당하다.

1) 환기창은 바닥면적의 5% 정도의 면적을 확보하도록 하고 있으나, 그 면적 산출방법은 명기되어 있지 않다. 본 연구 결과에 따르면 쾌적환기(Comfort Ventilation)를 위해서는 실제 개방되는 창호면적 또는 배기창 면적으로 창호면적을 산출하는 것이 바람직한 것으로 도출되었다.

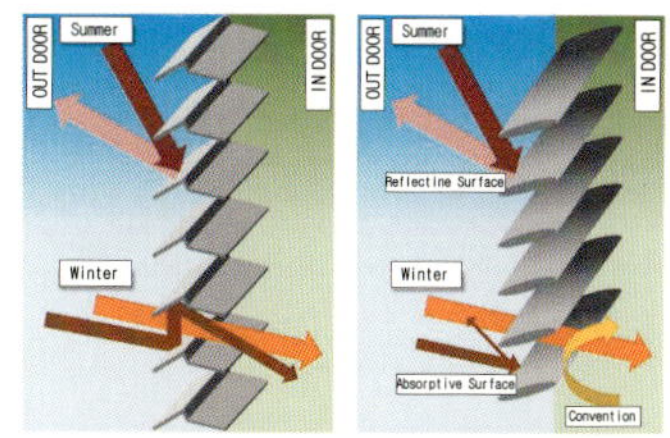

그림 2-10 차양시스템 개발 모델

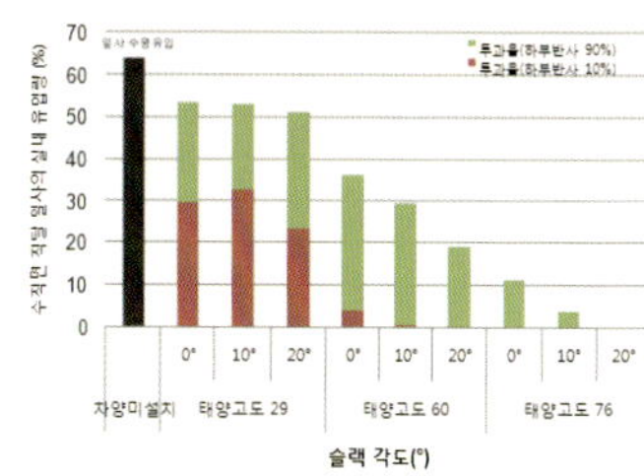

그림 2-11 차양의 일사조절 효과

2.2.2 이중창호 시스템의 통합 운전모드

이중창호의 운전모드는 국내 공동주택의 부하특성을 고려하여 설정되었으며 구성내용은 아래와 같다.

가. 극한기에는 내부 창호와 외부 창호를 모두 닫아 단열 성능을 최대한 향상시킨다. 그리고 최소환기를 실시하여 난방에너지 소비를 최소화한다.

나. 난방부하가 발생하지만 외기조건이 충분히 낮은 경우 최적환기, 최대환기 모드로 운영한다. 재실자의 온열감 및 시각적인 반응에 따라 차양장치를 조절한다.

다. 극서기에는 내부 창호를 닫고 최소환기를 실시하여 냉방부하를 최소화한다. 실내 일사 유입량을 줄이기 위하여 차양장치를 이용하며, 중공층의 온도를 낮추기 위해 외부 창이 최대 개방되어 중공층에 갇힌 잉여 열을 외부로 배출한다.

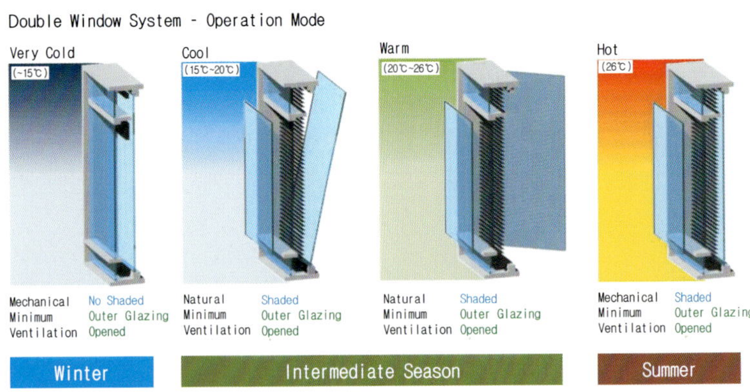

그림 2-12 이중창호 운영 개념도

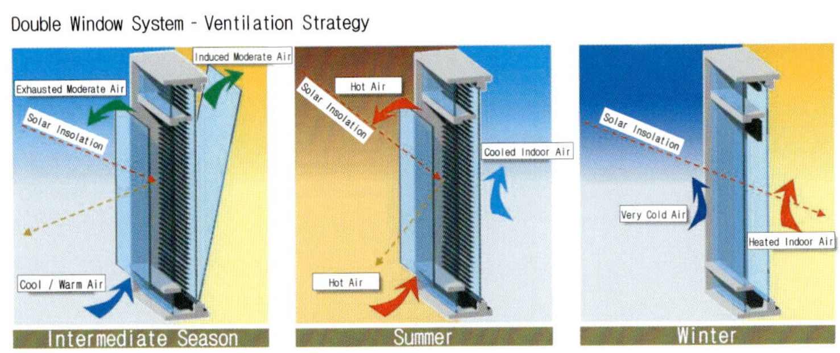

그림 2-13 이중창호시스템 환기 및 차양 운전개념도

2.2.3 이중창호의 성능 평가

가. 실물실험을 통한 냉난방부하 저감 가능성 검증

① 내외 창 합산 열관류율이 2.06W/㎡K인 1차 창호 시제품의 동계 난방부하 저감 성능을 실물 실험을 통하여 측정한 결과 3.8W/㎡K인 단일 창호에 비해 27.3%의 난방부하가 저감되는 것으로 나타났다. (2008년 초에 2007년 법규상 기준에 준하여 실험)

② 실물실험을 통하여 하계 냉방부하 저감효과를 검증한 결과 이중창호의 중공층에 차양을 설치할 경우 냉방부하를 33% 저감할 수 있는 것으로 나타났다. 외부온도 분석을 통한 쾌적환기(Comfort Ventilation)를 통한 부하저감 가능성 검토결과 월평균 온도가 가장 높은 8월에도 외기온도 25℃기준, 야간을 중심으로 일중 50%의 기간 동안 자연환기가 가능한 것으로 나타났다.

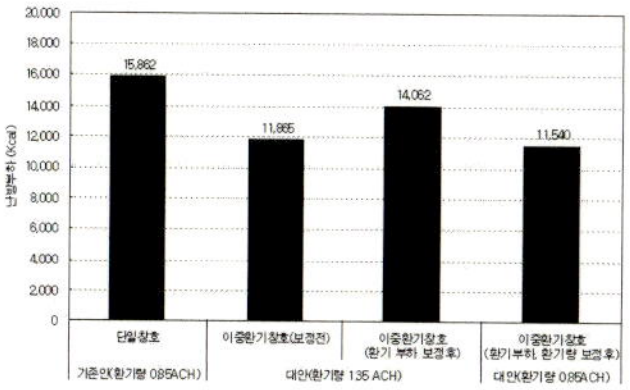

그림 2-13 실험 모델

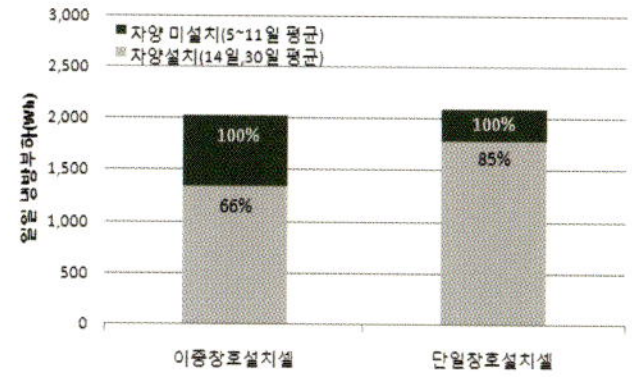

그림 2-14 냉방부하 저감효과

나. 통합 시뮬레이션을 통한 부하저감 성능 검증

① 2008년에 변경된 창호 열관류율 법규 기준에 근거하여 최종 개발된 제품 성능에 대한 검증을 실시하였다. 이 시뮬레이션에서는 차양시스템과 자연환기와 기계환기를 병용한 하이브리드 환기(Hybrid Ventilation)를 적용하여 건물부하를 산출하였다. Base Model은 표준주택에 기초하여 설정하였다. 단일창의 열관류은 3.4W/㎡k, 이중창호의 외창 및 내창의 열관류율은 각각 3.0W/㎡k, 2.0W/㎡K로 설정되었으며, 중공층의 깊이는 25㎝이다.

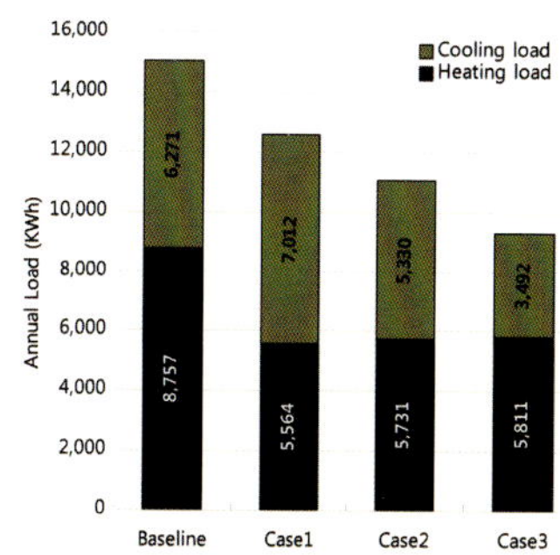

그림 2-15 부하 저감효과

표 2-2 시뮬레이션 입력조건

	Base model	Case1	Case2	Case3
건물향	동향	남향	남향	남향
단일창호	O	-	-	-
이중창호	-	O	O	O
기계환기(0.7ACH)	O	O	-	-
Hybrid Ventilation	-	-	O	O
차양 장치	-	-	-	O
Note.	표준 주택	대안 모델		

② 하이브리드환기(Hybrid Ventilation)와 이중창호를 모두 적용한 Case 3의 경우 표준 주택에 비해 최대 38%의 냉난방부하를 저감할 수 있는 것으로 나타났으며, 자연환기는 연중 36% 기간 동안 시행이 가능한 것으로 나타났다.

다. 지속 가능성

재활용이 가능한 알루미늄 프레임 : 재생 가능한 알루미늄 프레임을 적용하여 건물의 폐기 시 재생도를 높였다.

라. 쾌적

실내 쾌적감 향상을 위한 자연환기 가능성 향상 : 이중창호 적용을 통하여 자연환기 기능성을 향상하였다.

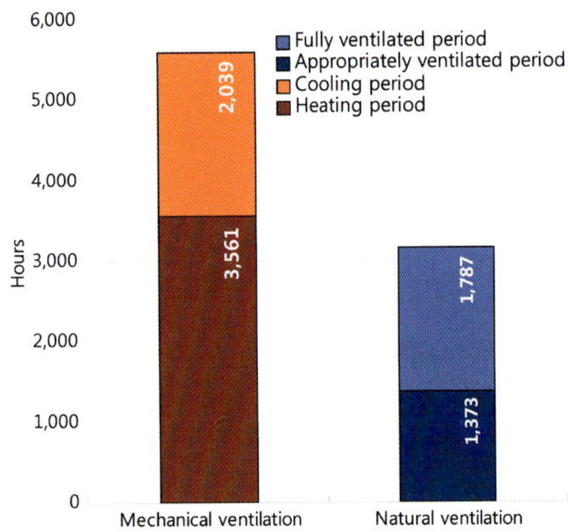

그림 2-16 연중 자연환기 가능기간

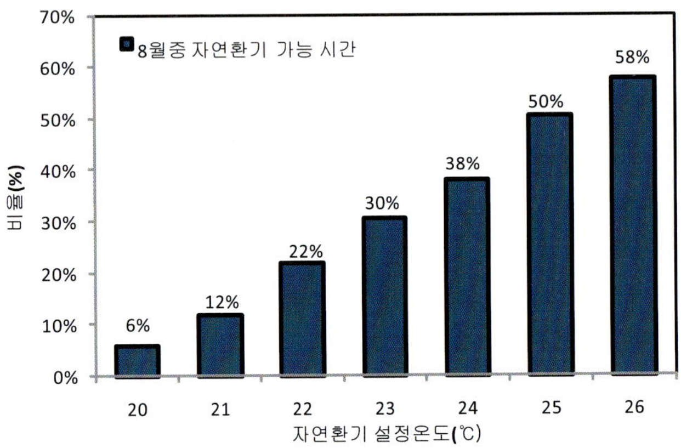

그림 2-17 외기 온도에 따른 자연환기 가능성(8월)

3. 기대효과

국내 법규상 창호의 단열 성능은 선진국에서 적용하고 있는 단열 성능에 비해 낮은 편이며, 장기적인 관점에서 고단열 창호기술 개발 및 비용 타당성의 확보를 통해 국내 창호시스템의 성능을 개선할 여지가 매우 크다. 이러한 맥락에서 고성능 창호 또는 이중창호시스템을 개발하고 기존 및 신규 공동주택에 적극 적용함으로써 건물의 에너지 소비량을 현저히 저감할 수 있으며, 국가적으로는 탄소 배출량의 저감과 1차에너지 소비량의 저감을 유도할 수 있다.

또한 국내 기술로 제작한 시스템을 해외 시장에 수출, 시장을 확보할 수 있는 기술적인 기초를 만들 수 있다.

3.1 기술적 측면

- 국내 기업의 부하 저감형 창호 설계 기술을 확보한다.
- 부하저감 목표별 외피 단열 성능 가이드라인을 제공하여 창호 설계에 활용한다.
- 일반 소비자 또는 건축가들의 창호 선택에 있어 지침으로 활용한다.

3.2 사회 · 경제적 측면

- 고성능 창호 적용을 통하여 건물에너지 절감 및 환경부하의 저감을 유도한다.
- 건축물 부하저감을 통한 에너지 비용절감 효과 및 화석연료 자원의 수입 감소 효과가 있다.
- 재활용 가능한 자재(알루미늄)를 이용하여 자원의 활용 가능성을 높인다.
- 건물의 친환경성 강화로 관련 기업 및 건축주의 인지도 제고 및 고부가 가치 창출이 가능하다.
- 창호의 시각적 · 광학적 건강성 증대로 보건위생 차원의 사회적 제비용 감소에 기여한다.
- 건물 내부의 쾌적성을 증진한다.

Eco Friendly Materials

green home plus

8장 친환경 기능성 소재

한국건설기술연구원 **이윤규** 박사

(주)케이씨씨

DSG대동월페이퍼(주)

(주)피움

1. 연구의 목적

최근 실내환경의 가장 큰 문제로 대두되고 있는 새집증후군(Sick House Syndrome)은 실내공간에 적용된 건축자재 등에서 기인한 것으로 적절한 실내공기질(IAQ)을 확보하기 위하여 다양한 방안이 모색되고 있다.

실내공기 오염물질의 제거수단으로는 오염물질의 실내유입을 허용하지 않는 방법과 유입된 오염물질을 제거하는 방법으로 크게 나눌 수 있다. 오염물질의 실내유입을 허용하지 않으려면, 오염 발생원을 제거 격리하거나 발생원의 성질을 무해하게 하는 방법을 들 수 있다. 또한 유입된 오염물질을 제거하는 것은 공기청정기의 오염물질 제거방법과 환기에 의해 실외로 배출하는 방법으로 구분할 수 있다. 주요 선진국에서는 이미 오래전부터 실내오염물질이 거주자에 미치는 영향을 연구하였으며, 각종 건축자재에서 방출되는 오염물질의 실태를 밝혀내고자 노력을 하고 있다. 국내에서는 새집증후군을 저감하기 위한 방안으로 휘발성 유기화합물 및 폼알데히드의 방산량이 적은 친환경 건축자재의 적용을 우선적으로 고려하여, 환경부의 "오염물질 방출 건축자재 고시", "친환경 건축물 인증제도", "주택성능등급 표시제도"와 같은 건축물 관련 인증제도와 친환경상품진흥원의 "환경마크제도" 및 한국공기청정협회의 "HB마크제도" 등의 운영을 통하여 친환경 건축자재의 관련 업계의 기술개발을 유도하고 있다. 그러나 국내 건축자재의 경우, 단순히 오염물질 저방출 측면에서만 성능이 분석되고 있으며, 실내의 습도를 적절하게 조절할 수 있는 흡방습 성능이나 유해화학물질을 흡착 · 분해하는 기능성 건축자재의 성능평가가 미흡한 실정이다. 우리나라의 기후특성은 여름철의 고온다습과 겨울철의 저온건조현상으로 쾌적한 실내환경을 유지하기 위해 제습기 및 가습기를 이용하여 습도조절을 하고 있다. 건축물 내부에 발생하는 높은 습도는 건물 구조체나 내부의 결로 및 곰팡이 등의 문제를 유발하며, 이러한 문제를 해결하고자 실내공기가 저습인 경우 습기를 방습하고 고습인 경우 흡습할 수 있는 기능성 건축자재를 개발하여 거주자의 쾌적한 실내환경을 확보할 필요가 있다.

이에 본 연구에서는 쾌적한 실내환경을 만들고, 환기로 인해 손실되는 에너지 저감을 흡방습건재, 무기질도료, 기능성 석고보드와 같은 친환경 소재 개발을 통해 보완하고자 한다.

1.1 흡방습건재

거주자의 쾌적한 실내환경 확보를 목적으로 실내공기가 저습인 경우 습기를 방습하고 고습인 경우 흡습할 수 있는 기능성 건축자재의 개발

1.2 무기질 도료

천연광물과 고기능성 분말을 무기액상결합체로 배합하여 환경에 부담이 없으면서 물리화학적 특성이 우수하고, 실내 오염물질을 흡탈착시킬 수 있는 도료의 개발

1.3 기능성 석고보드

건물의 주요 마감재로 사용되고 있는 석고보드를 이용하여 폼알데히드를 흡수·분해할 수 있는 기능성 석고보드의 개발

2. 연구의 내용

2.1 친환경 및 기능성 건축자재의 개발

2.1.1 흡방습건재

흡방습건재를 구성하는 원재료의 종류는 성능, 외관, 질감 및 적용부위 등에 따라 다양한 특징을 갖고 있다. 따라서 실제 흡방습 건축자재를 실내에 적용하기 위해서는 실내의 습도환경이나 사용하는 장소 등에 따라 최적의 흡방습자재를

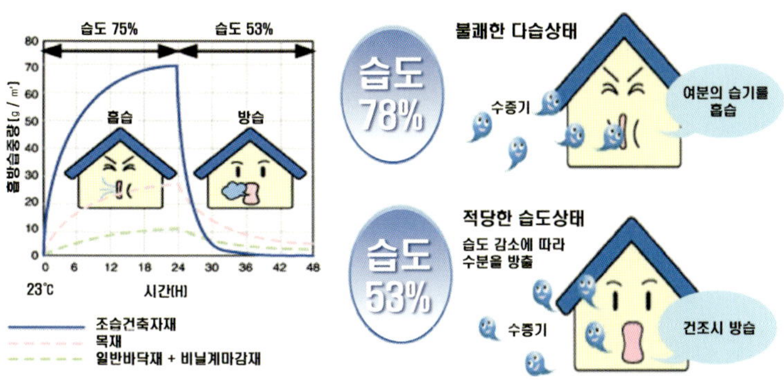

그림 2-1 흡방습건재의 개념

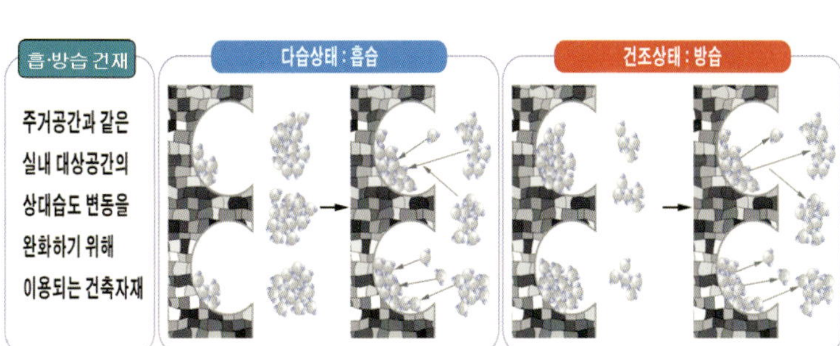

그림 2-2 흡방습건재의 흡방습 원리

선택해야 한다. 먼저, 흡방습자재를 원료별로 분류하면 석질계, 목질계, 토질계로 나뉘며 실제 적용되고 있는 건축자재로는 보드류, 타일류, 도포 가능한 분체류 등이 있다. 대부분의 흡방습건재는 제품 내부에 무수한 미세기공을 갖고 있으며, 이러한 미세기공을 통하여 습기를 흡습하거나 방습한다. 흡방습건재는 공기 중의 오염물질을 흡착하여 제거하기도 하는데, 이러한 흡방습건재의 흡방습 원리는 공기중의 냄새를 저감할 수도 있고 오염물질도 분해할 수 있다.

2.1.2 무기질 도료

무기질 도료는 천연광물과 고기능성 분말을 무기액상결합제로 배합한 제품으로 실내마감재나 발코니, 주차장, 계단실 등에 사용이 된다. 무기질 도료는 결정 특성별 표면개질 과정을 거친 천연광물분체와 고기능의 합성분말을 무기액상결합제의 최적의 배합비로 혼합하여 제조한다. 원료 응용 측면에서 천연광물 분말 개질 및 분체화를 하여 합성분말과 각종 기능성 소재를 혼합하여 무기액상결합제와 화학적 변화에 의한 상온경화를 한다. 또한 금속알콕사이드를 주원료로 하여 가수분해, 중축합, 화학치환반응을 거쳐 무기액상결합제를 제조하여, 환경에 전혀 부담이 없으면서 물리화학적 특성이 우수한 결합제를 제조하는 것이다. 금속알콕사이드 (M(OR)n)는 X-OH와 같이 반응하며, 이 반응은 X의 화학적 성질에 의존하며 알콕사이드는 가수분해반응, 축합반응 및 화학적 치환반응에 의해 진행된다. 또한 비표면적이 매우 큰 합성분체를 적용하여 적합한 크기와 형태의 무기 및 유기분자들을 선택적으로 흡착함으로써 결과적으로 서로 다른 분자들을 각각 분리할 수 있는 뛰어난 분자체의 특성을 갖게 된다. 선택적 흡착특성은 구조상의 공동과 흡착되는 분자들의 형태와 크기 뿐만 아니라 극성 정도에 따라서도 달라진다. 이러한 흡착 및 분자체 특성을 이용하여 실내 유해 냄새를 흡착시켜 쾌적한 환경을 만들어 준다.

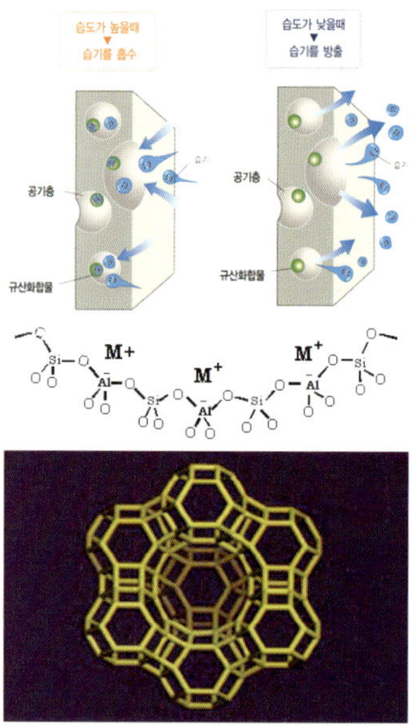

그림 2-3 습도조절 원료의 화학구조와 골격구조

2.1.3 기능성 석고보드

최근 건축 내장재 공사 시 벽지 시공 전에 천장과 벽의 바탕면 마감재 평활도를 유지하기 위해 석고보드의 사용량이 증가하고 있다. 석고보드는 벽지의 시공면적과 동일한 면적이 사용되며 최종마감재는 아니지만 사용량을 고려하면 주요 내장재로 분류할 수 있다. 개발한 기능성 석고보드는 폼알데히드 흡수·분해제를 혼합하여 각종 건축자재 및 접착제에서 나오는 유해가스를 물리적·화학적으로 흡착·분해하고, 비가역적인 안정한 물질로 전환시키는 기능을 갖춤으로써 한 단계 더 진화된 기능성 건축자재이다.

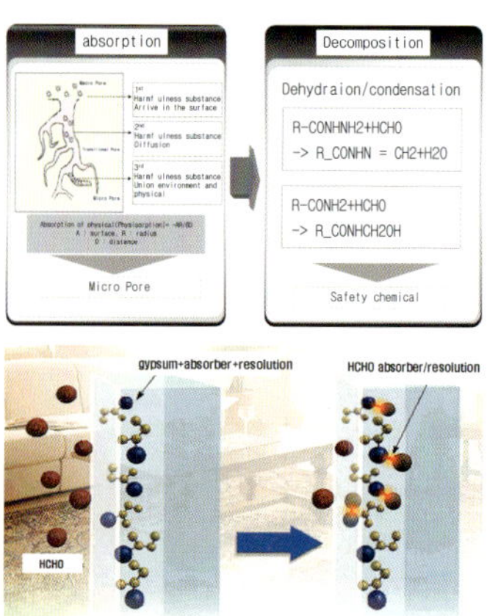

그림 2-4 습도조절 원료의 화학구조와 골격구조

2.2 친환경 및 기능성 건축자재의 성능평가

최근 생활수준의 향상과 건강한 거주환경에 대한 관심이 높아지면서, 환경 친화적인 건축자재의 사용이 크게 증대되고 있다. 유해화학물질이 적게 방출되면서도 다양한 기능을 가진 건축자재들이 개발되면서 이러한 건축자재에 대한 성능평가가 단순히 유해화학물질 방출과 관련된 보건학적인 측면의 위해성 규명에만 초점이 맞추어져 있으며, 실내습도를 적절하게 조절하는 흡방습 성능이나 유해화학물질의 흡착 및 분해 성능, 항균 및 항 곰팡이 성능 등 건축자재가 가질 수 있는 기능적인 측면에 대한 고려는 미흡한 실정이다.

2.2.1 흡방습 성능 평가

흡방습 등급의 평가를 위한 시험방법으로는 JIS A 1470-1 "조습건재의 조습성 시험방법- 제1부 : 습도 응답법"과 JIS A 1475 "건축재료의 평형함수율 측정방법"이 있으며, JIS A 1470-1(2002)을 기초로 ISO 24353(2008.9)이 제정되었다.

표 2-1 흡방습 등급 평가 규격

규격	규격명	비고
ISO 24353 : 2008	Hygrothermal performance of building materials and products – Determination of moisture adsorption/desorption properties in response to humidity variation	ISO
JIS A 1475 : 2004	Method of test for hygroscopic sorption properties of building materials	JIS
JIS A 1470-1 : 2008	Determination of water vapour adsorption / desorption properties for building materials – Part 1: Response to humidity variation	
JIS A 1470-2 : 2008	Determination of water vapour adsorption/desorption properties for building materials – Part 2 : Response to temperature variation	
일본건재시험센터	흡방습건재의 흡방습성능 평가기준	-

그림 2-5 흡방습 시험장치

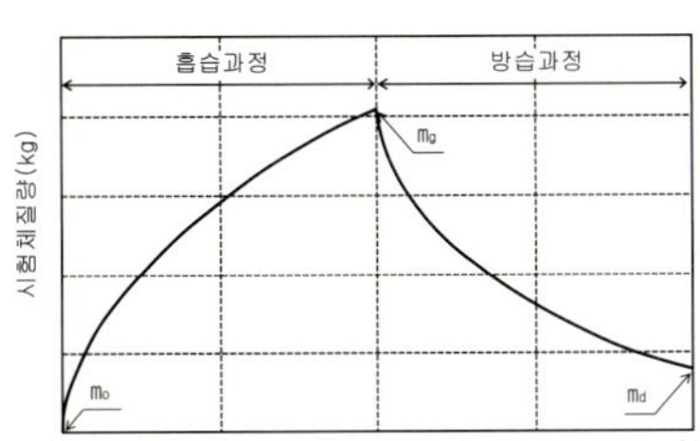

그림 2-6 흡방습과정중 시험체 질량의 변화(예)

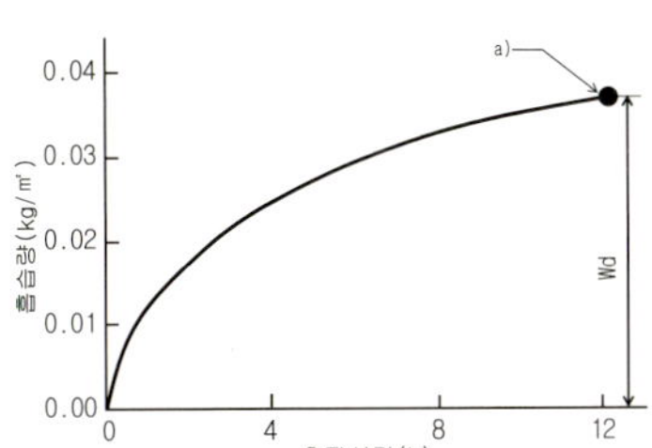

그림 2-7 흡습과정

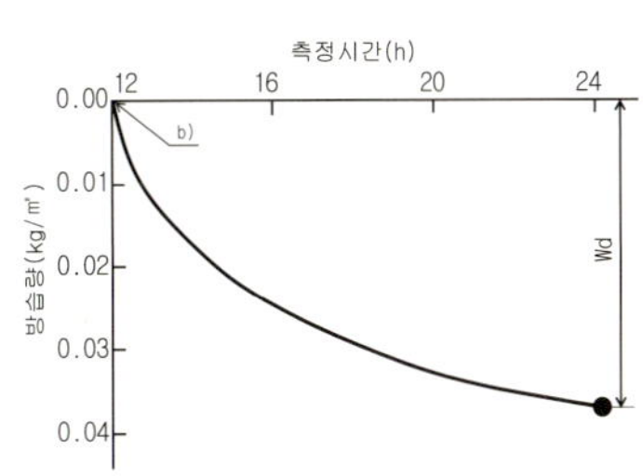

그림 2-8 방습과정

2.2.2 흡착성능 평가

흡착 및 분해 성능을 갖는 기능성 건축자재의 개발과 사용이 활성화됨에 따라 성능평가법에 대한 요구가 증가하고 있으며, 주요국가에서는 다양한 흡착 관련 기준이 있으나 국내기준은 미비한 실정이다. 미국의 Greenguard에서 건축자재의 폼알데히드 저감 성능을 평가하는 인증제도를 실시하고 있으며, 2008년 8월 단열재 2종이 인증을 받은 상태이다.

표 2-2 흡착성능 평가 측정대상

측정대상	규격	규격명	비고
폼알데히드 흡착	ISO/DIS 16000-23 :2008	Performance test for evaluating the reduction of formaldehyde concentrations by sorptive building materials	
VOCs 흡착	ISO/DIS 16000-24 :2008	Performance test for evaluating the reduction of volatile organic compounds and carbonyl compounds without formaldehyde concentrations by sorptive building materials	
VOCs 흡착	JIS A 1906 :2008	Performance test of sorptive building materials of reducing indoor air pollution with small chamber - Measurement of adsorption flux with supplying constant concentration of contaminant air of VOC and aldehydes without formaldehyde	ISO/CD 16000-24
폼알데히드 흡착	JIS A 1905-1 :2007	Performance test of sorptive building materials of reducing indoor air pollution with small chamber - Part 1: Measurement of adsorption flux with supplying constant concentration of formaldehyde	ISO/DIS 16000-23
폼알데히드 흡착	JIS A 1905-2 :2007	Performance test of sorptive building materials reducing indoor air pollution with small chamber - Part 2: Measurement of capability for suppressing formaldehyde emission	
폼알데히드 저감	Greenguard :2008	Applicable to Process or Product designed to reduce free formaldehyde release or generation of free formaldehyde	
VOCs 흡착	일본건축센터	실내공기중의 휘발성 유기화합물 오염 저감 건축자재 인정기준 및 해설서	

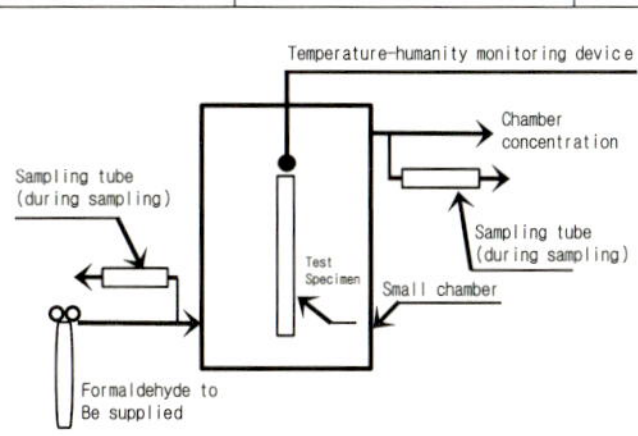

폼알데히드 흡착성능 시험장치

2.2.3 친환경 기능성 건축자재의 통합적 설계 및 시공방법

건축자재의 실제적인 오염물질 방출량을 측정하기 위해 실험주택에 개발한 친환경 및 기능성 건축자재를 시공하여 실내공기질의 농도분포를 알아보았다. 실물 시험동은 74㎡ 규모의 일반실과 친환경실로 각각 구성이 되며, 다음과 같이 각 실험실에 일반 자재 및 개발한 기능성 자재를 시공하였다. 친환경 실험실은 흡방습 건재, 무기질 도료, 친환경 벽지, 기능성 석고보드, 친환경 가구를 시공하였으며 일반 실험실은 일반 천장재, 일반 도료, 실크벽지, 일반 석고보드, 일반가구를 시공하였다.

그림 2-9 실험주택 전경

· 위 치 : 경기도 고양시 일산서구 대화동 2311번지
· 건축면적 : 147㎡
· 연면적 : 447.9㎡
· 규모 및 구조 : 1 · 2층 철근콘크리트 구조, 3층 경량 철골조
· 시 설 : 일반 실험주택, 친환경 실험주택

그림 2-10 친환경실 및 일반실의 자재별 가구 시공 모습

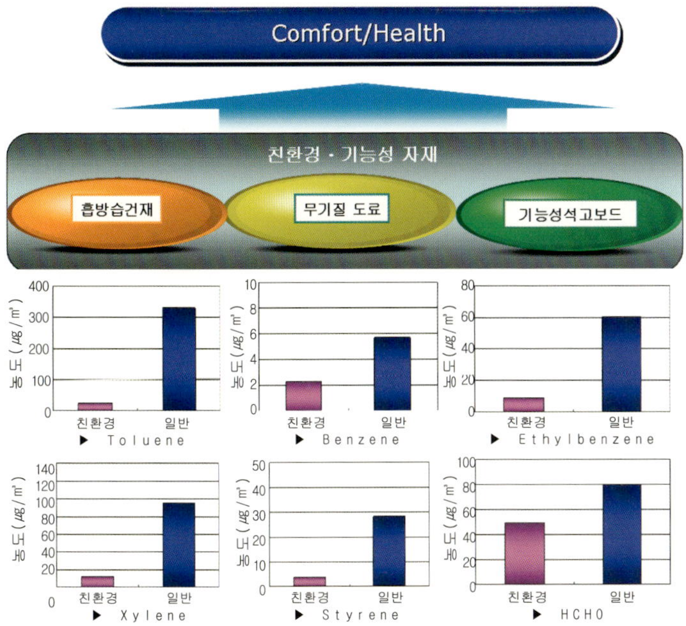

그림 2-11 친환경 건축자재의 실내공기질 개선효과

실험주택을 통하여 기능성 석고보드, 흡방습 건재, 무기질 도료가 시공된 친환경실과 일반 자재가 시공된 일반실의 경우 7일 경과 후 실내공기질 농도를 비교해 보면 친환경실의 실내 오염농도가 훨씬 적게 나타나고 있다. 따라서 친환경 · 기능성 건축자재의 사용으로 인하여 시공 시 건축마감재에서 방출되는 오염농도가 적게 방출되어 거주자의 건강과 쾌적함을 유지시킬 수 있다고 판단된다.

3. 기대효과

3.1 환기횟수 저감

환기에 의한 실내공기 중의 오염 제거는 가장 소극적인 방법이지만 실내공기 중의 오염물질을 실외로 배출할수 있다는 장점이 있다. 특히 휘발성 유기화합물(VOCs), 담배연기, 연소 배기가스, 냄새와 같은 복잡한 특성을 가진 오염물질의 제거법으로서는 가장 실용성이 높은 방법이라고 말할 수 있다.(단 환기되는 외기의 오염물질 농도는 실내공기 중에 있는 오염물질의 농도보다 낮은 것이 전제로 되어 있다.) 실내공기의 건축 내부마감재에서 방출되는 특정 오염물질의 발생량, 허용농도, 옥외농도 등의 값을 측정하여 다음의 식을 이용하여 환기횟수를 계산하였다. 그 결과 친환경 건축 내부마감재 사용을 통해 필요환기 횟수가 저감됨을 확인할 수 있었다.

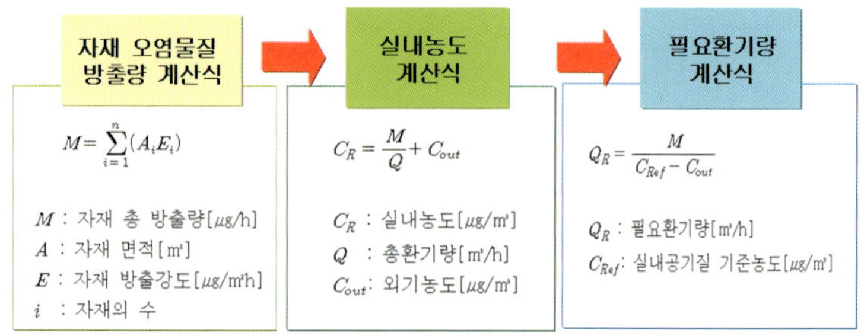

그림 3-1 필요환기 계산식

표 3-1 건축 내부마감재 사용에 따른 필요환기 횟수

	case 1	case 2	case 3	case 4	case 5
벽	일반석고보드 + 실크벽지 + 일반접착제	일반석고보드 + 건강벽지 + 친환경접착제	기능성 석고보드 + 건강벽지 + 친환경접착제	기능성 석고보드 + 건강벽지 + 친환경접착제	기능성 석고보드 + 건강벽지 + 친환경접착제
천장	일반석고보드 + 실크벽지 + 일반접착제	일반석고보드 + 건강벽지 + 친환경접착제	기능성석고보드 + 건강벽지 + 친환경접착제	조습천장재	조습천장재
바닥	일반바닥재 + 일반접착제	일반바닥재 + 일반접착제	친환경바닥재 + 친환경접착제	친환경바닥재 + 친환경접착제	친환경바닥재 + 친환경접착제 + 흡착보양재
베란다	일반 도료	무기질 도료	무기질 도료	무기질 도료	무기질 도료
필요환기 횟수	0.7회/h	0.6회/h	0.5회/h	0.4회/h	0.4회/h

3.2 기술적 측면

친환경 · 기능성 건축자재 개발은 국내 건축소재 분야에서의 다양성을 확보하며, 선진 기술수준을 극복하여 국내 기술수준을 향상시킨다. 또한 친환경 및 기능성 건축자재의 표준 및 기술체계를 확보할 수 있으며, 항균, 항곰팡이, 원적외선, 음이온 등 다양한 기능성 건축자재의 개발 및 실용화에 기여할 것으로 예측한다. 건축자재의 국내기술 향상은 국내 업체의 경쟁력 및 수입대체효과를 전망할 수 있으며, 이와 같이 친환경 · 기능성 건축자재를 보급함으로써 건물의 실내공기질을 향상시킬 수 있다고 판단된다.

새집증후군 등의 문제를 발생시키는 것으로 알려진 실내공기 오염물질의 제거방법은 크게 외부 오염물질이 실내로 침입하지 않도록 하는 것과 실내에 존재하는 오염물질을 신속히 제거하는 것으로 분류할 수 있다. 친환경 · 기능성 건축자재를 사용함으로써 실내공기질이 향상되어 쾌적하고 건강한 주거환경을 확보할 수 있으며, 친환경 · 기능성 건축자재의 사용은 실내의 오염물질을 저방출하거나 저감하여 실내의 환기횟수를 줄일 수 있으며, 궁극적으로 에너지 절약을 실현할 것으로 판단된다.

그림 3-2 친환경 · 기능성 건축자재의 효과

3.3 사회 경제적 측면

친환경 및 기능성 자재의 생산과 시공으로 건강하고 쾌적한 실내 주거환경을 구축하여 경제적 부가이윤을 창출할 수 있을 것으로 판단된다. 또한 건축자재의 생산을 통한 건설업계의 기술향상을 통해 건축물의 가치가 상승되며, 소재 관련 업체의 새로운 시장개척을 통하여 소재시장이 활성화될 것으로 판단된다. 친환경 및 기능성 건축자재의 구매 촉진 기본계획을 통한 생산업체의 자발적인 기술개발 노력이 촉진될 것으로 추정된다.

참고문헌

1. 국립환경과학원, 기능성 건축자재 실태조사 및 관리방안 연구, 2008
2. 친환경 소재 개발 기술세미나, 2008
3. 지전경일, 실내공기오염의 메커니즘, 2001
4. 고야민극, 조습건재を知る, 제3회 조습건재セミナー, 2006.3
5. JIS A 1470-1, Test method of adsorption/desorption efficiency for building materials to regulate an indoor humidity-part 1: Response method of humidity.
6. JIS A 1470-2, Test method of adsorption/desorption efficiency for building materials to regulate an indoor humidity-part 2: Sealed box method
7. JIS A 1905-1, Performance test of sorptive building materials of reducing indoor air pollution with small chamber-part 1: Measurement of formaldehyde, 2007.
8. JIS A 1905-2, Performance test of sorptive building materials of reducing indoor air pollution with small chamber-part 1: Measurement of capability for suppressing formaldehyde emission, 2007.
9. ISO 24353, Hygrothermal performance of building materials and products-Determination of moisture adsorption/desorption properties in response to humidity variation.
10. 高野敏克, 2006
11. 친환경 소재 기술세미나-피움, 2008

Radiant Heating and Cooling System

9장 복사 냉·난방시스템

서울대학교 건축공학과 **김광우** 교수
서울대학교 건축공학과 **여명석** 교수
(주)이씨엘

1. 연구의 목적

건축물의 필수적인 설비시스템 중 하나인 냉·난방시스템은 최근 삶의 질 향상으로 인한 쾌적 요구 증가와 지구환경 및 경제성 측면에서의 관심이 고조되면서 건축설비에서 그 중요성이 더욱 증대되고 있다. 특히 바닥 복사냉·난방 시스템은 온수 및 냉수를 이용한 복사열교환에 의한 냉·난방방식으로, 공동주택을 위한 에너지 절약적 냉방시스템 개발의 필요성이 대두되면서 이에 대한 관심이 고조되고 있다.

이에 본 연구에서는 냉·난방시스템의 전반적인 내용으로부터 시작하여 쾌적성과 에너지 절약 측면에서 관심이 모아지고 있는 복사냉·난방시스템에 대해 살펴보고자 한다. 그리고 바닥 복사냉·난방시스템 기술에 대한 개념과 구성을 비롯하여 시스템 성능, 설계절차 및 기준, 설계 시 고려사항 등에 대해 살펴보고자 한다.

1.1 바닥 복사냉·난방시스템

바닥 복사냉·난방시스템의 구성요소 및 제어요소 등에 대한 기존 연구 내용 분석 및 개념과 구성, 제어와 운전방법에 대해 제시한다.

1.2 바닥 복사냉·난방시스템의 성능평가

바닥 복사냉·난방시스템의 성능을 평가하는 데 있어 시뮬레이션, mock-up test 및 현장적용 실험을 통해 시스템의 성능을 평가한다.

1.3 바닥 복사냉·난방의 설계 및 시공

바닥 복사냉·난방 시스템을 설계하는 프로세스 및 지침을 제시하고, 설계 및 시공시 주의사항을 제시한다.

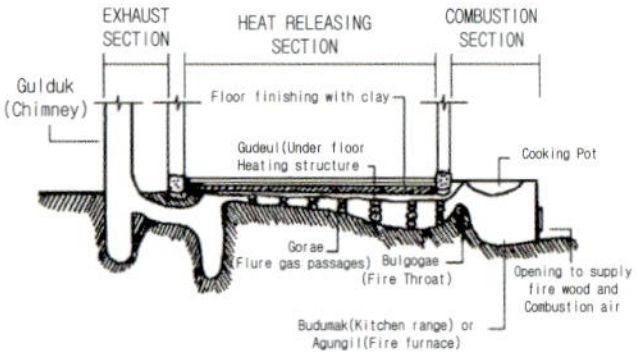

그림 1-1 전통 온돌난방시스템의 단면도

그림 1-2 Hypocaust 유적지

2. 연구의 내용

2.1 바닥 복사냉·난방시스템의 역사

대부분의 국내 공동주택 난방시스템으로 활용되고 있는 바닥 복사(온돌)난방시스템은 고조선 말기 또는 고구려 초기에 만주나 연해주 지방을 중심으로 화로에서 발생하는 뜨거운 연기를 실내 바닥의 하부로 공급하여 뜨거워진 바닥면을 난방에 활용하는 데서 기원을 찾을 수 있다. 중국의 북부와 만주일대에서도 한국에서 유래된 전통 온돌난방과 유사한 형태의 난방인 캉(Chinese kang)이라는 것이 오늘날까지 사용되고 있다.

동아시아에서 시작된 복사난방시스템은 고대 로마의 유적지에서도 발견된다. 기원전 100년에 로마의 건축가 Sergius Orata가 고안한 Hypocaust는 연소가스를 이용하여 실내 바닥판을 가열하고 벽체 내에 설치된 연도로 연소가스를 배기시키는 방법으로 복사난방을 적용하였다. 하지만 로마의 멸망과 함께 복사난방시스템은 유럽에서 한동안 사라지게 된다.

오늘날 주거 건물에서 일반적으로 적용되고 있는 온수를 이용하는 현대적인 바닥 복사난방시스템은 1909년 영국에서 시작되었으며, 플라스틱 배관을 이용한 온수 복사난방시스템은 1950년대 후반 유럽과 일본에서 개발되었다. 1970년대 후반 미국과 유럽에서는 복사난방 방식의 에너지 절감 성능, 새로운 부속 개발로 인해 복사난방 방식에 대한 관심이 재조명되며 관련 산업이 꾸준하게 증가하기 시작하였다.

한편, 1990년대 들어서 독일을 중심으로 배관에 냉수를 공급하는 복사냉방을 사무소 건물에 적용하기 시작하였으며 2000년대 들어서 일본과 중국에서도 복사냉방을 적용하고 있다.

그림 2-1 Messe AG 전경

2.2 복사냉 · 난방시스템의 적용 사례

복사난방시스템은 대부분의 국내 공동주택에 바닥 복사(온돌)난방의 형태로 적용되어 왔지만, 복사냉방시스템은 국내에서 적용된 경우를 찾아보기 어렵다. 그러나 유럽과 중국, 일본에서는 복사냉방시스템을 사무실 및 주거건물에 적용하고 있다.

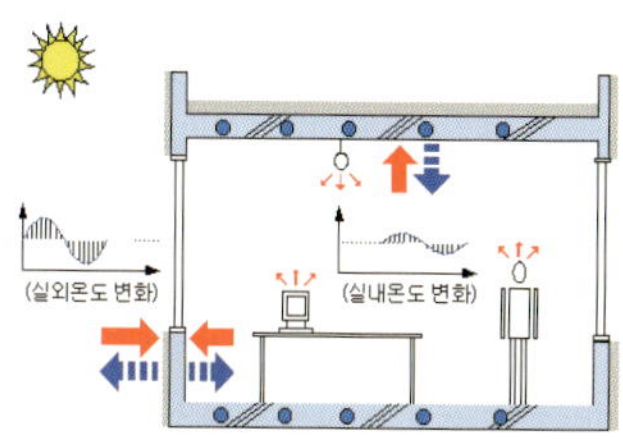

그림 2-2 구체 축열시스템의 개념도

2.2.1 Messe AG

독일 북서부 하노버에 위치한 20층(82m, 13,563㎡) 규모의 사무소 건물로 복도형 이중외피와 전동식 차양으로 부하를 저감하였으며, 바닥 하부에 냉 · 난방 겸용 코일을 설치하여 냉 · 난방에 이용(Core Activation)하였다. 냉 · 난방을 위한 열원 장비로 냉동기와 보일러를 사용하였으며, 냉방을 위해 바닥코일에 공급된 냉수온도는 16~18℃를 유지하였다.

그림 2-3 Neues Kranzler Eck 전경

이 건물에 적용된 구체축열방식은 유럽, 일본, 한국 등에서 적용되는 시스템으로 건물의 슬래브를 축열체로 이용하여 저부하 시(야간) 축열하였다가 피크 부하 시(주간) 구조체가 방열하여 냉 · 난방 효과를 얻도록 하는 시스템이다. 냉 · 난방 공사와 구조체 공사를 단일 공정으로 처리하므로 공사비 절감 및 공기 단축의 효과가 있을 수 있으나, 축열체의 열적 지연효과(Time-Lag)에 의해 부하 변화에 빠르게 대응하기 위한 제어가 어려운 것이 단점이다. 독일의 GSW 빌딩에도 적용되었다.

그림 2-4 천장 복사냉 · 난방 패널(Neues Kranzler Eck)

그림 2-5 외측 창쪽에 설치된 쿨링 라디에이터 (NTT Tsukon)

그림 2-6 실내에 설치된 쿨링 라디에이터 (NTT Tsukon)

그림 2-7 Grand MOMA 전경

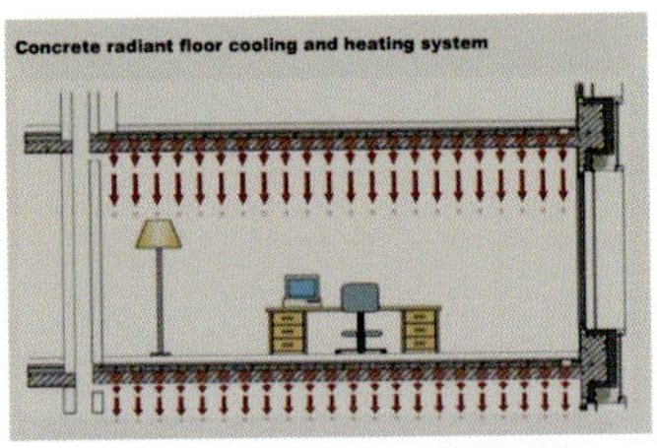

그림 2-8 Grand MOMA 냉난방 개념도

그림 2-9 냉난방 배관매설 Grand MOMA

그림 2-10 이화여대 캠퍼스 센터의 강의실 내부 천장

2.2.2 Neues Kranzler Eck

독일 베를린에 위치한 연면적 72,000㎡ 규모의 임대 사무소 및 상점 건물로 천징에 복사냉 · 난방 패널을 설치하여 냉 · 난방에 이용하였다. 독일 프랑크푸르트의 Commerzbank Tower도 천장 복사냉 · 난방 패널이 적용된 건물이다.

천장 복사냉 · 난방 패널은 유럽지역에서 사무소 건물의 상부 또는 천장 전반에 설치하여 활용하고 있으며, 열전도율이 좋은 재료를 활용하면 실내부하의 변동에 빠르게 대응할 수 있는 장점이 있다. 그러나 다습한 지역에서는 냉방 시 천장면에 결로가 생길 위험이 있으므로 냉수온도 조절에 유의하고 제습을 위해 공조시스템과 연동해서 제어할 필요가 있다.

2.2.3 NTT Tsukon

일본의 Mitaka시에 위치하고 있는 NTT Tsukon에는 실내에 쿨링 라디에이터를 설치하고 라디에이터에 냉수를 공급하여 냉방에 활용하고 있다. 쿨링 라디에이터 또한 독일 등 유럽과 일본에서 적용되고 있는 시스템으로 냉수를 라디에이터에 공급하여 냉방부하를 처리하며 결로는 하부 드레인판으로 배수하는 방식이다. FCU나 에어컨과 같이 결로수를 적극적으로 배수할 수 있어 다습한 기후에 적합하고 파티션 등의 인테리어 오브제로 활용이 가능하지만, 방열면적을 확보하기 위해 충분한 설치공간이 요구된다.

2.2.4 Grand MOMA

중국 베이징에 위치하고 있는 Grand MOMA에는 슬래브에 파이프가 매설되어 천장 복사냉방에 의해 냉 · 난방이 이루어지도록 계획되었으며, 냉 · 난방시스템의 열원으로 건물의 지하주차장 아래 600m 깊이에 지열 열교환기를 설치하였다.

2.2.5 이화여대 캠퍼스 센터(ECC)

한국의 서울에 위치한 이화여대 캠퍼스 센터는 2008년 완공된 교육연구시설로 슬래브 내부에 냉 · 난방 겸용 코일을 설치하고 천장노출 마감을 통해 열전달 성능을 확보하였으며, 슬래브의 공급 냉수온도는 16~18℃로 유지하였다. 냉 · 난방 열원으로 지열 열교환기, 냉동기, 보일러를 사용하였다.

2.2.6 기타

그 밖에 독일 등 유럽을 비롯한 나라와 일본에서 적용되고 있는 모세유관 패널은 직경 8mm 이하의 플라스틱 배관을 구조체 표피에 매설하여 냉수를 공급하는 방식으로, 관경이 작아 설치공간을 최소화 할 수 있고 개보수 시 유리하다. 그러나 관의 스케일 방지를 위해 공급수 수질관리에 주의해야 한다.

2.3 바닥 복사냉 · 난방시스템

그림 2-11 이화여대 캠퍼스 센터의 Concrete Core Activation 시공 장면

2.3.1 시스템의 개념

바닥 복사(온돌)난방시스템은 온수를 이용한 복사열교환에 의한 난방방식이며, 바닥 복사냉방시스템은 난방 패널에 온수 대신 냉수를 공급하여 냉방하는 방식으로, 최근 냉방기기의 중복투자 및 최대전력수요 증가에 의한 국가 차원의 에너지 낭비를 줄이기 위해 바닥 복사냉 · 난방시스템에 대한 관심이 고조되고 있다.

표 2-1 바닥 복사냉 · 난방시스템 특징

바닥 복사난방시스템	바닥 복사냉방시스템
- 온돌 바닥 표면복사에 의해 벽체 표면의 온도가 높게 유지되므로 공기식 시스템에 비해 실내 공기온도의 변동이 적음. - 복사열전달 효과로 인해 낮은 설정온도 조건으로도 쾌적감 유지 가능 - 실내 소음 및 불균일한 기류, 먼지의 부유현상이 없음. - 부하변동에 대한 즉각적인 반응이 어렵고 예열시간이 긴 단점	- 냉방을 위한 전력소비의 분산 및 감소 - 복사열전달 효과로 인해 공기식 시스템에 비해 상대적으로 높은 온도에서도 쾌적한 느낌으로 인한 에너지 절약 가능성 - 대류에 의한 먼지 비산, 드래프트와 소음 문제가 적음 - 벽 · 천장 복사패널방식과 달리 기존 바닥 복사난방 패널을 활용함으로 인한 냉방설비 중복투자 방지 - 벽 · 천장 복사패널방식이나 기존 대류형 냉방방식에 비해 공간 활용도 높음. - 실내의 습도에 따라 표면결로가 발생할 수 있음 : 제습시스템 필요

2.3.2 시스템의 구성요소

가. 바닥 복사패널

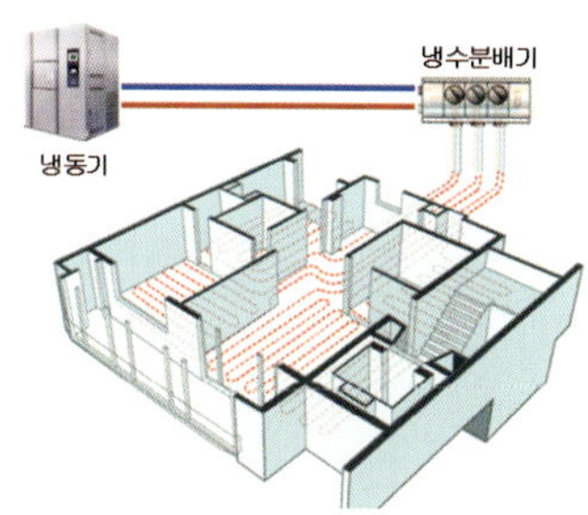

그림 2-12 바닥복사 냉방시스템 개요

복사냉방시스템은 바닥 복사(온돌)난방시스템을 그대로 활용하므로 바닥 복사패널과 관련된 시스템의 구성은 동일하다. 다만, 바닥 복사(온돌)난방시스템과의 차이는 열원측에 냉방 열원 생산을 위해 냉동기와 같은 열원시스템이 적용된다는 것이다.

나. 제습형 보조냉방기

바닥 표면의 온도가 낮아지게 되면 실의 습도조건에 따라 바닥 표면에 결로가 발생할 수 있다. 특히, 고온 다습한 한국의 여름철 기후 특성에서 그 가능성이 더 높아지기 때문에 바닥 복사냉방시스템 적용 시 결로 방지를 위한 제습시스템이 필요하다. 또한 패널의 냉방능력을 초과하는 경우에는 보조적인 냉방시스템이 필요하므로 현열부하 처리도 가능한 제습형 보조냉방기가 요구된다. 이때 제습형 보조냉방기의 잠열부하 처리비율이 고려되어야 한다. 제습원리에 따라 제습유형을 구분하면 다음과 같다.

- 냉각제습(Mechanical Dehumidification) : 습공기중의 수분 제거 원리에 따라 냉각에 의한 습기의 응결을 이용하여 건공기를 생산
- 화학제습(Desiccant Dehumidification) : 수증기 분압차에 의해 공기로부터 습기를 흡수 또는 흡착하여 건공기를 생산

패널용 배관과 제습형 보조냉방기용 배관의 통합안(1 line system)

패널용 배관과 제습형 보조냉방기용 배관의 분리안(2 line system)

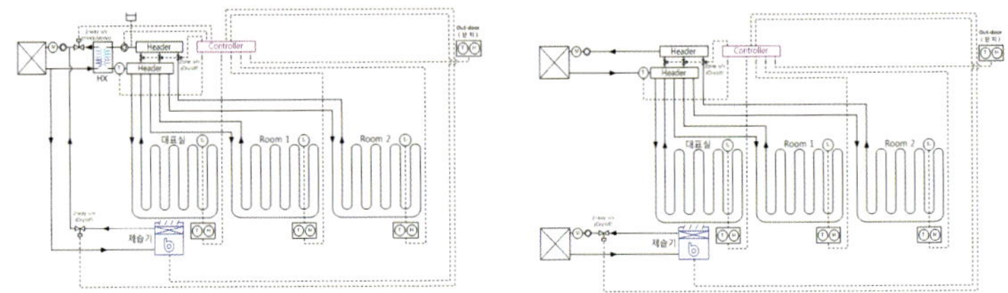

· 저온냉수(7℃~8℃) 배관을 세대까지 공급. 세대 내에서 소형 열교환기와 펌프를 사용하여 바닥 패널에 고온냉수(16~20℃) 공급

· 바닥 복사 패널용 고온냉수(16~20℃) 배관과 제습형 보조냉방기용 저온냉수(7~8℃) 배관을 별도로 분리하여 세대에 공급

그림 2-13 제습형 보조냉방기가 통합된 바닥 복사냉방시스템 구성(바닥 복사냉방)

2.3.3 시스템의 제어 및 운전방법

가. 바닥 복사패널(바닥 복사냉 · 난방)

복사냉 · 난방시스템의 제어방식은 공급하는 냉온수를 제어하는 방식에 따라 공급 수온제어와 공급 유량제어로 분류될 수 있다.

표 2-2 바닥 복사냉 · 난방의 제어

공급 수온제어	공급 유량제어
방열량을 제어하기 위해 일정한 공급유량조건에서 공급되는 냉 · 온수의 온도를 제어하는 방법 - 외기보상제어 : 외기보상률에 따라 냉온수 온도를 제어 - 실온 피드백 제어 : 일정시간 간격 동안 피드백을 통해 3방 밸브를 사용하여 재조정한 후 대상 공간에 공급	발열량을 제어하기 위해 일정한 냉 · 온수 온도조건에서 공급되는 유량을 제어하는 방법 - on/off 제어 : on/off 밸브를 사용하여 설정온도에 대한 일정 편차범위에서 2위치 제어 - 변유량 제어 : 열량-유량의 관계가 등비율 특성인 유량 조절 밸브를 사용하여 유량을 연속적으로 제어

나. 제습형 보조냉방기(바닥 복사냉방)

제습형 보조냉방기의 제어에는 풍량을 일정하게 유지하고 냉각 코일의 냉수의 온도 · 유량을 조절하는 정풍량방식과 냉수의 온도나 유량을 일정하게 하고 풍량을 조절하는 변풍량방식이 있다. 잠열부하 처리를 고려할 때에는 변풍량방식이 유리하다.

다. 제습형 보조냉방기가 통합된 바닥 복사냉방시스템의 연동 운전(바닥 복사냉방)

복사패널과 제습형 보조냉방기의 용량조절방식은 크게 목표 값과 입력 값에 따라 연속적으로 열을 공급하면서 열 출력을 비례적으로 조절하는 방법(Modulating)과 일정한 열매공급조건으로 열을 간헐적으로 공급하는 방법(on/off)을 생각할 수 있다. 바닥 복사(온돌)난방과 달리 바닥 복사냉방은 표면 결로 방지를 위한 제어가 필요하며 이는 바닥 복사패널의 온도와 직접적인 관련이 있기 때문에 바닥패널의 제어와 연동되는 통합제어가 필요하다. 일반적으로 바닥표면 온도와 실의 노점온도의 차이(안전율)를 2~3℃ 정도 유지하는 제어방식이 적용되고 있다. 또한 바닥패널의 운전비율이 높아질수록 에너지 절감 효과가 증가하므로 제습시스템의 운전비율을 최대한 낮추는 것이 유리하다.

2.4 바닥 복사냉 · 난방시스템의 성능평가

2.4.1 평가기준

<table>
<tr><td rowspan="5">냉 · 난방 성능 및 쾌적</td><td>설정온도 유지 성능</td><td>시스템의 용량이 실의 부하를 모두 처리할 수 있도록 계획 (운전시 과열이나 과냉이 발생하지 않도록 제어)</td></tr>
<tr><td>바닥 표면온도</td><td>하한은 21℃, 상한은 28℃를 제안 (Olesen)
한국의 경우 좌식생활 습관으로 인해 유럽/미국에 비해 대략 2~3℃ 상승</td></tr>
<tr><td>수직온도분포</td><td>바닥면으로부터 0.1~1.1m 사이의 수직온도 차이를 3℃ 이내로 제한</td></tr>
<tr><td>기류분포</td><td>0.2~0.3m/s, 0.5m/s 이하로 유지할 것을 권장</td></tr>
<tr><td>기타</td><td>작용온도(OT), 예상평균온열감(PMV) 등</td></tr>
<tr><td>결로 방지성능</td><td colspan="2">한국의 경우 전체 냉방기간 중 30% 정도의 기간이 결로 발생 위험 기간
실의 노점온도를 바닥 표면온도보다 높게 유지</td></tr>
</table>

2.4.2 성능 평가

가. 시뮬레이션을 통한 시스템의 성능평가

<table>
<tr><td>시뮬레이션 조건</td><td>· 일반적인 아파트의 중간층 중간세대 (145㎡ type)
· 서울 지역의 기상데이터 적용
–외기온 : 최저 22℃~최고 31℃
–외기 노점온도 : 최저 21℃~최고 25℃
· 재실/기기/조명 스케줄 반영(현열, 잠열 반영)
· 설정 온도 : 26℃ (허용 편차 1℃)
· 바닥 표면온도 하한 : 21℃(쾌적 조건 고려)</td><td rowspan="2">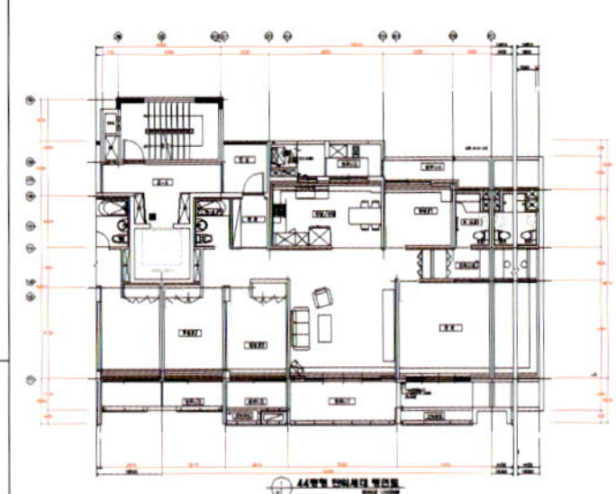
평가 모델의 세대 평면</td></tr>
<tr><td>성능 평가 결과</td><td>· 냉방 성능 : 실온 25~27℃ 유지
→ 안정적으로 설정실온 유지
· 결로 방지 성능 : 바닥 표면온도≥실의 노점온도 → 결로 발생하지 않음
· 쾌적 성능 : 바닥 표면온도가 가장 낮을 때 약 23℃≥바닥 표면온도 하한(21℃)</td></tr>
<tr><td>시스템의 성능 검토 결과</td><td>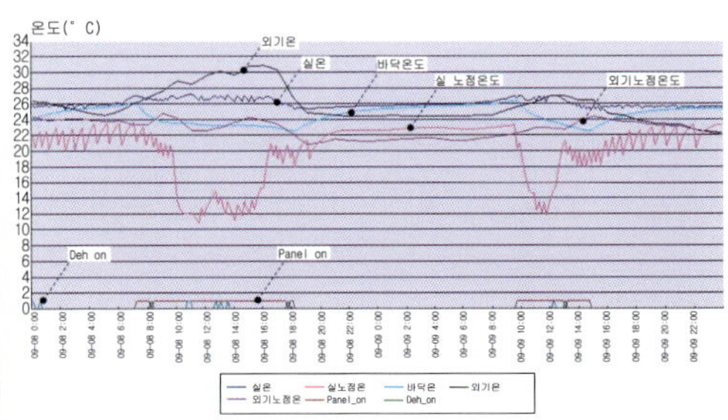
</td><td>· 목표 설정온도가 복사냉방을 적용했을 때 소폭 상승
· 월별 에너지소비량 (세대 내 열공급량)이 약 11% 절감
· 복사냉방시스템의 동력절감효과를 확인(약 20% 절감)</td></tr>
</table>

나. Mock-up Test를 통한 시스템의 성능 평가

실험 구성

Mock-up 실험을 위한 바닥 복사냉방시스템 구성도

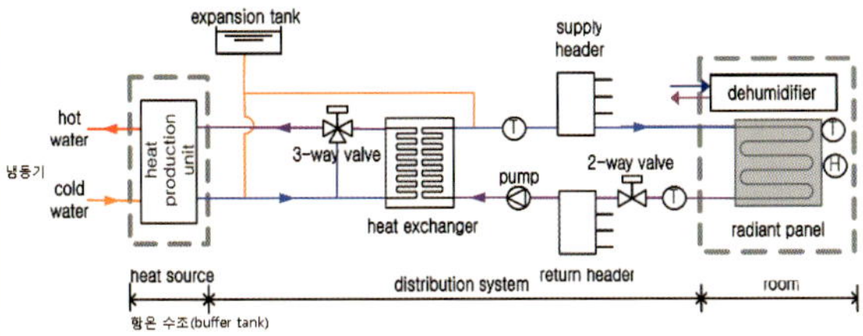

- 바닥 복사냉방 패널 공급 냉수온도 15℃
- 제습형 보조냉방기의 공급 냉수온도는 7℃
- 설정 실온 26±1℃

실험에 적용된 냉방부하 패턴과 실험목적

부하패턴	Case 1	Case 2	Case 3	Case 4	Case 5
목 적	· 일반적인 부하조건하에서의 실온 유지 및 결로 방지 성능 평가 · 최저 현열비에서의 제습 성능		· 제습기의 보조냉방 성능 평가		· 순간적인 잠열부하에 대한 대응성 평가
현열부하	냉방능력 이내(30W/㎡)		냉방능력 이상(40W/㎡)		냉방능력 이내
잠열부하	낮음 (노점온도 10℃)	높음 (5.5g/min 연속)	낮음 (노점온도 10℃)	높음 (5.5g/min 연속)	샤워 시 습기이동량 (23.23g/min)

실험 결과

일반적인 현열부하 조건에서 시스템의 냉방 및 결로 방지 성능

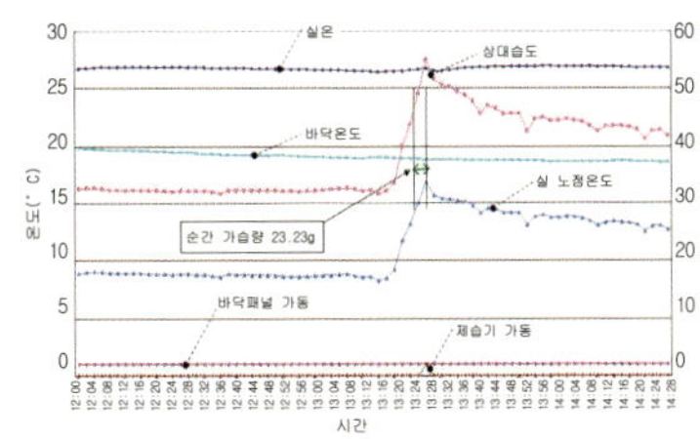

· case1

- 냉방 패널만으로 실온 유지
- 결로 발생 없음

· case2

- 제습형 보조냉방기 : 현열부하가 높은 상태(case3, 4)보다 가동시간 감소

· case5

- 잠열 부하량이 순간적으로 높은 상태가 되므로 결로방지를 위해 제습형 보조냉방기 가동
- 결로발생 없음

높은 현열부하 조건에서 순간적 잠열부하에 대한 시스템의 대응성

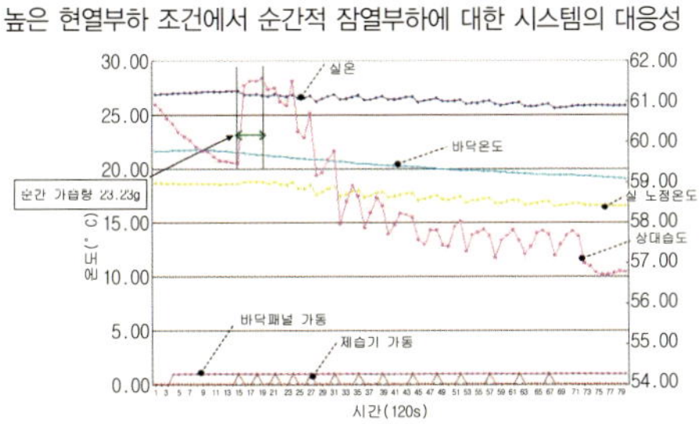

- 갑작스런 습기발생을 모사하기 위한 가습 직후에는 결로방지(제습)를 위해 제습형 보조냉방기가 가동
- 결로 발생의 가능성이 떨어지면(바닥표면 온도 – 실의 노점온도≥안전율 2.5℃) 보조냉방의 역할을 하기 위해 가동되며 그 빈도는 감소

제습시스템의 보조냉방 성능 평가

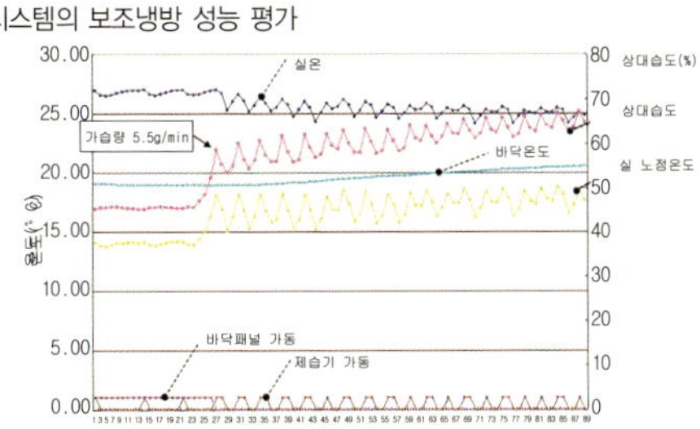

· case3

- 현열부하 처리를 위해 패널 가동
- 잠열부하가 적을 때 현열부하 제거를 위해 제습형 보조냉방기를 가동
- 잠열부하증가 시 현열부하가 적음에도 제습을 위해 제습형 보조냉방기 가동

· case4

- 최저 바닥 표면온도와 실의 노점온도 차가 안전율(2℃) 이내로 들어온 경우에 제습형 보조냉방기가 가동
- 결로 발생을 막기 위해 패널냉방 중지
- 결로 발생 없음
- 보조냉방기가 가동될 때 현열부하의 제거로 실온 유지

다. 현장 적용 실험을 통한 시스템의 성능평가

대상 현장 조건	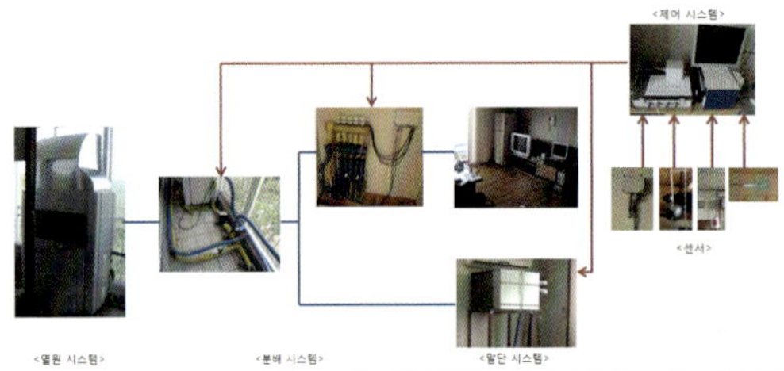	- 서울대학교 관악캠퍼스 내에 위치하고 있는 공동주택 형태의 학생 기숙사 - 20평형대로 거실과 침실 3개, 화장실(샤워실)로 구성 - 평가기간 : 7~8월(2개월) - 한 세대의 1일 거주 인원은 3~6인
실험 결과	현장 적용 실험결과 –거실 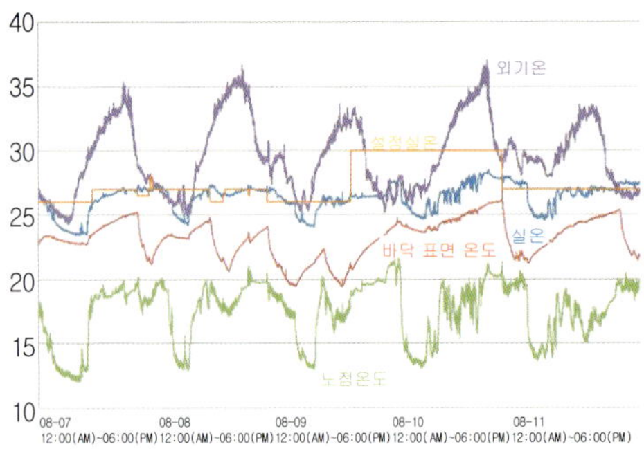	- 설정 실온이 30℃인 기간을 제외하면 거실 및 3개 방의 실온이 약 24℃~27℃ 사이에서 분포 - 모든 실의 바닥 표면온도가 실 노점온도보다 높게 유지 - 각 실의 바닥(결로 발생 없음) 표면온도는 약 19.5℃~27℃로 쾌적범위에서 벗어나지 않음 - 재실자들은 대부분의 시간 동안 바닥 표면 하한온도를 22℃로 설정 - 취침 시에는 27℃ 이상으로 설정온도를 변경하는 경향을 보임 - 바닥 표면온도를 22℃로 설정하여 냉방하여도 냉방 성능에 지장이 없음

2.5 바닥 복사냉 · 난방시스템의 설계 및 시공

2.5.1 설계방법

부하 계산	- 냉방부하 계산을 위한 실내조건은 보통 건구온도 25~27℃, 상대습도 45~60% - 일반적인 건물에는 건구온도 26℃, 상대습도 50% - 복사냉방방식은 건구온도의 설정 실온을 1~2℃ 높여 적용할 수 있음. - 실부하 해소를 위해 시스템에 걸리는 부하(시스템 부하)와 시스템 부하 해소를 위해 플랜트(냉동기 등)에 걸리는 부하(플랜트 부하)의 합
복사 패널 설계	공급 냉수의 온도와 유량, 복사패널의 형상을 결정하는 과정이 포함 〈패널 관련 설계인자〉 - 바닥마감재의 종류 - 패널의 단면을 구성하는 재료층들의 두께 및 열전도율 - 배관의 종류 및 배관벽 두께 - 배관 간격 〈냉수 관련 설계인자〉 - 공급 냉수온도 - 공급 냉수유량
제습 시스템 설계	〈실내공간의 최대 잠열부하를 기준으로 하는 경우〉 제습시스템의 전열 용량 = 최대 잠열부하 / (1–장치 현열처리비) 〈잔여 현열부하를 고려하는 경우〉 제습시스템의 전열 용량 = (최대 현열부하 – 패널의 최대방냉량) / 장치 현열처리비 → 산정된 용량 중 더 큰 값을 기준으로 함

2.5.2 설계 및 시공 시 고려사항

가. 냉 · 난방 통합을 고려한 바닥 복사패널 설계

실의 냉 · 난방부하 계산을 통해 설계 방열량 및 방냉량을 결정한 뒤 이를 동시에 만족시킬 수 있도록 패널의 설계요소(배관의 관경, 간격 등), 온수 및 냉수의 유량 등을 결정해야 한다.

나. 제습형 보조냉방기의 설치개소와 위치

각 실마다 제습형 보조냉방기를 설치할 경우 각 실별로 제습제어를 할 수 있다는 장점이 있지만, 설치비용이 증가한다는 단점이 있다. 설치위치는 실의 현열 및 잠열부하에 대한 처리와 반응속도, 설비의 편의성, 공간 활용도 등을 고려하여 외피측 천장, 실의 중앙 천장, 각 실 출입문 상부를 생각해 볼 수 있다.

다. 제습형 보조냉방기의 제습효율

현열처리비가 낮을수록 현열부하 처리 비중은 낮아지고 반대로 잠열부하 처리 비중은 높아지게 된다. 제습형 보조냉방기의 주된 설치목적을 고려하여 볼 때 장치 현열처리비(ESHR)가 낮은 장비를 선정해야 한다.

라. 열원에서 세대까지의 냉수 분배관의 분리 여부

일반적으로 열원의 효율적 운영을 통한 에너지 절약의 측면에서는 2 Line System 방식이 타당하다고 판단되나, 초기 설비 투자비용의 상승을 고려하여 볼 때 초기투자비와 운전비를 정량적으로 검토하여 분배 방안을 결정하는 것이 바람직하다.

마. 실내 습도 및 바닥 표면온도 측정과 단열 보강

실의 노점온도와 바닥 표면온도를 측정하기 위해 추가적으로 실내 습도와 바닥 표면온도 측정용 센서의 시공이 필요하다. 일반적으로 바닥 표면온도는 냉 · 온수 분배기 앞 배관 리드부분이 가장 낮은온도 분포를 보이며, 결로 발생을 막기 위해 바닥 표면온도가 실에서 가장 낮은 지점의 온도를 측정해야 한다. 그러나 배관 리드부분의 온도는 실의 다른 바닥 표면온도의 평균적인 값에 비해 많이 낮은 편이어서, 이 온도를 그대로 제어에 적용하면 불필요한 제습운전이 증가하여 에너지 낭비를 초래하므로 이 부분의 단열을 보강하여 다른 지점과의 온도 차이를 줄이는 것이 필요하다.

바. 냉 · 온수 분배기 설치 및 단열

분배기가 습한 환경에 있게 되면 분배기 표면에 결로가 발생하게 되고 분배기 자체의 수명뿐 아니라 곰팡이가 생기는 등 주변 환경 위생상으로도 문제가 된다. 따라서 분배기를 설치하는 장소는 습도가 많은 환경을 피하거나 적극적으로 제습을 해야 한다. 설비시스템을 설치하는 것보다 분배기의 단열시공을 실시하는 것이 유리하다.

3. 기대효과

3.1 경제적 기대효과

국내 공동주택에 적용되는 난방시스템은 대부분 바닥 구조체에 배관을 매입한 바닥 복사난방방식으로 시공되어진다. 그러나 냉방이 필요한 시기에 난방시스템은 활용도가 낮고 냉방설비의 추가적인 시스템이 필요하므로 설비의 이중적인 투자로 인한 비용 낭비를 초래할 수 있다. 따라서 기존의 바닥 복사(온돌)난방시스템을 그대로 냉방시스템에도 적용할 경우 추가적인 냉방시스템 설치비용을 줄여 냉 · 난방시스템의 초기투자비용을 절감할 수 있다.

또한 본 연구를 통해 말단시스템에 공급한 열량과 전력을 비교한 경우에도 11~14%의 에너지가 절감된다는 것을 확인하였다. 이는 공기보다 열용량이 큰 물을 열매로 사용하기 때문에 수송동력이 절감되고, 복사 열교환에 의해 실온이 상대적으로 낮거나(난방 시) 높게(냉방 시) 유지되어도 쾌적을 유지할 수 있으므로 대류 냉 · 난방방식에 비해 상대적으로 실내 설정온도를 낮거나 높게 하여 에너지 비용을 줄일 수 있기 때문이다.

또한 냉방에 이용되는 냉수온도가 상대적으로 높아 냉동기 효율이 향상될 것이 기대되며, 가스, 지역열원뿐 아니라 재생에너지 등의 대체 열원 이용이 가능하여 하계 전력피크를 저감시킬 수 있으며, 이로써 국가 차원의 에너지 수급 문제 해결에도 기여할 수 있다.

특히 최근 중국, 일본, 유럽 등 바닥 복사난방의 보급이 점차 증가하는 추세에 따라 우리나라와 유사한 기후조건이면서도 상대적으로 건조한 국가들에 바닥 복사냉방시스템 기술을 수출 및 보급할 경우 그 경제적 효과는 더욱 커질 것으로 예상된다.

3.2 학술 · 기술적 기대효과

현재 독일 등 유럽과 일본을 중심으로 복사냉 · 난방시스템에 대한 관심과 적용이 증가하는 추세이다. 특히, 복사냉방시스템을 적용한 외국의 건물들은 주로 사무소 건물에 국한되어 있으며 주거건물은 외기도입을 자연환기에 의존하는 비율이 높고 기존의 환기유닛도 제습시스템이 통합된 유형은 전무하여 국내 주거건물에 복사냉방을 적용하기 위해서는 별도의 제습시스템이 통합된 시스템 개발이 필요하다. 기존의 복사냉방 관련 연구에서는 복사냉방시스템의 주거건물(단일 존)에의 적용 타당성 검증은 진행되었으나, 제습시스템의 구체적인 구성안 제시가 미흡하였고, 특히 제습제어에 관해서는 일부 기초적인 연구가 진행되었으나 아직 실용화를 위한 완결된 제어방안이 제시되지 못한 상황이다.

개발된 바닥 복사냉난방시스템 기술은 이론 연구, 시뮬레이션, Mock-up Test, 현장 적용 실험 등을 통해 기술력, 시공성, 경제성 검증이 이루어진 시스템으로 본 요소기술 매뉴얼에 제시된 설계 프로세스와 기준, 제습시스템이 통합된 시스템 구성, 연동운전 방안을 통하여 실용화가 가능하며, 저에너지 친환경 공동주택 모델의 상품화와 함께 제품화 · 실용화에 기여할 것으로 판단된다.

제습형 보조냉방기와 연동된 복사냉방시스템 및 시스템의 운전 방안의 개발로 해외, 특히 중국, 일본, 동남아시아 등과 같은 다습한 지역으로 새로운 시장 개척 및 선도적인 역할을 수행할 것이라 기대한다. 냉 · 난방 열원과의 연계 기술이나 실의 냉 · 난방 통합 제어기 개발 등 새로운 기술 개발에 기여할 것으로 예상된다. 또한 통합형 복사냉 · 난방 제어 기술 확보에 따른 통합제어기 또는 홈오토메이션 제어 기술 개발이 활성화될 것으로 기대된다.

Heating and Cooling Components

10장 냉 · 난방 요소기술

연세대학교 기계공학과 **이진호** 교수

연세대학교 전기전자공학과 **박민용** 교수

연우GST

(주)한에너지시스템

1. 연구의 목적

인간이 생활하는 실내공간에서 쾌적한 환경을 조성하는 것은 중요한 주거환경의 요소로 자리잡고 있다. 실내공간에서 쾌적한 환경을 유지하는 것 중에서도 온도, 습도 등이 인간이 생활함에 있어 제어되어야 하는 중요한 요소이다. 또한 건물의 냉·난방에 있어서 효율적인 에너지 사용과 안정적인 실내환경의 유지가 중요한 요소가 된다.

이에 본 연구에서는 주거용 건물의 냉·난방시스템을 구성하는 요소들 중에서 난방의 경우 온돌난방시스템의 열원분배시스템, 냉방의 경우 현열열교환기의 성능 향상을 위한 연구를 수행하였다. 또한, 각각의 세대별 난방제어에서 날씨, 주거공간의 위치 등 외적요인을 고려하여 쾌적한 온도를 유지할 수 있도록 하는 연구가 필요하여 지능적 제어알고리즘에 대한 연구를 제시하여 주거공간에서 쾌적성 및 에너지 효율을 향상시킬 수 있는 제어알고리즘을 개발하였다.

1.1 고효율 온수분배기 개발

온돌난방시스템의 열손실을 줄이며, 정밀한 유량제어가 가능한 다목적 기능성 온수분배기를 개발한다.

1.2 냉방용 팬코일(FCU) 현열 열교환기 개발

현열 부하용 팬코일 유닛(Fan-Coil-Unit, 이하 FCU) 열교환기의 성능 개선을 통한 에너지 절감형 현열 FCU를 개발한다.

1.3 실내환경 통합관리 제어기의 지능 알고리즘 설계

지능 알고리즘인 Fuzzy제어를 이용한 바닥 복사난방시스템 및 공기조화설비(HVAC)시스템의 제어기를 개발한다.

2. 연구의 내용

2.1 고효율 온수분배기 개발

2.1.1 헤더 본체의 단열

헤더 본체의 재질을 기존의 황동에 비해 열전도도가 1/300인 엔지니어링 플라스틱을 사용하고, 헤더 본체의 내부에 공기층을 형성한 중공형 구조를 채택함으로써 열손실을 최소화 할 수 있다.

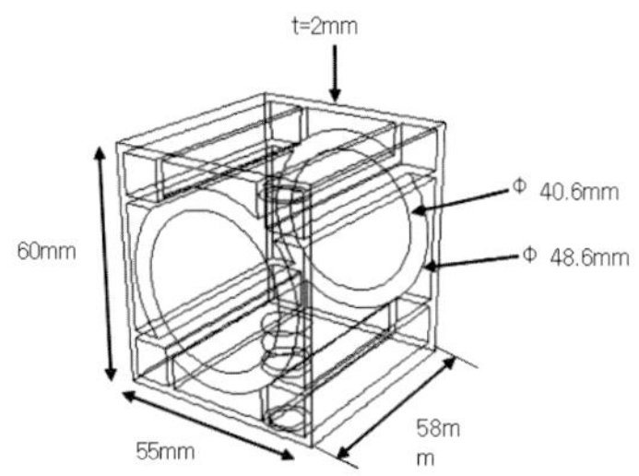

그림 2-1 헤더본체

2.1.2 정밀 유량제어 및 유량 밸런싱

유량제어 구간에서의 선형성이 뛰어나서 정밀 유량제어가 가능한 유량조절밸브를 채택하고, 코일 길이에 따른 유동저항 및 압력손실을 정확하게 산정하고, 유량-차압선도로부터 필요유량과 기산정한 압력손실에 해당하는 각 구별 개도를 선정해서 유량밸런싱을 수행함으로써 오버슈팅 등의 열 낭비와 언더히팅 등의 난방 불만족을 없앤다.

2.2 냉방용 FCU 현열 열교환기

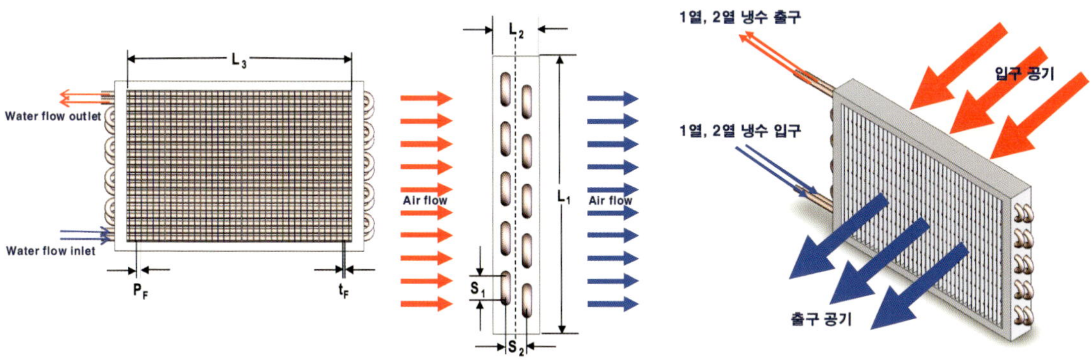

그림 2-2 FCU현열 열교환기 구조

2.2.1 열교환기의 열전달 성능 평가

저풍량하 가변풍량 영역에서 2열 열교환기의 각 열에서 열전달 성능 평가 및 1열과 2열의 분리된 핀과 핀 형상으로 각 열별 냉수의 유량조절 시 열전달 성능 평가를 수행하였다. 성능평가를 통해 최대 열전달량이 나타난 각 열별 유량 범위로 1열5l/min, 2열 5l/min인 경우로 각 열에서 열전달이 골고루 이루어짐을 알 수 있다. 열교환기를 통과하는 공기측 풍량이 저풍량임에도 불구하고, 또한 동일 유량하에서 각 열별 유량제어로 열전달 성능 향상 가능성을 확인하였다.

가. 열교환기 1열, 2열을 통과하는 공기 유동의 혼합이 가장 많은 핀은 루버핀(Louver Fin)으로서 최대 열전달량의 유량 범위는 1열 6l/min, 2열 4l/min으로 나타남.

① 1열 6l/min, 2열 4l/min은 1열 3l/min, 2열 7l/min보다 평균 2.5% 높음.

② 1열 6l/min, 2열 4l/min은 1열 5l/min, 2열 5l/min보다 평균 0.5% 높은 열전달량이 나타남.

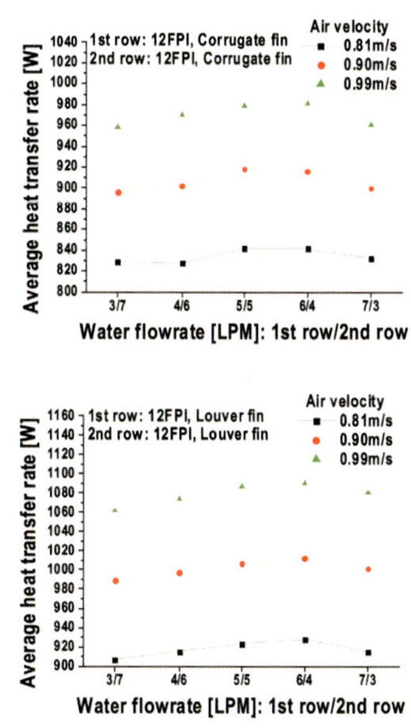

그림 2-3 형태에 따른 열교환 효율핀

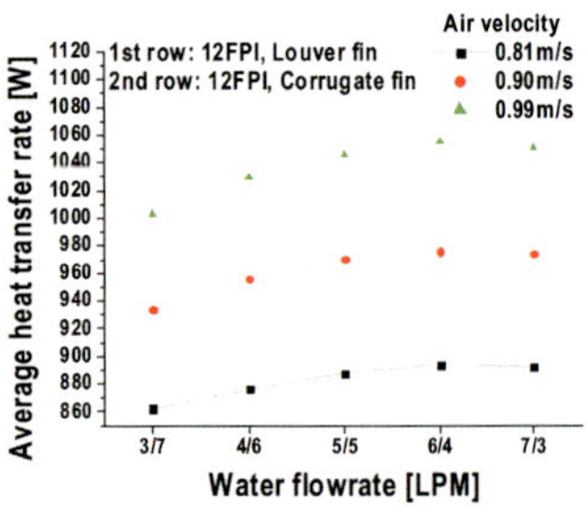

그림 2-4 핀 형태에 따른 열교환 효율

나. 1열에 공기 유동의 혼합을 일으키는 루버 핀(Louver Fin), 2열에 코루게이트 핀(Corrugate Fin)으로서 최대 열전달량의 유량 범위는 1열 6l/min, 2열 4l/min으로 나타남.

① 1열 6l/min, 2열 4l/min은 1열 3l/min, 2열 7l/min보다 평균 4.3% 높음.

② 1열 6l/min, 2열 4l/min은 1열 7l/min, 2열 3l/min보다 평균 0.25% 높음.

2.3 온수 분배기의 지능제어시스템

2.3.1 온돌난방의 실내환경 통합관리제어기 개발

지능형 퍼지 알고리즘을 적용하여 열원의 온도를 유동적으로 조절하는 제어기를 구현한다. 열원의 온도는 외기온도와 실내온도를 퍼지 알고리즘을 통하여 산출한다. 이 방법의 장점은 열원의 온도를 조절함으로써 에너지 효율을 높일 수 있으며, 설정온도에 대한 오버슈트(Overshoot)를 줄일 수 있다.

표 2-1 시뮬레이션 된 에너지 소모량 결과 (겨울철 1~3월 데이터 기준)

Zone 타입	일간 소모량
Zone_1 (Fuzzy 적용)	989.12KJ
Zone_2 (Fuzzy 비적용)	1066.23KJ

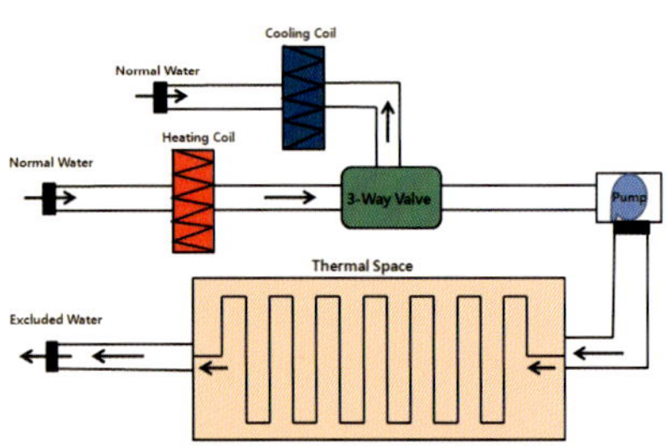

그림 2-6 온돌난방 퍼지제어

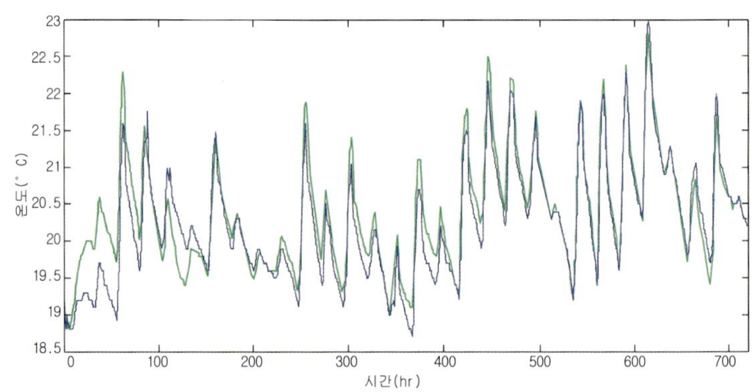

그림 2-5 on/off제어와 퍼지의 보상제어

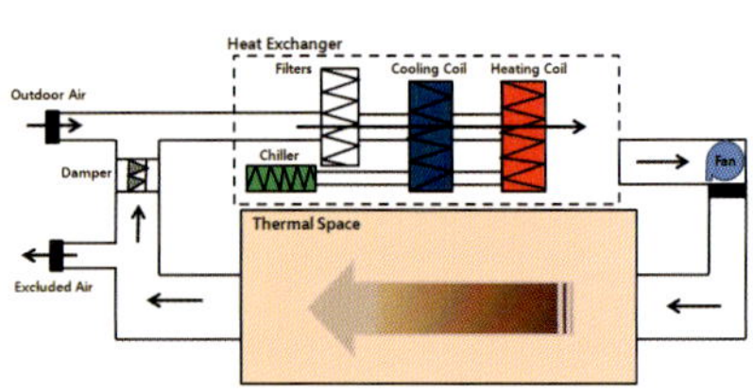

그림 2-7 공기조화설비(HVAC)의 퍼지제어

2.3.2 공기조화기설비(HVAC)에서의 퍼지제어 알고리즘 개발

공기조화설비에서의 에너지 방정식에서 상태 방정식을 유도하고, 이를 통한 선형화된 확장상태 방정식을 Simulink로 구성하여 퍼지제어개발(Adaptive Fuzzy Control)을 위한 함수를 구성한 뒤 기존의 피드백제어와 성능을 비교 평가한다. 지능형 퍼지알고리즘을 사용함으로써 오버슈트되는 시간을 줄이므로 빠른 응답속도로 원하는 온도와 습도를 조절하여 에너지를 절감할 수 있다.

3. 기대효과

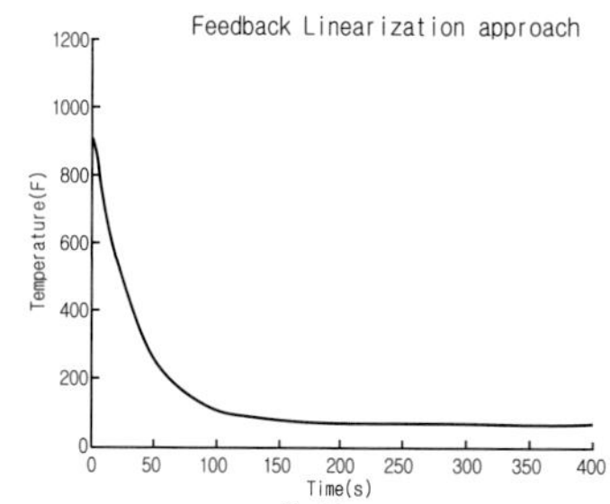

온 도

그림 3-1 피드백 제어

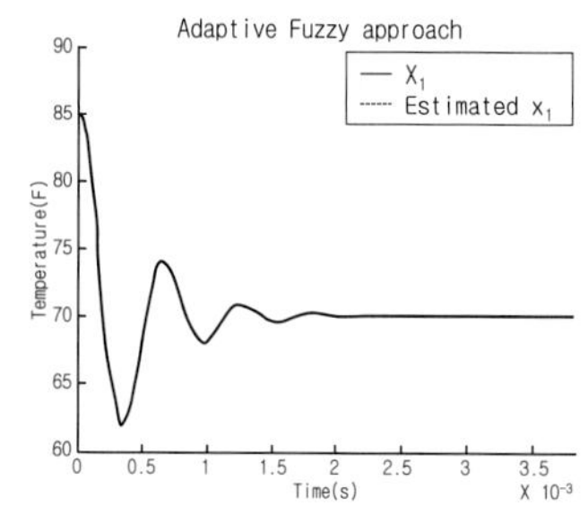

온 도

그림 3-2 적응퍼지 제어

3.1 학술적 측면

- 헤더블록의 열유동 특성 수치해석 및 단열효과 분석 가능
- 저풍량 FCU현열 열교환기의 열전달 특성 파악 및 데이터 베이스 구축
- 국내의 기후특성에 적합한 새로운 개념의 에너지 절약형 온돌난방용 퍼지외 기보상제어 알고리즘 개발 및 보급
- 국내외의 기후특성에 적합한 새로운 개념의 에너지 절약형 HVAC 시스템용 적응제어 알고리즘 개발 및 보급
- HVAC시스템에서 Fuzzy System을 이용한 적응제어 알고리즘 시뮬레이션 기법 정립

3.2 기술적 측면

- 다양한 유량분배시스템의 독자적 설계기술 확보
- 온수분배기의 정밀유량제어기술과 내구성 기술 향상
- 유량분배시스템의 응용기술 확보(기밀성, 수밀성, 단열성 향상 기술 등)
- 온수분배기의 성능 평가시스템 구축
- 유량제어 및 핀 형상 조합으로 냉방능력 향상
- 새로운 제어알고리즘 적용 설계, 시공기술 확보
- 지능제어 알고리즘 적용을 통한 친환경적 에너지 제어 및 시공기술 확보

3.3 경제적 측면

- 고효율 온수분배기 사용에 의한 난방시스템 가동시간 단축/에너지 절감
- 다양한 온수분배기의 대량생산체제 구축
- 유량분배시스템의 수입 대체효과 제고
- 저속 팬 및 냉수를 이용하여 냉방하는 방식으로 전력소비량 절약
- 개발기술 적용을 통하여 건물에너지 절감
- 난방에너지 절감을 통한 고부가 부가가치 창출

Hybrid Ventilation System

greenhome plus

11장 하이브리드 환기시스템

국민대학교 기계시스템공학과 **한화택** 교수

연세대학교 기계공학과 **황정호** 교수

(주)벤토피아

1. 연구의 목적

환기는 실내의 오염된 공기를 배출하고 실외로부터 청정한 공기를 실내로 공급하는 것을 말한다. 실내환경을 제어하는 방법에는 오염원 발생을 억제하는 방법, 발생된 오염물질을 제거하는 방법 등이 있는데, 환기는 실내외 공기의 교체에 의한 희석제어방법에 해당한다. 환기는 오염가스나 분진과 같은 유해물질뿐만 아니라 열이나 수증기 또는 냄새를 배출시킴으로써 재실자에게 보건위생적 측면에서 무해한 환경을 제공하고 열적인 쾌적성을 높인다.

이에 본 연구에서는 환기시스템이 갖춰야 할 요건과 환기시스템의 유형에 대한 분석을 통하여 성능기준을 제시하고 시스템 성능을 향상시키기 위하여 필요한 저압손 필터의 개발 및 자연환기캡의 개발을 수행하였다.

1.1 환기시스템

환기시스템의 구성요소 및 성능요건 등을 고려한 일반적인 환기시스템의 유형에 대한 분석을 통하여 연구개발 방향을 제시한다.

1.2 고효율 저압손 폴리머 필터

환기시스템의 오염물질 제거 성능의 향상 및 송풍에너지 저감을 위하여 고효율 필터를 개발한다.

1.3 환기캡을 이용한 자연환기기술

기계적인 동력을 이용하지 않고 자연환기력을 이용한 환기시스템을 위한 요소기술인 자연환기캡 기술 및 콜드드래프트 방지를 위한 외기도입구를 개발한다.

2. 연구의 내용

2.1 환기방식

2.1.1 자연환기

(1) 자연환기

자연환기는 건물의 내부와 외부의 온도차에 의한 정압차이나 풍압에 의해 건물의 외벽체에 위치하는 개구부를 통하여 기류이동이 발생되는 현상이다. 자연환기는 외기의 풍속, 풍향 및 온도에 의해 크게 영향을 받으므로 실내의 필요 환기량을 일정하게 유지시키는 데 어려움이 있을 뿐만 아니라, 이러한 인자들의 영향으로 인해 건물의 외벽체에 설치된 급기구와 배기구의 기능이 바뀔 수도 있다.

(2) 자연환기의 한계성

자연환기만으로는 실내로 도입되는 환기량을 제어할 수 없으므로 외기의 오염물질을 여과하기 위해 공기여과기를 설치할 경우, 유동저항이 증가되어 환기효율이 감소된다. 이를 극복하기 위해서 건물내에 위치한 내벽체를 최소화 하거나 통풍력을 적극적으로 활용할 수 있도록 건물을 배치해야 한다. 이러한 조치를 취하더라도 기후의존성이 증가하여 기후변화에 무관하게 필요 외기량을 도입하는 것이 불가능하므로 실내구조가 복잡한 경우에는 강제환기와 병용하여 환기를 수행하도록 권장한다.

2.1.2 기계환기

실내공기를 강제적으로 배출시키거나 필요 환기량을 정확하게 급기할 수 있도록 건물의 외벽체 부근에 급기 혹은 배기팬을 설치하여 운전하는 환기방식이다. 기계환기의 장점은 환기풍량의 제어가 가능하다는 것이다. 기계환기는 신선한 공기를 유입하고 오염된 실내공기를 배출하기 위해 다중 실로 구획된 대형 공동주택에 냉·난방시스템과 환기설비가 동시에 설치된 경우, 실내에서 배기되는 공기로부터 열을 회수하기 위해 폐열회수용 환기유닛을 설치하고 실내로 공급되는 공기량을 조절할 수 있는 기능을 보유해야 한다. 기계환기시스템은 실내 필요 환기량을 공급하기 위해 최적으로 설계되어야 하며, 이때 공동주택 규모에 따른 운전비용, 초기투자비용을 충분히 검토하여 저에너지시스템을 구성해야 한다. 실내에서 요구되는 압력조건에 따라 팬의 설치개소는 다음과 같이 구분한다.

가. 제 1종 환기방식 : 급기팬과 배기팬에 의한 환기방식
나. 제 2종 환기방식 : 급기팬과 자연 배기구에 의한 환기방식
다. 제 3종 환기방식 : 배기팬과 자연 급기구에 의한 환기방식

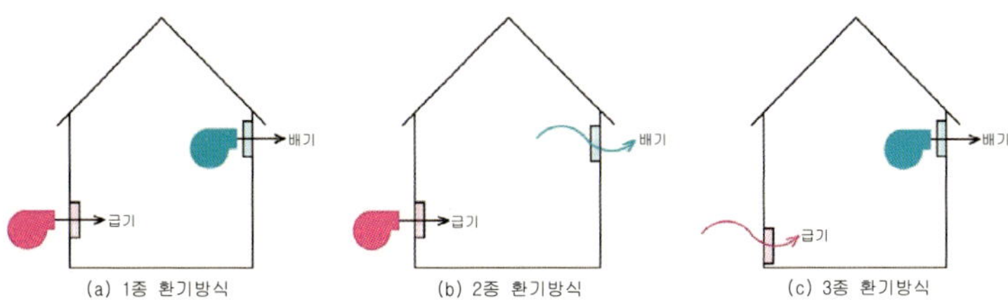

그림 2-1 환기방식의 종류

2.1.3 국소환기

밀폐식 연소기구인 난방용 보일러와 다르게 주방의 조리용 기구 등과 같이 개방식으로 연소기구가 설치된 공간은 연소공기의 부족으로 인한 불완전 연소방지와 더불어 주방과 인접한 공간에 조리과정에서 발생하는 취기 및 연기 등이 확산되

지 않도록 전용 배기후드와 배기덕트를 설치하고 배기덕트의 말단은 직접 옥외에 배출시켜야 하며, 국소환기시스템은 전체환기시스템과 별도로 구분하여 적용하므로 국소환기시스템이 운전될 때 인접실과 압력 불균형이 발생하지 않도록 환기시스템이 제어되어야 한다.

2.1.4 하이브리드 환기(혼합형 환기방식)

자연 및 기계환기설비를 적절히 조화시켜 환기성능과 실내공기환경을 효과적으로 유지하면서 건물 에너지소비량을 최소화할 수 있는 혼합형 환기방식(하이브리드 환기방식:Hybrid Ventilation System)이 최근 다양하게 개발 및 보급되고 있다. 하이브리드 환기방식은 일반적으로 환기와 냉 · 난방이 동시에 요구되는 건물에 대한 에너지 절약적인 접근방법의 하나로 주로 사무소용 건물에 활용되어 오던 환기방법이다. 이는 비교적 오랜 기간에 걸쳐서 도출된 환기개념으로 최근 주거용 건물에 적용하기 시작하면서 재실자들에게 쾌적한 실내공기환경을 제공해주는 것뿐만 아니라, 에너지 절약적인 측면에서도 적극적으로 검토되고 있는 환기방식이라고 할 수 있다. 이러한 하이브리드 환기방식은 운용적인 측면에서 자연환기와 기계환기방식이 독립적으로 운용(Change Over)되느냐 또는 동시운용(Concurent)되느냐에 따라 구분되기도 하는데, 적용원리와 방법에 따라 크게 3가지로 구별할 수 있다.

가. 자연환기 + 기계환기방식

이 방식은 자연 및 기계환기의 적절한 전환에 초점이 맞추어진 것으로 중간기에는 자연환기설비를 적용하고, 하계와 동계에는 기계환기설비를 활용할 수 있도록 계획된 환기방식이다. 또한, 재실자의 수가 증가하였을 때에는 기계환기설비를, 하계의 야간 냉각(Night Cooling)을 위해서는 자연환기를 선택적으로 사용할 수 있도록 되어 있다.

나. 자연환기 + 보조팬 환기방식

배기 및 급기를 위한 보조팬을 자연환기와 결합한 것으로 저압의 보조팬을 이용하여 자연환기의 구동력이 약하거나 환기량을 늘려야 할 기간에 환기량을 적절히 증대할 수 있으며, 최근 가장 많이 개발, 적용되고 있는 방식이다.

다. 연돌효과 + 기계환기방식

자연환기의 구동력을 최대한 유효하게 활용하는 기계환기설비에 근거를 두고 있으며, 자연환기의 구동력이 필요환기량의 일부를 담당할 수 있도록 조절이 가능한 방식이다.

(a) 자연환기 + 기계환기　　(b) 자연환기 + 보조팬　　(c) 연돌효과 + 기계환기

그림 2-2 하이브리드 환기방식(혼합형 환기방식)의 유형별 개념

2.2 환기시스템 유형

최근까지 공동주택에서의 환기시스템이란 주방이나 욕실의 국소환기장치가 전부라 해도 과언이 아니다. 따로 외기를 도입하기 위한 환기시스템이 사용된 경우는 그리 많지 않다. 여기에 난방은 온수를 이용한 온돌난방, 냉방은 독립된 에어컨을 이용한 개별냉방방식이 가장 전형적인 공동주택의 형태이다. 실내환경에 대한 관심이 높아지면서 환기설비의 설치가 의무화된 이후 건설사와 설비설계사 그리고 냉·난방 및 환기기기 제조업체에서 나름대로의 환기시스템이 제안되고 있다. 여기서는 앞에서 설명한 환기시스템의 구성요소들을 조합하고 기존의 냉·난방시스템과 국소환기시스템과 연계되어 시도되고 있는 여러 가지 환기시스템을 대표적인 유형별로 나누어 분석해 보고자 한다.

2.2.1 독립 폐열회수 환기시스템

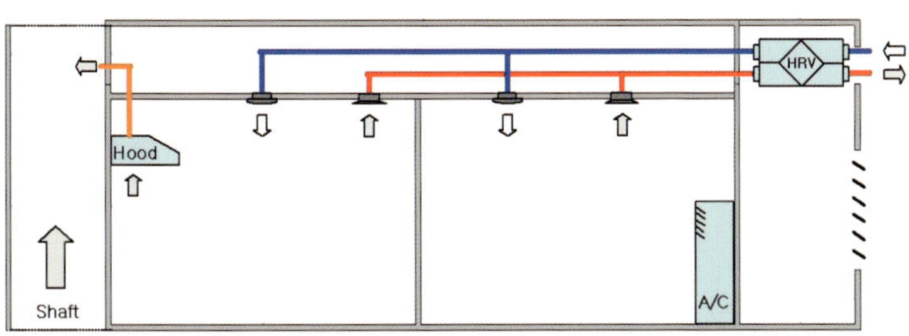

그림 2-3 급배기 덕트와 폐열환기유닛이 설치된 기본적인 환기시스템

가장 전형적인 환기시스템으로 위의 그림과 같이 기존의 에어컨과 국소환기장치와 별도로 폐열회수 환기유닛을 설치하는 경우이다. 천장공간에 급기덕트와 배기덕트가 설치된다. 급배기덕트가 서로 교차해야 하므로 충분한 천장공간을 필요로 한다. 주방이나 욕실 등 국소배기에 의한 실내외 에어밸런스를 맞추어 주기 위하여 폐열회수 환기유닛과 연동하여 운전하는 경우도 있다. 주로 고급 중대형 공동주택에 제안되고 있다.

2.2.2 냉방복합 환기시스템

다음 그림은 공조기를 이용하는 일반 사무실 건물과 유사하게 냉난방 히트펌프(또는 냉방기)와 폐열회수 환기유닛을 통합한 형태의 수형 공조기를 사용하는 방식이다. 급배기 덕트를 통하여 외기를 포함한 온풍과 냉풍을 각 실로 공급한다. 이 경우 냉·난방 부하를 감당하기 위하여 저온급기가 아닌 경우 덕트 크기가 상당히 커져야 한다. 층고에 대한 부담이 있으나 별도의 냉난방기를 필요로 하지 않는다. 고급 대형 공동주택에 적합하나 설치된 예는 그리 많지 않다.

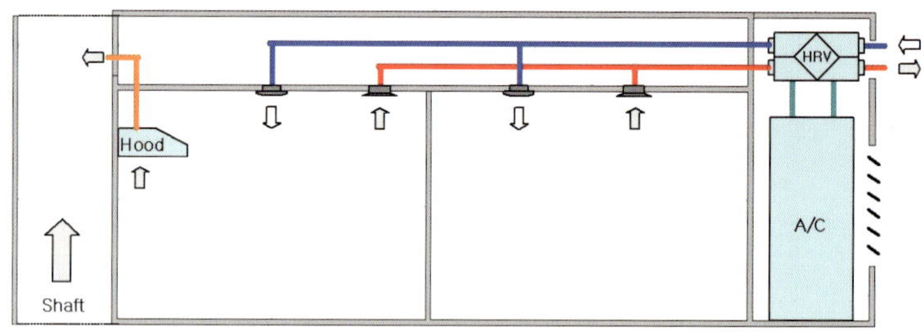

그림 2-4 냉난방기와 폐열회수 환기유닛을 통합한 공조환기시스템

2.2.3 배기플레넘 환기방식

배기플레넘방식은 기본적인 환기시스템을 다소 변형하여 급기덕트는 설치하되 배기덕트는 설치하지 않는 방식이다. 급기덕트만 있기 때문에 천장공간이 단순

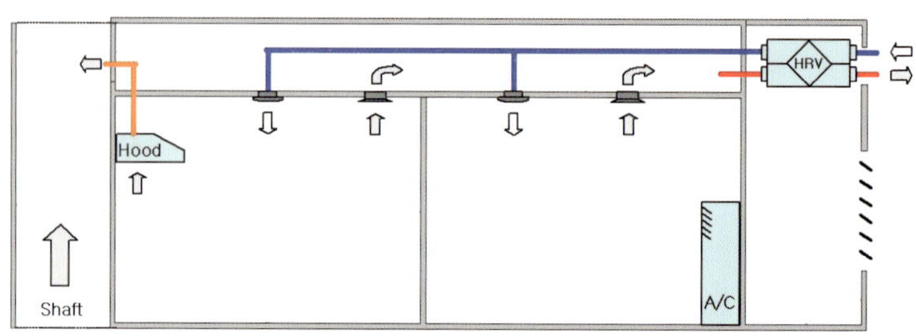

그림 2-5 급기덕트와 폐열회수 환기유닛이 설치된 환기시스템

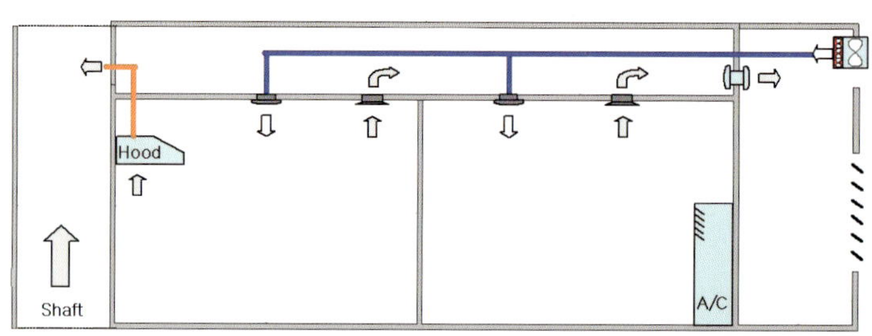

그림 2-6 급기덕트와 급기팬이 설치된 환기시스템

해지며 층고를 다소 줄일 수 있다. 배기덕트 대신 천장 플레넘을 배기통로로 이용하고 폐열회수 환기유닛을 통하여 배기열을 회수하거나 급기팬과 보조히터를 설치한다. 급기팬에 의하여 외기가 직접 실내로 공급되어 겨울철 콜드드래프트가 발생할 수 있기 때문에 보조히터로 예열해 주거나 축열식 환기장치를 이용하여 일부 열을 회수한다. 시스템이 단순하고 중형 공동주택에 적합하다.

2.2.4 국소배기력 활용 하이브리드 환기시스템

주방배기나 욕실배기와 같이 기존의 국소배기장치의 흡인력을 이용하여 자연환기를 유도하는 하이브리드 환기방식으로서 실간 또는 외벽체를 통한 공기경로를 확보하기 위하여 인터벤트나 외기도입구를 설치한다. 별도의 동력이 필요하지 않고 설치도 간단하기 때문에 주로 저가의 중소형 공동주택에 적합하다.

이외에도 급배기덕트의 설치여부, 자연환기구의 설치여부, 폐열회수 환기유닛의 사용여부, 국소배기와의 연계여부, 냉방기와의 연계여부 등에 따라서 다양한 조합의 환기시스템을 구성할 수 있다.

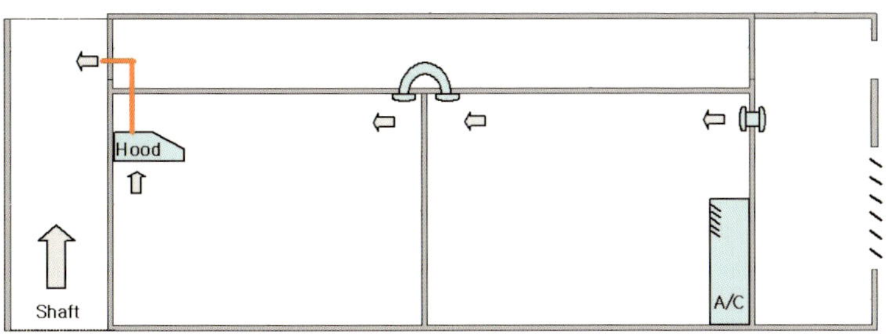

그림 2-7 국소배기장치의 흡인력을 이용한 하이브리드 환기시스템

표 2-1 환기시스템 유형분석표

유형	도식	설명
독립 폐열회수 환기시스템	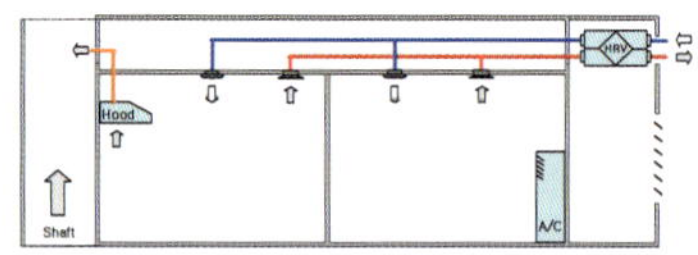	기존의 에어컨이나 국소환기장치와는 별도로 폐열회수 환기유닛이 독립적으로 설치되는 경우, 급배기덕트가 서로 교차해야 하므로 충분한 천장공간을 필요로 한다.
냉방복합 환기시스템	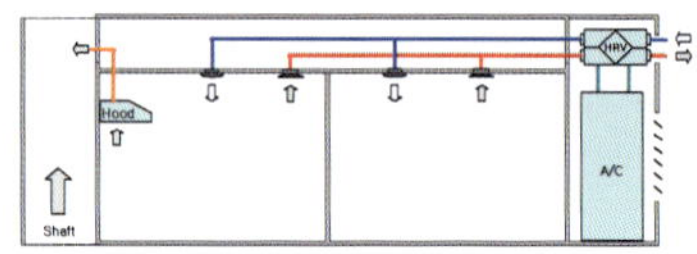	공조기를 이용하는 일반 사무실 건물과 유사하게 냉·난방 히트펌프(또는 냉방기)와 폐열회수 환기유닛을 통합한 형태의 소형 공조기를 사용하는 방식이다.
배기플레넘 환기시스템	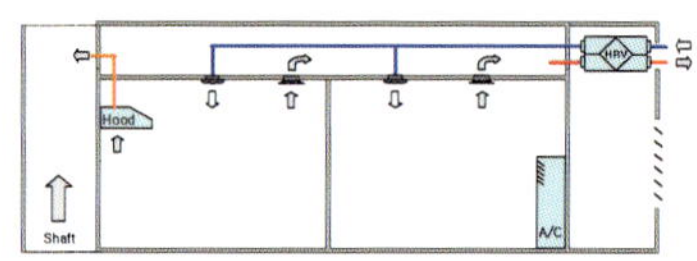 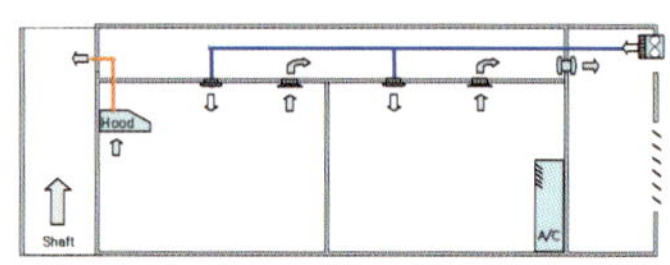	기본적인 환기시스템을 다소 변형하여 급기덕트는 설치하되 배기덕트는 설치하지 않는 방식이다. 배기덕트 대신 천장 플레넘을 배기통로로 이용한다. 폐열회수 환기유닛을 통하여 배기열을 회수하는 방식과 급기팬과 보조히터를 설치하는 방식이 있다.
국소배기력 활용 하이브리드 환기시스템	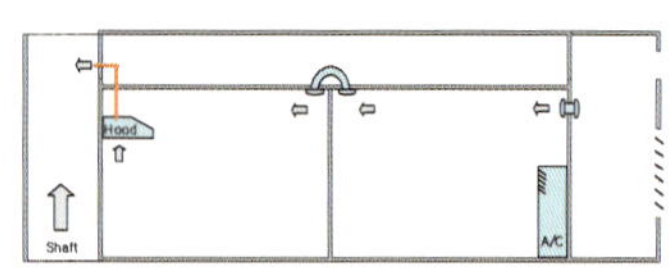	주방배기나 욕실배기와 같이 기존의 국소배기장치의 흡인력을 이용하여 자연환기를 유도하는 하이브리드 환기방식으로서, 실간 또는 외벽체를 통한 공기경로를 확보하기 위하여 실간 통기구나 외기도입구를 설치한다.

2.3 환기시스템의 구성요소

환기는 기본적으로 구동력에 따라서 자연환기와 강제환기로 나누어진다. 자연환기는 실내외의 압력차에 의하여 자연적으로 발생하는 환기를 말한다. 실내외 압력차는 바람에 의한 풍압효과 그리고 실내외 온도차에 의한 연돌효과에 의한다. 자연환기량은 외기의 온도와 풍속, 그리고 풍향에 크게 영향을 받으며 급배기의 역할이 바뀔 수 있다. 자연환기는 실내로 도입되는 환기량을 제어하기 어려우나 송풍전력이 필요하지 않다는 장점이 있다. 자연환기 설계에서는 건물 내에 위치한 내벽체를 최소화하거나 통풍력을 적극적으로 활용할 수 있도록 건물을 설계 배치한다. 이러한 조치를 취하더라도 자연환기만으로는 기후 의존성이 크기 때문에 일정한 환기량을 확보하기 위해서는 강제환기와 병용한 하이브리드 환기를 수행한다. 강제환기는 급기나 배기팬을 이용하는 환기방식으로 송풍전력이 소요되지만 정확한 풍량제어가 가능한 장점이 있다. 또한 다중실로 구획된 대형 공동주택에서 냉난방시스템과 환기시스템이 동시에 설치된 경우, 실내에서 배기되는 공기로부터 열을 회수하기 위해 폐열회수 환기유닛을 설치하고 환기량을 조절할 수 있다.

가. 송풍기

송풍기는 덕트와 부속품 저항을 극복하고 요구되는 풍량을 공급할 수 있는 능력을 보유해야 한다. 송풍기의 성능은 압력과 풍량으로 이루어진 성능곡선으로 표현된다.

나. 여과장치

여과장치는 요구되는 포집효율에 적합한 것으로서 가급적 압력강하가 낮은 것을 사용한다.

다. 외기도입구

외기도입구는 눈이나 칠 작업 혹은 다른 물질에 의해 유입되는 외기가 차단되지 않도록 해야 한다. 그런가 하면 외기와 함께 먼지나 곤충 등이 유입되지 않도록 필터를 설치하고 빗물이 유입되지 않는 구조로 되어 있어야 한다.

라. 급배기 디퓨저

충분한 풍량을 실내에 공급하여도 급기 및 배기 디퓨저의 성능이 떨어지면 양호한 기류분포를 형성하지 못하고 이로 인해 오염물질을 적절히 배출하지 못하는 경우가 있다.

마. 열회수장치

환기에 이용되는 열회수장치는 배기되는 공기로부터 열을 일부 회수하여 건물의 냉난방부하를 저감시키기 위한 것이다. 열교환효율과 에너지 성능계수가 우수한 것을 사용하는 것이 바람직하나 열교환 면적이 증가하여 전체적인 크기가 증가하거나 압력손실이 증가할 수 있기 때문에 이를 고려하여 적절한 것을 선정해야 한다.

바. 덕트

덕트망은 유량분배가 적절히 이루어지고 각 분기덕트를 따라서 압력손실이 크게 발생하지 않도록 구성한다.

사. 분배기

환기장치를 경유한 공기를 각 실로 분배하기 위해 적용되는 것으로서 압력손실을 줄이고 정체영역을 소멸시키기 위해 원형 또는 다각형으로 제작된 것이 있다.

아. 옥외배출구

토출배기에 의하여 소음, 취기, 열, 기류가 인접한 곳에 악영향을 미치거나 재순환 등이 발생하지 않도록 배출구의 위치, 토출방향 등 건축계획상의 고려가 필요하다.

자. 실간 통기구

실간 통기구는 양측 사이의 압력차를 줄여주고 실간 공기소통을 원활하게 해준다.

2.4 환기시스템의 연구동향

2.4.1 정풍량 제어방식 하이브리드 환기시스템

환기시스템의 성능에 있어서 환기량을 안정적으로 유지하는 것은 쾌적한 실내공기환경을 위해 가장 단순하면서 기본적인 요구사항이다. 하이브리드 환기시스템에 있어서 환기량을 안정적으로 유지하기 위한 최근의 개발사례를 보면, 일본 SEKISUI HOUSE에서 개발한 단독주택용 하이브리드 환기시스템을 들 수 있다. 이 시스템은 시간당 0.5회 환기횟수를 만족시킬 수 있는 기계환기설비의 설치규정으로 인한 설비적 부담을 줄이는 데 초점을 맞춘 것으로서 연간 약 90%의 에너지 절약효과를 거둘 수 있다고 밝히고 있다. 시스템의 구성요소로는 자연환기의 구동력을 확대하기 위한 수직덕트, 보조팬과 댐퍼, 고성능 차압센서를 이용해 환기시스템을 통과하는 배기풍량의 변화를 감지하고 건물의 규모에 따라 설정한 배기풍량(0.5회/시)을 유지하도록 보조팬과 댐퍼를 조절하는 자동제어시스템이 내장되어 있다. 즉, 자연환기의 구동력만으로 설정풍량이 만족되지 못하는 조건에서는 부족한 만큼의 풍량을 보충해 주기 위하여 팬을 작동시킴으로써 상시 가동하는 일반환기시스템에 대하여 상대적으로 팬의 가동시간을 줄일 수 있다. 또한 난방에너지 절약을 위해 겨울철에는 자동적으로 설정풍량을 20% 하향조정하도록 되어 있으며, 외부풍의 영향 등으로 자연환기의 구동력이 극단적으로 확대되어 팬을 정지시킨 상태에서도 과대한 풍량이 감지될 경우에는 댐퍼의 각도를 조절하여 일정 풍량을 유지하게 된다. 그러나 이러한 제어방식은 단순히 필요환기량을 일정하게 유지한다는 개념에서 비롯된 것으로 쾌적한 실내공기질을 제공하기 위한 소극적인 접근방법이라고 볼 수 있다. 예를 들어, 실내공기 중의 이산화탄소 농도를 고려해 보면, 같은 건물에 같은 양의 외기가 공급된다고 하더라도 재실자의 수나 활동량, 취사기구의 사용여부 등 다양한 조건에 의해 이산화탄소의 농도가 전혀 달라질 수 있으며 건물 전체에 일정한 양의 환기량을 공급해 주는 것만으로는 실내공기질의 오염문제를 실제적으로 해소해 주는데 한계가 있음을 예상할 수 있다.

2.4.2 변풍량 제어방식 하이브리드 환기시스템

정풍량 제어방식 하이브리드 환기시스템의 한계가 극복된 예로 노르웨이, 스웨덴, 네덜란드, 벨기에, 프랑스가 참여하여 2002년에 시작한 RESHYVENT 사업을 들 수 있다. 자연환기 구동력의 확대를 위한 기술적 노력 외에 압력손실을 최소화한 덕트, 집풍장치, 고효율 직류전원팬 등을 개발, 적용하였다. 특히, 환기량의 자동제어 전략으로서 온도, 습도, 실내공기질의 조건을 도입한 것이 특징이며 네 가지의 기후조건에 적합한 프로토타입의 시스템을 결과물로서 제시하고 있다. 각 모델에 적용된 시스템 요소를 종합해 보면, 동작감지 센서, 이산화탄소 센서, 온습도 센서 등을 갖추고 있어 거주자의 재실상황 및 실내외 조건 등에 따라 적절한 필요환기량을 판단하고 조절할 수 있게 되어 있다.

이 중에서도 이산화탄소 센서를 이용한 제어기술은 실내공기질을 고려한 것으로 동작감지 센서의 경우 재실자가 정지상태에 있을 때에는 재실여부를 판단하기 어렵고 재실자의 수를 파악하지 못하는 것에 대하여 상대적으로 효과적이고 정확한 제어가 가능하다. 또한 상대습도 센서를 이용한 제어방식의 경우, 주방이나 욕실에서 수증기가 다량 발생할 때 집중적으로 환기를 실시하는 것으로서 쾌적도 향상뿐만 아니라 결로의 방지를 위해서도 유용하게 사용될 수 있다. 즉, 항상 일정한 양의 신선외기를 공급해 주는 개념에서 벗어나 실제로 실내공기환경을 평가하여 필요한 때 필요한 장소에 필요한 만큼의 신선외기를 제공해 주는 환기량 최적제어의 개념을 도입함으로써 보다 효과적으로 환기시스템을 활용할 수 있으며 쾌적한 실내공기환경과 냉·난방에너지 절약효과를 동시에 기대할 수 있다.

2.5 환기 요건 및 고려사항

2.5.1 필요환기량

실내에서 발생하는 오염물질을 적절히 배출시켜 실내오염농도가 환경 기준치 이하로 유지되도록 하기 위해서는 충분한 환기량이 확보되어야 한다. 그러나 환기량 증가는 송풍전력과 냉 · 난방부하의 증가를 가져오기 때문에 필요환기량은 적정 실내환경을 유지하기 위한 최소환기량의 개념을 갖는다.

표 2-2 인체 활동량에 따른 필요환기량

활동량	신진대사율 (M)	이산화탄소 발생량 (m^3/h/인)	필요환기량(m^3/h) 이산화탄소(CO_2) 허용치(ppm)	
			1,000	3,500
취침	100	0.0132	22	4.3
일상생활	160~320	0.0211~0.0422	22~40.3	4.3~7.8

주) 외기의 이산화탄소 농도를 400ppm으로 가정하였으며 M의 단위는 Watts임. 또한 이 값은 CO_2발생률을 "0.000132 · M CMH/인"을 기준으로 산정한 값임.

표 2-3 실별 필요환기량

공간 분류	최소환기량[3] (m^3/h)	간헐 배기량[3] (m^3/h)	연속 배기량[3] (m^3/h)
안 방[4]	36	-	-
침실, 다용도실, 거실, 식당**	18	-	-
주방[2]	-	100[6]	50[6]
욕실[1]	10회/hr		
기타 공간[6]	18	-	-

주) 1) 욕실은 환기횟수로 규정한다.
2) 거실, 식당, 주방이 함께 있는 경우 환기요건은 단독실로 취급한다.
3) 설정한 기준온도는 20℃이다.
4) 안방은 성인 2명이 주거하는 큰 침실이다.
5) 목록에 없는 기타 공간은 18m^3/hr의 최소 환기요건을 가진다.
6) 공동주택의 경우, 배기량은 주방에 설치된 레인지 후드의 배기풍량을 기준으로 산정하도록 권장한다. 또한 주방은 배기량만큼 급기량을 공급해야 한다.

2.5.2 설계 시 고려사항

가. 에너지

기계환기장치에 자연환기 기능을 적절히 조합하고 환기장치의 가동을 실내외 온습도와 오염 정도에 따라 적절히 제어하는 것이 필요하다. 환기시스템에 의한 총체적인 에너지 절감을 위해서는 송풍기나 폐열회수 환기장치 등 구성요소 자체의 에너지 효율성을 높이는 것도 필요하고, 덕트 압력손실을 줄이기 위하여 천장공간을 확보하는 등 건축적 배려도 필요하다.

나. 에어밸런스

국소배기장치의 성능이 제대로 발휘하기 위해서는 욕실과 같이 철저하게 기밀화된 건축공간에서 에어밸런스에 대한 고려가 요구된다.

다. 결로

결로가 발생하지 않도록 실내 또는 덕트내 습공기 조건을 설정하거나 단열재를 이용하여 덕트 표면이 노점온도 이하로 내려가지 않도록 설계한다.

라. 콜드드래프트

기류에 대한 열적 불쾌감은 온도와 기류속도에 의존하므로 온도뿐만 아니라 기류속도가 권장치 이하가 되도록 한다. 차가운 냉기가 재실공간으로 유입되기 전에 실내공기와 적절히 혼합되도록 하고, 충분한 경로를 두어 재실자에게 도달하기 전 주위 환경으로부터 열을 취득할 수 있도록 설계해야 한다.

마. 소음

송풍기 자체의 소음저감이나 차단방안도 필요하려니와 이에 추가하여 덕트내 유동소음을 최소화하기 위해 덕트 사이즈나 급배기구의 형상이 적절히 설계되어야 한다.

바. 유지보수

팬, 덕트, 급배기구의 가동부 및 오염되기 쉬운 공기여과기 및 덕트 내부에 대해서는 정기적인 점검과 정비를 해야 하며, 이에 필요한 점검구나 유지관리 공간을 충분히 확보해야 한다.

2.6 친환경 환기시스템의 요소기술

2.6.1 고효율 저압손 플리머 필터

플리머 필터는 기존의 필터와는 달리 필터여재가 유동에 나란한 방향으로 설치되어 공기 중에 있는 입자를 제거한다. 플리머 필터는 기계식 필터로서 필터여재가 전기적으로 하전된 정전식 필터이다.

필터의 제거효율은 1.0m/s와 2.5m/s일 때 각각 90~99%, 80~96%로 나타났다. 따라서 실험한 필터가 전반적으로 중급보다 높은 제거효율을 보이고 있는 반면, 압력강하는 2.5m/s에서 40Pa 이하로 일반적인 중급 필터에 비해 상당히 낮은 압력손실을 나타내기 때문에 저에너지 친환경 제품으로 경쟁력이 있다고 판단된다.

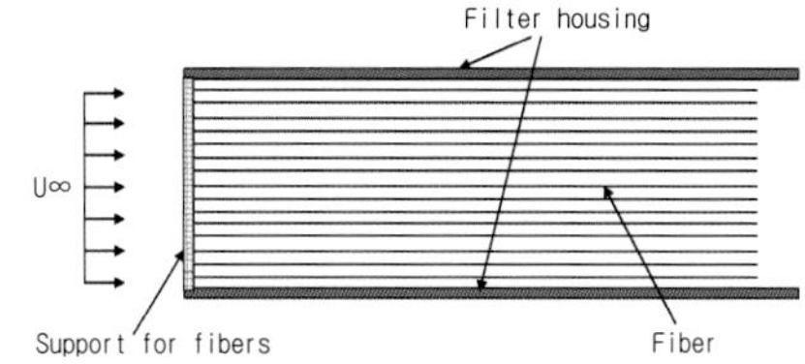

그림 2-8 폴리머 필터

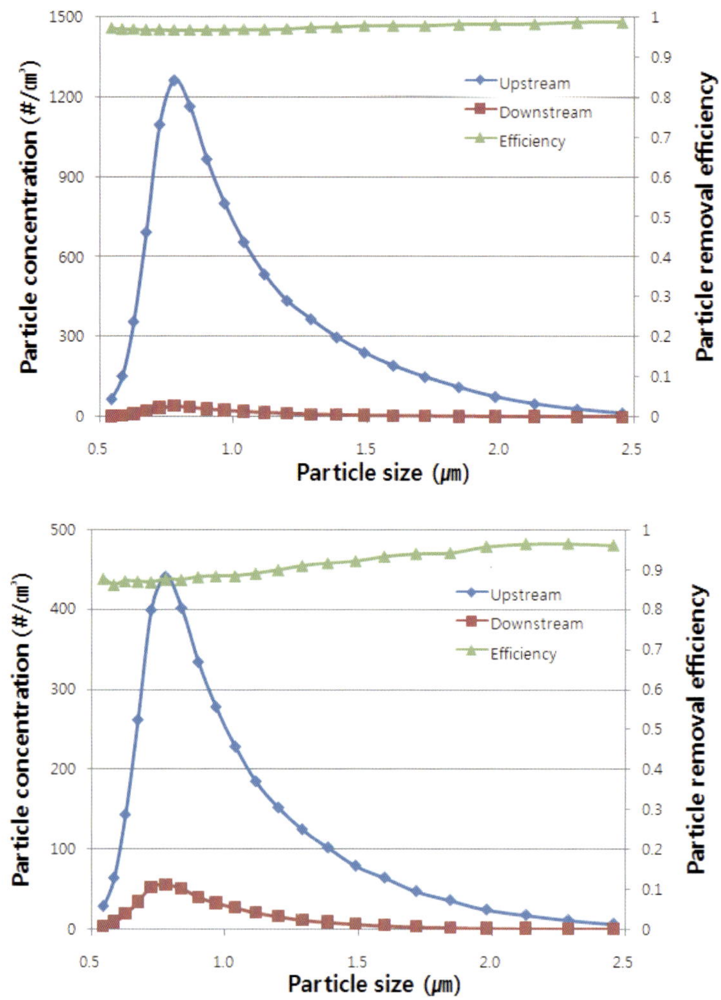

그림 2-9 필터의 제거효율과 압력강하(유속 2.5m/s시)

2.6.2 말단터미널 필터 시스템

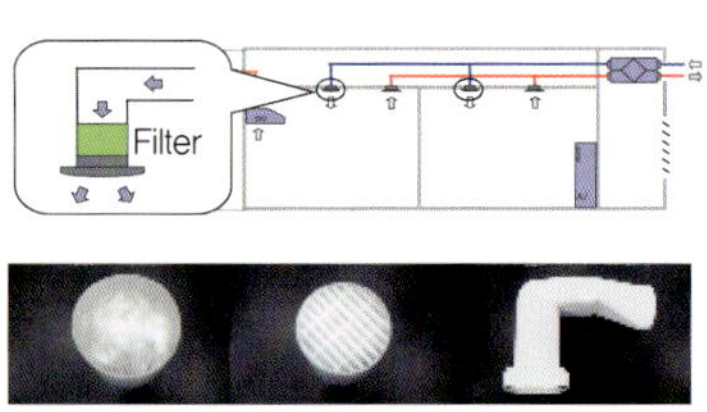

그림 2-10 말단터미널 필터 시스템

필터 자체의 압력손실뿐만 아니라 필터가 장착된 시스템 전체의 압력손실을 저감하기 위하여 필터를 각 분배기 말단에 설치하는 방법이다. 메인 덕트에는 최소한의 필터기능을 두고 주된 필터기능은 각 실에 위치한 말단 디퓨저 내부에 설치한다. 덕트 내부가 오염되더라도 각 실의 급기를 청정하게 유지할 수 있으며 필터의 교체가 쉽다는 장점이 있다.

2.6.3 벤투리(Venturi) 환기캡

기계적인 동력을 이용하지 않고 자연환기력을 이용하는 방법에는 실내외 온도차에 의한 연돌효과를 이용하는 방법과 바람에 의한 풍압을 이용하는 방법이 있다. 중간기에는 연돌에 의한 효과가 그리 크지 않고 바람의 방향과 세기는 시시각각 변화하는 등 일정한 자연환기력을 유지하기 어렵다. 심지어 방향이 바뀌면 양압과 음압이 번갈아 작용할 수 있다. 그러나 건물 벽면을 따라 나란히 흐르는 바람은 세기의 차이가 있을 뿐 항상 존재한다. 배기구 말단에 벤투리 형상의 환기캡을 설치하면 건물외벽의 바람을 이용하여 배기 시 추가적인 배기력을 확보할 수 있다. 일반적으로 외부 풍속이 증가할수록 덕트 배기풍량이 감소한다. 그러나 벤투리의 환기력은 풍속이 증가할수록 증가하는 것을 볼 수 있다. 또한 바람 각도에 따른 환기력을 비교한 결과, 단순 개구부의 경우 50도에서 환기력이 소멸되는 데 비하여 환기캡을 설치한 경우 75도 정도까지 배기력을 유지할 수 있는 것으로 나타났다.

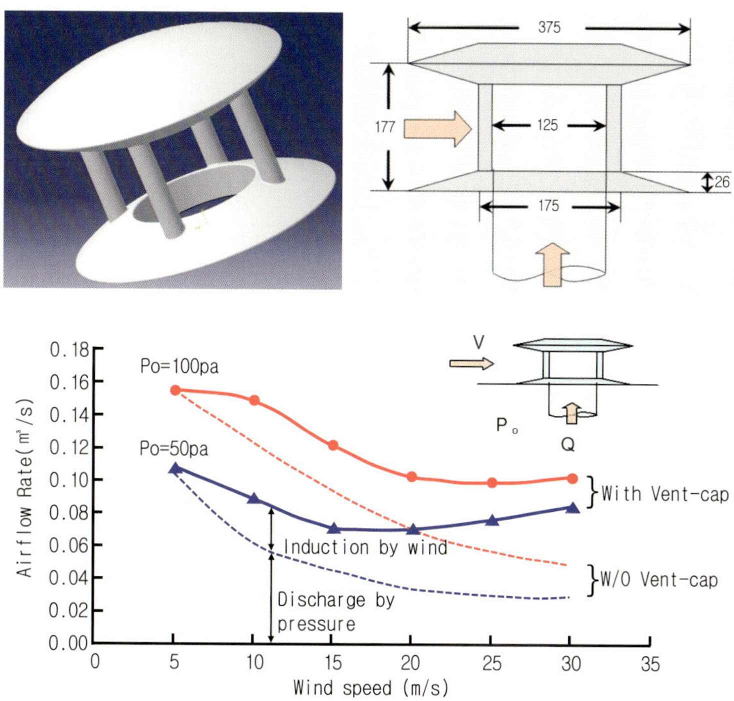

그림 2-11 벤투리 환기캡

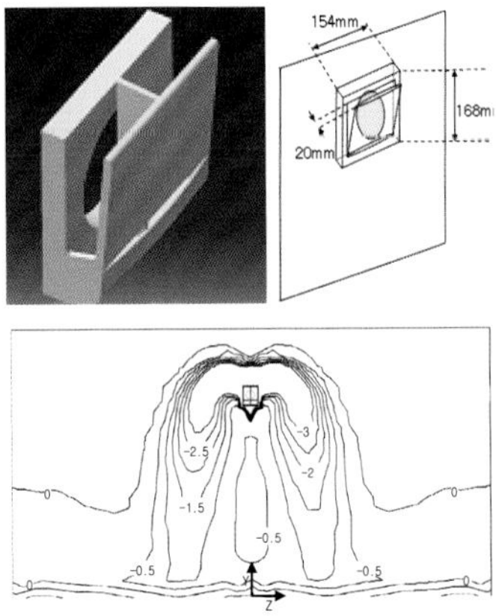

그림 2-12 하이브리드 환기용 외기도입구

2.6.4 하이브리드 환기용 외기도입구

동일한 환기량으로 실내의 공기분배 성능을 높임으로써 에너지 절약을 꾀할 수 있다. 유효환기량은 실제 환기량과 실내 환기효율의 곱으로 구해진다. 적정한 분배를 통하여 환기효율을 높일 수 있는데 이를 위해서는 급배기구의 위치와 형상이 중요하다. 특히 급기구의 위치와 형상은 분배성능에 의한 에너지 측면뿐만 아니라 실내 온열쾌적성 측면에서도 매우 중요하다. 실내측 말단에 설치되는 외기도입구나 디퓨저는 덕트 부속의 하나로 압손 특성이 중요하다. 그러나 압손 특성 이외에 실내공간으로 급기를 적절히 공급할 수 있는 공기분배 특성도 아울러 중요하다. 특히 외기가 직접 도입되는 경우 외기도입구 주변에 겨울철 표면결로나 실내 콜드드래프트가 발생하지 않도록 해야 한다.

3. 기대효과

본 연구에서 적용된 자연환기구 및 기계환기시스템 덕트터미널에 적용된 플리머 필터는 기존의 중성능필터에 비해 입자제거 효율이 우수하여 친환경적이고 압력 손실을 50%나 절감할 수 있는 저에너지 소비형이다. 또한 이번에 연구가 이루어진 벤투리캡과 외기도입구는 외기가 공동주택에 미치는 영향 중에서 긍정적인 것들만을 흡수하여 적용되어진 것이다. 벤투리캡은 외기의 유속을 이용하여 자연환기량을 증가시킬 수 있는 것으로 에너지 소비를 줄일 수 있고 외기도입구는 자연환기구를 통한 외기의 유입으로 실내 거주자의 쾌적성을 유지하는 동시에 냉·난방에너지를 증가시킬 수 있는 요인을 최소화할 수 있는 것을 구현한 것이다. 따라서 이러한 시스템들이 추후에 건설되는 공동주택에 적용되면 거주자의 쾌적성을 고려한 실내 친환경성을 구현할 수 있을 뿐만 아니라 에너지 소비를 줄일 수 있어 신재생에너지인 태양광, 지열 등과 연계를 통하여 제로에너지 하우스를 구현하는 데 지대한 역할을 할 수 있을 것으로 기대된다.

3.1 기술적 측면

- 한국형 공동주택 환기시설의 표준화로 고급형·중급형·저가형 등 친환경적이고 에너지 절약형 등과 정책 목표에 부합하는 기술 및 표준 확보
- 하이브리드 환기시스템에 관한 통합이론 정립
- 말단터미널 환기필터 등의 요소기술 확보에 따른 환기시스템의 국산화 및 기술력 향상
- 오염입자의 집진필터 신기술 확보
- 저에너지 환기시스템의 통합설계능력 및 제어기술의 확보
- 실내공기환경의 효율적 관리·제어기술의 발전 도모

3.2 사회 · 경제적 측면

- 고급형 환기시설의 수입대체 효과 및 등급에 맞는 다양한 시스템으로, 중국 등 세계 시장도 노릴 수 있다.
- 대부분 수입에 의존하고 있는 환기시스템용 필터의 수입 대체와 수출시장 확보에 기여한다.
- 쾌적한 실내환경 조성으로 국민건강 증대 및 삶의 질 향상에 기여한다.
- 환기시스템의 표준화에 따른 설계비의 절감 및 시공성을 확보할 수 있다.
- 한국형 환기시스템과 고효율 친환경 필터의 운용에 의한 30% 이상의 비용 절감이 가능하다.
- 기존의 건축물의 설비기준 등에 관한 규칙에 상응하는 환기기준을 유지하면서 저에너지 공기정화 환기시스템을 적용함으로써 설비기준의 강화 및 의무규정의 보완 적용이 가능하다.

Renewable Energy-Solar System

12장 신재생에너지 – 태양시스템

한밭대학교 건축공학과 **윤종호** 교수
한밭대학교 건축공학과 **진경일** 교수
(주)에이팩
(주)쏠라테크

1. 연구의 목적

태양열 및 태양광은 모두 태양에너지원을 활용해 열과 전기를 생산한다는 측면에서 매우 유사하지만, 태양광의 경우 연간 발전을 하고, 태양열은 동절기에만 활용한다는 차이점을 가지고 있다. 특히 태양열의 경우 하절기 과열부하에 대한 대책도 시스템 설치의 근본적 요구조건이라 할 수 있다. 공동주택은 밀도가 높기 때문에 태양열 및 태양광을 설치할 수 있는 가용면적의 확보가 매우 어려운 대상 중 하나이다. 특히 제한된 가용면적을 대상으로 어느 부위에 어떠한 시스템을 어느 정도 규모로 적용하는가의 문제는 영향 변수가 매우 많기 때문에 매우 복잡한 문제이다. 이러한 배경에서 본 연구에서는 공동주택의 배치형태, 방위 등의 영향을 고려하여 태양광 및 태양열시스템을 적용할 수 있는 총 가용면적의 평가 각 세대 및 동별 위치에 따른 연간 음영률 평가 등의 태양접근성 평가를 수행했다. 이를 근거로 실제 태양열 및 태양광시스템을 적용할 경우 생산 가능한 열 및 전기량 도출과 총부하 대비 신재생에너지 분담률에 대한 평가를 수행하였다. 연구결과는 동 배치형태, 방위, 동의 단지내 위치, 태양열, 태양광 적용위치, 적용 면적범위, 음영영향, 음영등급별 적용범위 등 다양한 조합을 통해 신재생에너지 시스템을 적용할 경우 예상되는 부하 분담률의 형태로 작성 제시하였다. 그리고 현실적으로 적용 가능한 조합을 선별하여 적용 시나리오를 구성하고 그에 따른 단지규모의 총부하 대비 신재생에너지 기여율을 평가하였다.

1.1 태양접근성 평가

단지의 배치조건과 태양에너지 이용 설치 가능한 면적을 바탕으로 태양접근성 및 음영면적의 등급화 평가를 수행한다.

1.2 재생에너지 시스템 부하매칭 모델링

건물의 부하패턴과 기상조건과의 관계를 바탕으로 태양열의 열부하매칭과 태양광의 전기부하매칭을 모델링하여 태양에너지의 분담률에 대해 평가한다.

1.3 발코니용 진공관식 태양열시스템 개발

연간 급탕부하량의 예측을 통해 공동주택 발코니에 설치 가능한 진공관식 태양열시스템을 개발한다.

2. 연구의 내용

2.1 태양광발전시스템(Photovoltaic System)

2.1.1 태양전지의 원리 및 특징

태양전지는 태양에너지를 전기에너지로 변환할 목적으로 제작된 광전지로서, 금속과 반도체의 접촉면 또는 반도체의 pn접합에 빛을 조사하면서 생기는 광전효과를 이용한 것이다. 태양빛이 닿으면 태양빛은 태양전지 속으로 흡수되며, 흡수된 태양빛이 가지고 있는 에너지에 의해 반도체내에서 전기를 갖는 입자가 발생하여 각각 자유롭게 태양전지 속을 움직이게 되지만, 전자는 N형 반도체로 이동하고 정공은 P형 반도체로 이동하여 전위가 발생하게 된다. 이 때문에 앞면과 뒷면에 붙여 만든 전극에 전구나 모터와 같은 부하를 연결하게 되면 전류가 흐르게 된다.

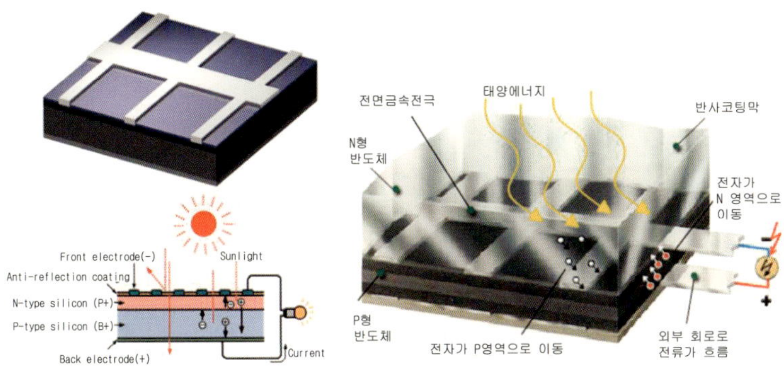

그림 2-1 태양전지의 원리

2.1.2 태양전지의 종류

태양전지는 결정질 실리콘 태양전지와 박막 태양전지로 구분된다. 전체 태양전지 시장의 95% 이상을 차지하는 결정질 실리콘 태양전지는 실리콘 덩어리를 얇은 기판으로 절단하여 제작하며, 실리콘 덩어리의 제조방법에 따라 단결정과 다결정으로 구분된다. 박막 태양전지는 얇은 플라스틱이나 유리 기판에 막을 입히는 방식으로 제조하는 태양전지로써 막의 종류에 따라 비정질 실리콘 태양전지, CIS 태양전지, CdTe 태양전지, 염료감응 태양전지 등으로 분류된다.

2.1.3 태양광발전시스템의 구성

한 개의 태양전지는 약 0.6V의 전압과 3A 이상의 전류를 생성한다. 적절한 전압과 전류를 생성하기 위하여 여러 개의 태양전지를 서로 연결하고 외부환경으로부터 보호하기 위하여 충진재, 유리 등과 함께 압축한 것이 모듈(Module)이다. 태양광시스템은 아래 그림과 같이 태양전지의 셀(Cell)을 기본으로 하여 셀이 모여진 모듈(Module), 모듈로 이루어진 패널(Panel), 패널로 이루어진 어레이(Array)로 구성되며, 결정질 실리콘 태양전지 무듈은 여러 개의 태양전지를 얇은 선으로 연결하여 충진재와 유리기판, Back Sheet 등과 함께 압축시켜 제조한다. 이와 달리 박막 태양전지 모듈은 태양전지 자체가 모듈형태로 제작되며, 후에 보호막을 입히는 과정만 들어간다. 또한, 태양광시스템에는 태양전지 어레이에서 발생되는 최대출력을 유지하기 위한 MPPT(Maximum Power Point Tracker) 회로 및 축전지 또는 DC 전원과의 출력 값을 보정하기 위한 DC-DC 변환기 등으로 구성된 전력제어장치와 AC 전원에 사용하기 위해 태양전지 어레이에서 발생하는 직류전기를 교류로 바꾸어 주는 인버터로 구성되는 PCS(Power Conditioning System)가 필요하다.

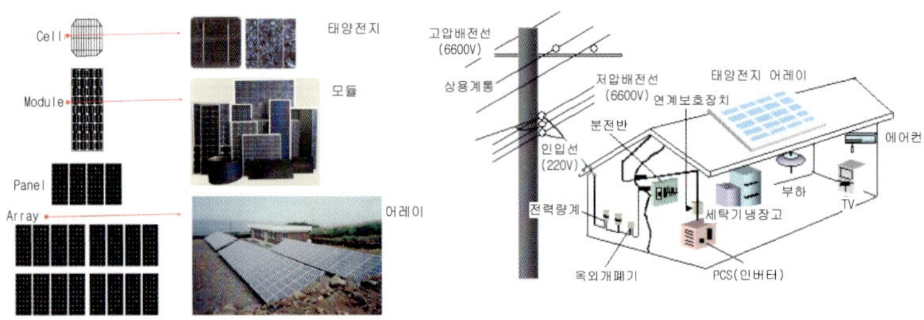

그림 2-2 태양광시스템의 구성(결정질 실리콘 태양전지) 및 시스템 구성도

2.1.4 태양전지의 효율

태양전지의 변환효율은 약 5~20%인데, 태양전지에서의 주요 에너지 손실은 태양전지 표면에서의 반사손실 및 태양전지에 흡수되지 않는 적외선 영역에서 결정계 실리콘 태양전지는 약 26%, 박막 태양전지는 약 41%가 되고, 흡수되지 않거나 이용할 수 없는 에너지가 결정계 실리콘 태양전지에서는 약 49%, 박막 태양전지에서는 약 42%가 된다. 또한 직렬저항과 누전 등 기타 손실은 결정계 실리콘 태양전지에서는 약 7%, 박막 태양전지에서는 약 6%이다. 보통 25℃, 일사량 1,000W의 표준조건에서 태양전지 1㎡의 면적에서 출력되는 에너지는 약 1,00W이다. 이때 태양전지에 그림자가 형성되거나 전지 표면의 온도가 상승하게 되면 시스템 효율은 더 낮아진다. 표준조건에서 박막 태양전지는 약 7~8%, 다결정 실리콘 태양전지는 11~13%, 단결정 실리콘 태양전지는 14~15%, 하이브리드 태양전지는 17~19%의 효율을 보여, 효율면에서는 하이브리드 태양전지가 가장 효과적인 것으로 나타나고 있다. 이러한 태양광발전은 에너지원이 청정 무제한이며 필요한 장소에서 필요량의 발전이 가능하다. 또

한 유지보수가 용이하며 무인화가 가능하고 최소 20년 이상의 긴 수명을 갖는 장점이 있지만, 전력생산량이 지역별 일사량에 의존하고 에너지 밀도가 낮아 큰 설치면적이 필요하며 한정적인 설치장소, 고가의 시스템 비용, 높은 초기투자비용과 발전단가의 단점을 가지고 있다.

2.2 태양열시스템

2.2.1 태양열 원리 및 특징

가. 태양열의 활용

태양으로부터 방사되는 복사에너지가 대기층을 투과하여 지표면에 떨어진 열 및 광 에너지를 모아 필요한 곳에 이용하는 기술로 태양열의 흡수 · 저장 · 열변환 등을 통해 온수급탕, 건물의 냉 · 난방, 산업공정열, 농수산분야, 폐수처리, 열발전 등에 활용한다.

나. 태양열의 특징 및 자원량

장 점	단 점
- 무공해, 무한량, 무가격의 청정에너지원 - 기존의 화석에너지에 비해 지역 편중이 적음. - 지구온난화 대책으로 탄산가스 배출을 저감할 수 있는 대체에너지원	- 고급에너지로 엔트로피가 낮음. - 밀도가 낮고 간헐적임. - 유가의 변동에 따른 영향이 크며, 현재 유가에 비해 비경제적임.

대체에너지는 그 기술과 최종에너지의 형태에 따라 태양열, 태양전지, 풍력발전, 소수력 발전, 폐기물 소각 열 및 발전, 바이오매스 에너지(바이오 가스, 가스화 발전, 바이오 연료), 지열에너지, 해양에너지, 수소에너지, 연료전지 등 여러 가지로 나눌 수 있지만 1차 에너지원은 태양(빛, 열), 바람, 물, 바다의 자연에너지원을 이용하여 청정한 에너지를 얻는 것이므로 자원의 부존량은 거의 무한대이다.

우리나라의 자연에너지 자원은 확인 잠재량으로 11억 6천만TOE이며 가용자원량은 그 약 9.5%에 해당하는 1억 1천만TOE인 것을 알 수 있다. 한편, 대체에너지 자원량의 상당 부분은 태양에너지이며 풍력, 바이오매스 에너지 자원 등이 그 뒤를 잇고 있다. 그리고 이와 같은 수치는 우리나라의 2000년도 총에너지 수요가 연간 약 1억 9천만TOE임을 감안하면 괄목할만한 에너지양이다.

2.2.2 태양열시스템의 구성

태양열시스템이란 태양광선의 파동 성질을 이용하는 태양에너지 광열학적 이용분야로 태양열의 흡수 · 저장 · 열변환 등을 통하여 건물의 냉 · 난방 및 급탕 등

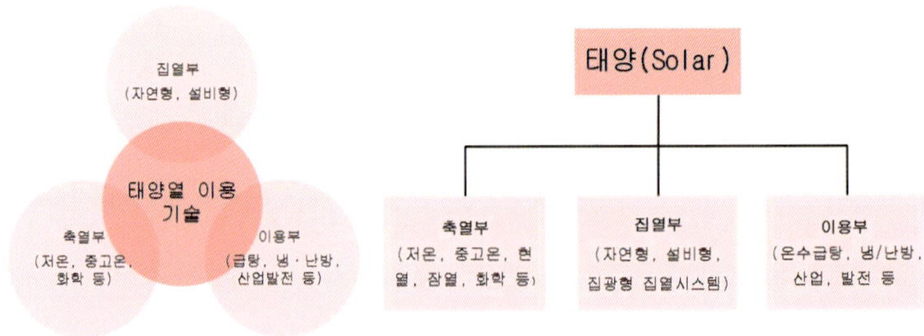

그림 2-3 태양에너지 시스템 구성

에 활용하는 기술로 집열부, 축열부, 이용부로 구성된다.

2.2.3 집열부 : 집열기의 종류

집열기는 집열온도에 따라 저온용과 중·고온용으로 나누어지며, 저온용에는 평판형과 진공관식 집열기가 있고, 중·고온용에는 CPC, PTC, Dish형 집광장치, 태양로(Solar Furnace), 태양열 발전 타워(Solar Power Tower) 등이 있다. 여기서는 일반 건물에서 많이 사용되는 평판형 집열기와 진공관형 집열기에 대하여 설명한다.

가. 평판형 집열기

국내외적으로 가장 많이 보급된 것으로 주로 온수 급탕 및 난방용으로 사용된다. 평판형 집열기는 전일사량, 즉 직달 및 산란일사 성분 모두를 집열할 수 있다는 점과 태양광을 추적하지 않아도 된다는 장점이 있으며 특히 저온에서의 집열효율이 높다. 집열온도가 높을수록 집열효율이 크게 저하되어 일정온도(동절기의 경우 80℃ 이상) 이상에서는 거의 집열이 되지 않는다.

나. 진공관형 집열기

평판형 집열기와 집열방식은 거의 동일하나 흡수판을 진공유리관 내부에 위치시켜서 대류에 의한 열손실을 없게 만든 집열기이다. 현재 상용화된 진공관식 집열기는 유리관이 2중으로 되어 있고 그 사이가 진공인 이중진공관식 집열기와 단일 유리관을 사용하고 그 유리관 내부 전체가 진공인 단일진공관식 집열기가 있다. 또한 평판형 집열기에 비해 고온에서 집열효율이 높기 때문에 난방뿐 아니라 흡수식 냉방 등에도 적용된다.

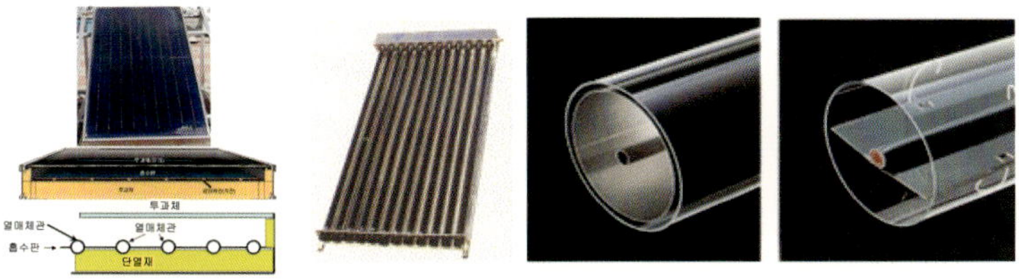

그림 2-4 평판형 집열기 형상 및 단면(1번째) / 진공관형 집열기 형상 및 단면

2.2.4 이용부 : 태양열 급탕, 난방시스템

가. 태양열 온수급탕시스템

태양열 온수급탕시스템은 다음 그림과 같이 집열기와 축열조, 그 사이에 열교환기 및 열매체 순환펌프, 그리고 보조 보일러로 구성되는 것이 일반적이다. 집열기에서 집열된 태양열은 집열열교환기에 의해서 축열조로 저장된다. 축열조에서 온수로의 공급은 이 그림과 같이 보일러에 의해서 원하는 온도로 승온되어 공급된다. 일반적으로 보조 열원과의 연계는 설비형 태양열 급탕, 축열 직접가열식 및 저탕조 별도가열식으로 크게 3가지 방식이 있다. 아래의 왼쪽그림 방식은 태양열 축열조로부터 공급되는 온수가 원하는 온도보다 낮을 경우 보일러에 의해서 순간 가열되어 공급된다. 이 시스템은 태양열이 없어도 보일러에 의해서 원하는 온도로 공급해줄 수 있을 정도로 보일러 용량이 커야 한다. 가운데는 보일러가 태양열 축열조 상단부를 원하는 온도로 가열해서 공급하는 방식이다. 오른쪽은 별도의 저탕조를 두어 항상 보일러에 의해서 원하는 온도로 가열해 놓는 방식이다.

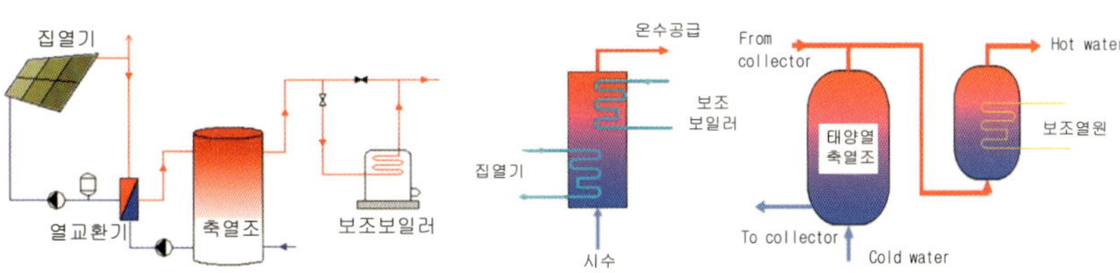

그림 2-5 설비형 태양열 급탕 / 축열조 직접가열식 / 저탕조 별도가열식

나. 태양열 난방시스템

태양열 난방시스템은 온수급탕시스템과 집열부는 동일하다. 단지 축열조로부터 난방부로 공급되는 것과 보조 보일러와의 연결이 약간 다르다. 태양열 난방시스템에서 보조 보일러와의 연결은 그림 2-6과 같이 될 수 있다. 태양열로 난방이 부족하거나 불가능할 경우 보일러에 의해서 난방이 이루어진다. 이 외에는 온수급탕시스템과 동일하다. 다음 표를 살펴보면 우선 태양열 급탕시스템은

연중 사용할 수 있을 뿐만 아니라 태양열 작동온도도 낮기 때문에 시스템 효율도 약 10%(평판형 기준) 이상 높아진다. 이러한 이유 때문에 태양열은 난방보다는 급탕분야에 이용하는 것이 효과적이며, 따라서 전세계적으로 난방보다는 급탕분야에 주로 적용되고 있는 것이다.

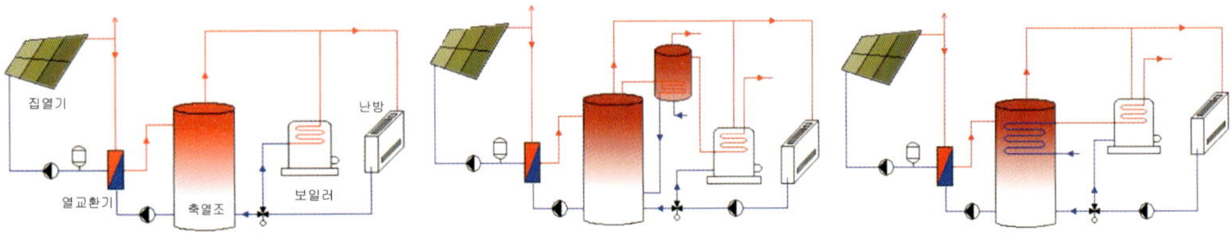

그림 2-6 전형적인 태양열 난방시스템(좌), 순간온수(중), 분리방식(우)

표 2-1 태양열 급탕과 난방시스템 비교

구 분	급탕시스템	난방시스템	비 고
연중 사용기간	연중 시스템 가동	하절기 부하 없음	-
가열온도	시수온도에서부터 가열	40℃ 에서부터 가열	-
태양열 작동온도	낮다	높다	-
시스템 효율	높음(40~45%)	낮음(약 30~35%)	평판형 기준

2.3 태양접근성 평가

2.3.1 아파트 동 배치에 대한 경우의 수 고려

공동주택에서 태양에너지 장치의 설치 가능부분은 지붕, 외벽, 공용부지 등이다. 이러한 장소에 태양열 및 태양광 이용 장치를 설치할 경우 그 효율은 공동주택의 단지형태 및 향에 따라서 차이가 발생하게 된다. 따라서 연간 일사수열 영역의 등급화가 필요하다.

2.3.2 공동주택에 태양에너지 이용 설치 가능면적 산출

단위세대 및 최상부의 지붕면을 대상으로 태양에너지 시스템을 적용할 수 있는 가능면적을 구분하여 단위세대, 동 및 단지규모로 평가한다.

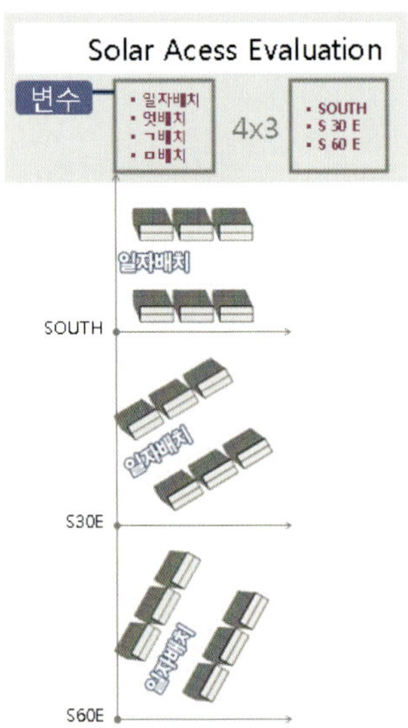

그림 2-7 방위변화 3 유형

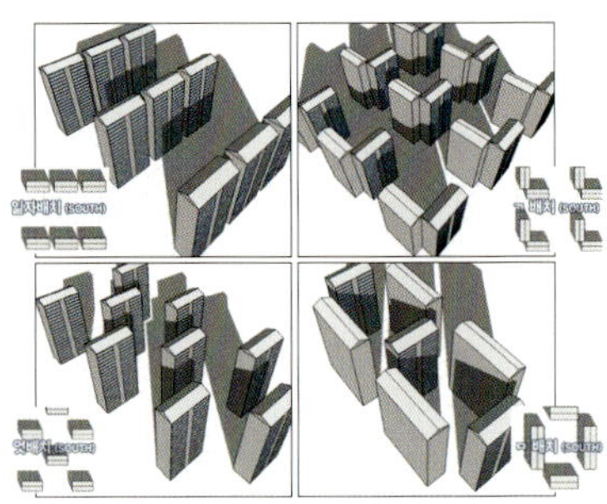

그림 2-8 배치형태 4유형

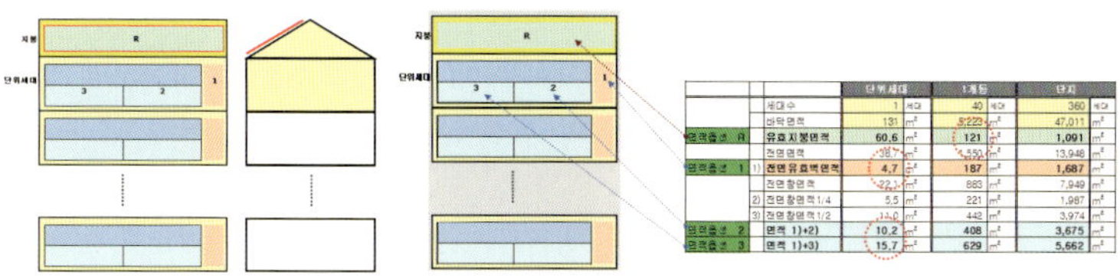

그림 2-9 태양열시스템 설치면적 검토

2.3.3 태양접근성 및 음영면적 등급화 평가

태양열 또는 태양광시스템 적용 시 경제성 및 설치 가능면적 조건에 따른 적용 가능 등급과 구분영역 자료로 활용하기 위하여 적산일사량 감소율 90~100% 영역(평균음영계수로는 0~10%)을 A등급으로, 80~90%영역(B등급), 70~80%영역(C등급), 60~70%영역(D등급), 50~60%영역(E등급)의 총 5개 등급으로 구분하여 태양접근성 평가를 수행하였다. 태양접근성의 평가결과는 태양열, 태양광시스템의 적정 설치위치를 결정하는 목적 외에 각 단위세대의 위치에 따라 연간 일사를 확보할 수 있는 능력, 또는 일조권의 상대적 우열 위치, 태양접근성 측면에서 공동주택의 적정 배치형태 등에 대한 종합적 판단자료로도 매우 효과적으로 활용될 수 있을 것이다.

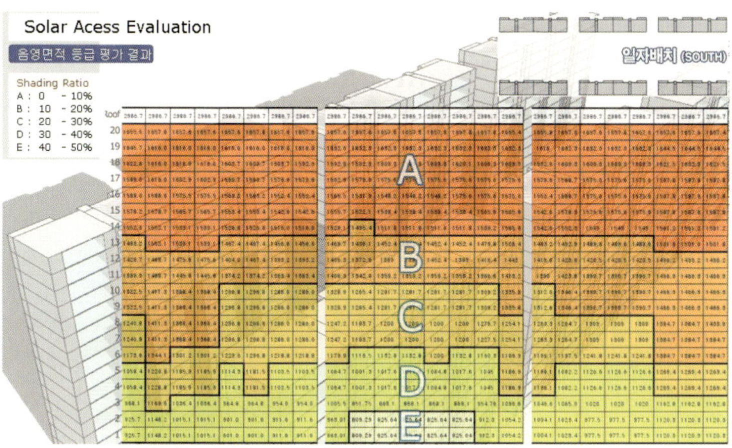

그림 2-10 단지음영면적 평가결과

2.4 재생에너지 시스템 부하매칭 모델링 연구

주거단지에서 재생에너지의 분담은 난방 및 급탕에 의한 요구와 조명 및 기타 전기기구 사용을 위한 전기의 요구가 있다. 본 연구에서는 국내 공동주택의 현실적 여건을 고려해 열부하의 경우 급탕 및 난방+급탕 부하를 대상으로 태양열 시스템을 적용하는 것으로 한정하였으며, 전기부하의 경우 결정계 PV모듈만을 통해 부하분담을 하는 것으로 가정하였다. 태양접근성 평가 연구결과를 통해 적용 가능한 부위 및 면적과 음영영향에 대한 계수가 도출되었기 때문에, 본 단계 연구에서는 다양한 가능성으로 태양열 및 태양광 시스템을 적용했을 때 과연 어느 정도의 열생산 및 전기생산이 가능한지의 여부와 전체 단지의 총부하 대비 몇 %를 신재생에너지로 충당 가능한지의 여부를 평가한다.

2.4.1 부하패턴과 기상조건

시뮬레이션을 통한 시간별 난방부하 변화를 도출하였으며, 급탕의 경우 선행 조사연구 결과에 기반하여 1년간의 시간별 급탕부하 변동 프로파일을 작성하였다. 전기부하의 경우 각각의 가전기기 사용패턴에 대한 선행연구 결과를 취합하여 연간 전기부하 프로파일을 작성하였다.

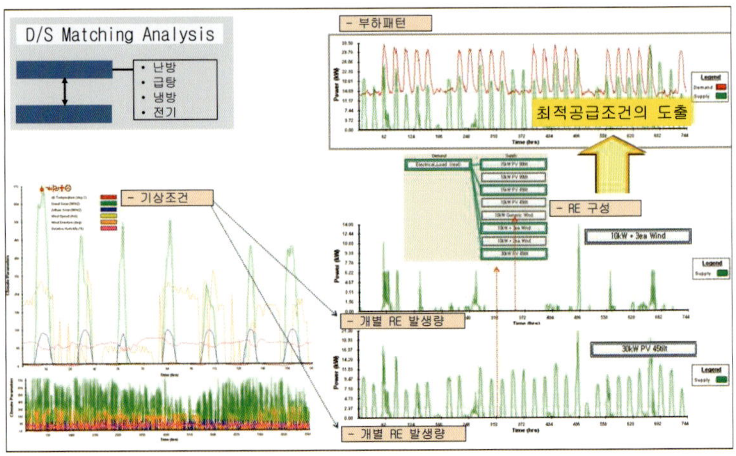

그림 2-11 태양열 에너지 수요 / 공급량 분석

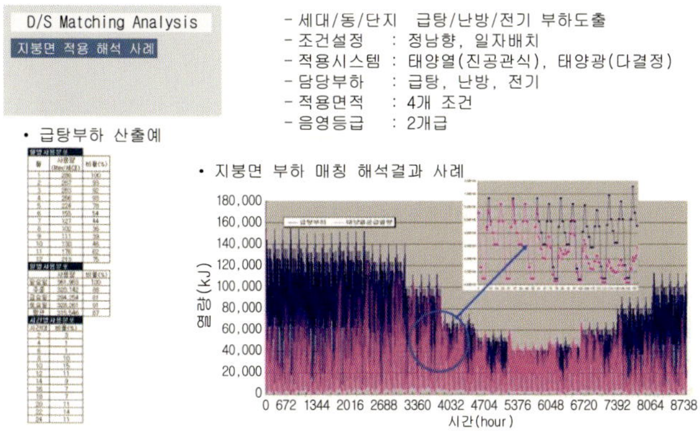

면적옵션 3의 조합결과			총부하	PV 생산량 (kWh/yr)	신재생분담율
정남	벽면	6개동 합	779,178	329,358	42.3%
		전면 3개동 합	389,589	154,659	39.7%
	옥상	9개동 합	1,168,768	130,394	11.2%
	옥상 + 벽면(면적옵션 3)		1,168,768	614,411	52.6%
남동 30	벽면	6개동 합	779,178	305,715	39.2%
		전면 3개동 합	389,589	157,468	40.4%
	옥상	9개동 합	1,168,768	130,394	11.2%
	옥상 + 벽면(면적옵션 3)		1,168,768	593,577	50.8%
남동 60	벽면	6개동 합	779,178	234,191	30.1%
		전면 3개동 합	389,589	117,045	30.0%
	옥상	9개동 합	1,168,768	130,394	11.2%
	옥상 + 벽면(면적옵션 3)		1,168,768	481,630	41.2%

부하종류	총부하 kWh/yr	총부하 kWh/m2.yr	구성비
전기	1,168,768	24.9	20%
급탕	1,098,198	23.4	19%
난방	3,602,323	76.6	61%
총부하	5,869,288	124.8	100%

난방면적	130.6	m2/세대
총세대수	360	세대
총면적	47,016	m2/단지

	옥상	전면			부하기여율	
조합 시나리오	태양광	대응 열부하 종류	시스템 적용면적	음영등급 적용범위	신재생 생산량 (kWh/yr)	신재생 분담율 (SSF)
1	옥상 태양광	급탕	면적옵션1	A등급	326,737	5.6%
2	옥상 태양광	급탕	면적옵션1	A+B등급	444,111	7.6%
3	옥상 태양광	급탕	면적옵션2	A등급	443,146	7.6%
4	옥상 태양광	급탕	면적옵션2	A+B등급	630,109	10.7%
5	옥상 태양광	난방급탕	면적옵션1	A등급	309,766	5.3%
6	옥상 태양광	난방급탕	면적옵션1	A+B등급	416,994	7.1%
7	옥상 태양광	난방급탕	면적옵션2	A등급	469,207	8.0%
8	옥상 태양광	난방급탕	면적옵션2	A+B등급	671,750	11.4%

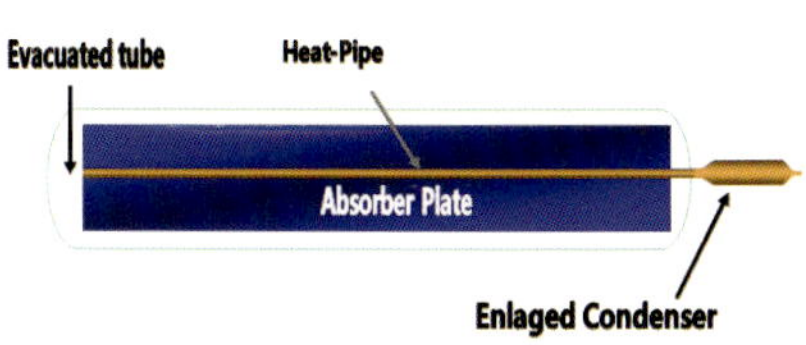

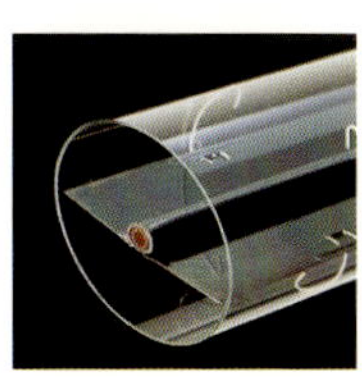

그림 2-12 태양열 에너지 수요 / 공급량 분석

2.4.2 태양열 열부하 부하매칭 모델링 결과

진공관식 태양열 집열기를 전면 단위세대별로 설치하는 경우 불투명 벽체에만 적용하는 면적옵션과 건물의 음영계수가 80% 이상인 세대에만 적용할 경우 급탕 시 총 급탕부하의 29%, 난방+급탕시 총열부하의 6%를 태양열로 공급 가능하다.

2.4.3 태양광 전기부하 부하매칭 모델링 결과

국내 위도 여건상 연간 발전을 고려할 때 최적 설치각도라 할 수 있는 지붕에 PV모듈을 설치할 경우는 약 11%를 태양광으로 충당할 수 있는 것으로 나타났다.

2.4.4 공동주택용 태양에너지 적용 시나리오에 따른 신재생에너지 분담률 평가

전체 단지의 총전기에너지 소비량 중 9개동 지붕에 설치된 태양광 발전시스템을 통해 11.2%의 전기에너지를 충당할 수 있는 것으로 나타났다.

건물 전면에 설치된 진공관식 집열기를 통해 급탕에너지를 공급할 경우는 면적옵션 및 음영등급 적용대상 범위에 따라 총급탕 소비량의 18~46%를 태양열로 공급 가능한 것으로 평가되었다. 난방+급탕의 열부하를 담당할 경우는 면적옵션 및 음영등급 적용대상 범위에 따라 총열에너지 소비량의 4~12%를 태양열로 공급 가능한 것으로 평가되었다.

2.5 발코니용 진공관식 태양열시스템 개발

2.5.1 진공관식 태양열 집열기 및 축열조

집열판과 유리관 사이가 진공으로 열손실이 적고, 외기의 영향을 거의 받지 않으며, 히트파이프를 사용하여 비교적 적은 온도차에서도 열 수송능력과 열 응답성이 빠른 장점이 있다. 세대별 인원수와 사용량을 고려하여 축열조의 용량을 산정한다.

2.5.2 집열기 및 시스템 상세설계

그림 2-13 집열기 디자인 스터디 및 설치사례

2.6 태양에너지 시스템 설계 및 시공 고려사항

2.6.1 태양광시스템(BIPV)을 위한 고려사항

구 분	고 려 사 항
설계요소와 발전성능	태양접근성(건물배치), 설치각도(방위/경사), 음영(인접건물, 식생), 온도
건축과의 조화성	형상과 색상, PV와 건물 통합수준, 건축척도와 모듈크기
배선	의장적 처리기술, 외피 관통문제, DC와 AC의 문제
안전	파손, 도난, 번개
시공성	외피시공방법, 방화, 적설하중, 풍압, 내압성, 시공순서
접근성 및 유지성	세척, 유지, 수리 교체, 도난 반달리즘
경제성 및 부가가치	환경적 영향, 건축적 영향, 사회적 영향, 경제적 영향

2.6.2 태양열시스템을 위한 고려사항

가. 동파방지대책

동절기 집열부의 동파방지방법에 따라서 부동액방식과 자동배수방식으로 구분된다. 부동액방식은 집열기 순환매체로 부동액을 사용하여 동절기 동파를 방지하는 시스템이며, 자동배수방식은 집열부내의 열매체인 물의 온도가 0℃ 가까이 내려가면 동파를 방지하기 위해서 집열기 및 집열배관내의 물이 축열조나 별도의 저장탱크나 외부로 배출되었다가 집열이 될 조건에 다시 채워지는 방식이다.

나. 집열기향 및 경사도

집열기의 향은 가능한 한 정남향으로 하되 불가피한 경우 정남에서 ±15° 이내에서는 큰 변화는 없다.

경사각은 연중 사용하는 경우에는 위도와 같게 하되, 동절기에 집열량을 많게 해야 할 분야에서는 주로 위도보다 더 높은 경사각을 사용(약 위도 +15도)한다.

다. 태양열시스템 규모 결정

태양열시스템 규모는 열부하의 몇 %를 태양열로 감당할 것인가에 의해 결정되며, 태양열 집열기 면적이 늘어날수록 시스템 효율이 감소되기 때문에 태양열로 난방인 경우는 약 50% 내외, 온수급탕인 경우는 60~70% 내외를 적용한다.

3. 기대효과

3.1 학술적 측면

- 공동주택 설계 변수별 에너지 소비 영향력 데이터 및 통합 설계지침을 확보한다.
- 국내에 태양에너지를 이용한 재생에너지 시설의 공동주택 적용의 사례를 남긴다.
- 시뮬레이션을 통하여 태양에너지 사용 가능성에 대한 기초적 자료를 확립한다.
- 태양광 발전기 및 태양열 집열기를 주택에 적용하기 위한 다양한 세부적 디테일 개발한다.

3.2 기술적 측면

- 공동주택단지를 위한 RE 시스템의 최적부하 매칭을 통한 공급모델을 개발하고보급한다.
- 공동주택을 위한 태양열, 태양광, 응용기술을 확립한다.
- 발코니 공간의 효율적 활용을 통한 태양광, 태양열시스템의 보급모델 개발 및 이를 실용화한다.
- 태양광 발전기 및 태양열 집열기를 주택에 적용하기 위한 다양한 세부적 디테일을 개발한다.

3.3 경제적 측면

- 개발 기술 적용을 통하여 건물에너지 절감 및 환경부하의 저감을 추구한다.
- 재생에너지 활용시스템의 보급 및 확산을 통한 국가에너지 및 온실가스 문제에 대처한다.
- 친환경건축물을 위한 관련시장의 활성화 가치를 상승시킬 수 있다.

Renewable Energy-GSHP System

13장 신재생에너지 – 지열시스템

한국에너지기술연구원 **이의준** 박사

제인상사(주)

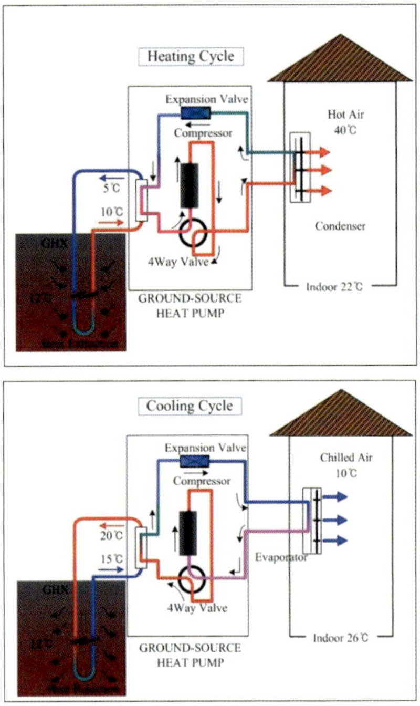

그림 1-1 지열원 히트펌프 시스템의 작동원리

1. 연구의 목적

지열원 히트펌프 시스템은 지중 열교환기와 히트펌프 유닛으로 구성된 시스템으로 냉 · 난방 기능에서 냉매의 흐름을 조절함으로써 하나의 단일 시스템으로 운전이 가능하다. 냉방운전 시에는 히트펌프의 히트싱크로 지중을 이용하고 난방운전 시에는 히트펌프의 열원으로 지중열을 이용함으로써 기존의 냉 · 난방 설비보다 에너지 소비량이 적고 기존 상용의 외기 열원 히트펌프 시스템에 비해 냉매량과 에너지 소비량이 적다. 지열 히트펌프 시스템은 다른 열원을 사용하는 히트펌프 시스템에 비하여 효율이 높은 시스템으로서 특히 다른 대체에너지 설비에 비해 실외로 노출되는 기기가 없어 설치공간에 이점이 있고 냉방운전 시 응축열을 대기중이 아닌 지중으로 버리기 때문에 도시지역의 열섬현상을 차단할 수 있다. 그러나 지중열원 히트펌프시스템은 지중열교환기 설치를 위한 부지와 설치비용면에서 제약을 받는다. 이는 적용할 건물이 커질수록 지중열교환기 설치비용은 더욱 상승하게 된다. 이러한 점을 보안하기 위해 제안된 방식이 복합 지열원 히트펌프 시스템이다.

이에 본 연구에서는 복합 지열원 히트펌프 시스템으로서 지열 및 우수 열원 하이브리드 시스템의 개념을 제안하고 평가하는 것을 목표로 한다.

1.1 지열시스템 최적 설계 평가기술의 개발

공동주택에 적용된 기존 열원기기 대비 지열원 히트펌프와 우수지열원 히트펌프의 성능 예측 및 통합적 분석을 수행한다.

1.2 히트펌프 성능평가방법 및 모델 개발

ISO 기준 규격을 이용한 성능평가방법을 검토하고, 전산프로그램인 ESS를 활용한 평가 모델을 개발한다.

1.3 지열 및 우수 열원 히트펌프 시스템 개발

복합 지열원시스템으로 우수 열원을 이용한 방식의 시스템을 제안하고, 실험을 통하여 시스템 성능을 평가한다.

2. 연구의 내용

2.1 지열에너지 시스템

지열이란 지표면의 얕은 곳에서부터 수 ㎞ 깊이에 존재하는 뜨거운 물과 암석을 포함한 땅이 가지고 있는 에너지를 말한다. 오른쪽 그림에서와 같이 태양열의 약 46%가 지표면을 통해 지하에 저장되며, 이렇게 태양열을 흡수한 땅속의 온도는 지형에 따라 다르지만 지표면 가까운 땅속의 온도는 약 10~20℃ 정도로 연중 큰 변화가 없으나 지하 수 km의 지열온도는 40~150℃ 이상을 유지한다. 이렇듯 지열은 태양과 지구가 존재하는 한 계속 생성되는 에너지의 보고로 지열에너지원은 무궁무진하다 할 수 있다. 우리나라의 경우 일본, 이태리 등과 같은 화산지대가 거의 존재하지 않아 심층지열 이용은 매우 어려운 것으로 나타나고 있으며, 이에 따라 현재는 지하 100~150m 깊이의 지열을 이용하는 시스템의 개발 보급이 점차적으로 활성화되고 있다.

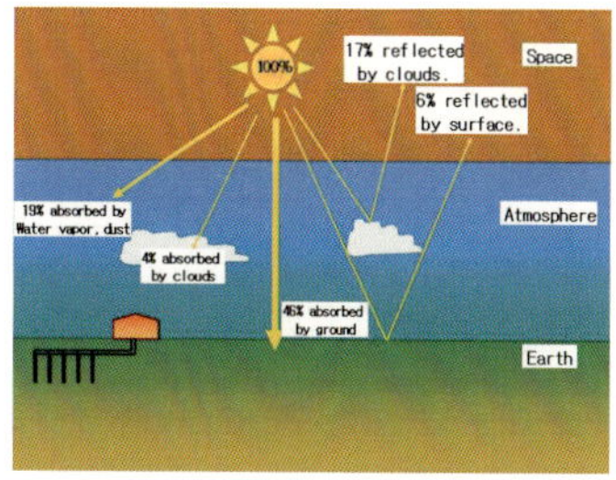

그림 2-1 태양에너지와 지열에너지

2.1.1 지열에너지 분류 및 특징

지열에너지는 지하 수km 깊이의 지열원(증기)을 이용하는 심부지열 자원과 300m 이내의 연중 일정한 온도 자원을 이용하는 천부지열 자원 (지하수 열 자원 포함)으로 분류된다.

가. 심부지열 (High Enthalpy System)

〉 120℃ (or 150℃) 범위의 에너지 자원

물 + 증기, Hot Dry Rock

간접이용 (지열 발전)

나. 중저온성 (Low Enthalpy System)

〈 120℃ (or 150℃) 범위의 에너지 자원

지열수, Hot Dry Rock

직접이용 : 지역난방–시설영농–양어–제설의 Cascade Use

Binary Power Plant

다. 천부지열

지하 300m 이내로 태양복사에너지에 의한 자원

연중 일정한 온도를 유지

Geothermal Heat Pump (GHP) 이용 냉 · 난방시스템으로 활용

2.2 지열원 열펌프 시스템의 종류

지열원 히트펌프 시스템은 열원 또는 히트싱크의 종류에 따라 토양열원 히트펌프, 지하수 열원 히트펌프, 지표수 열원 히트펌프, 그리고 복합 지열원 히트펌프 시스템 등으로 나눌 수 있다.

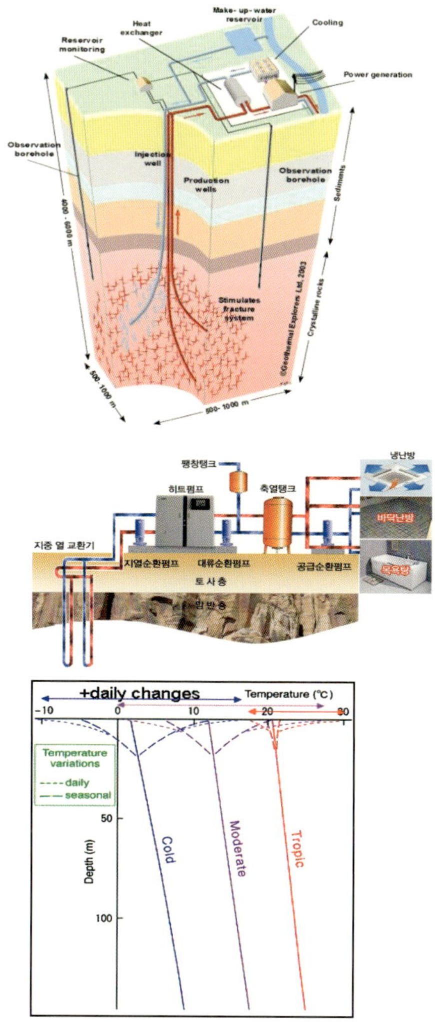

그림 2-2 심부지열과 천부지열의 계절에 따른 온도분포

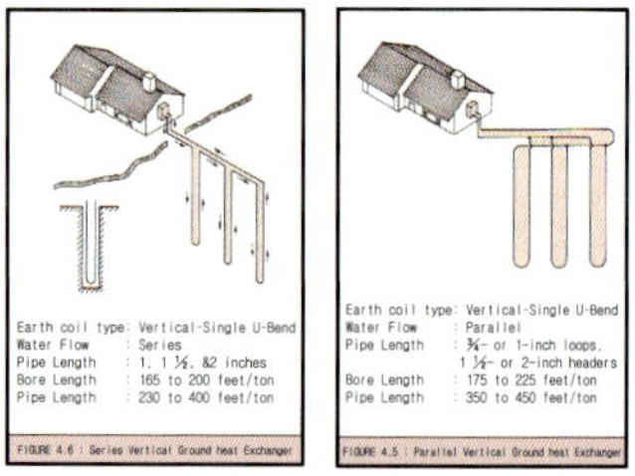

그림 2-3 수직형 지중열교환기

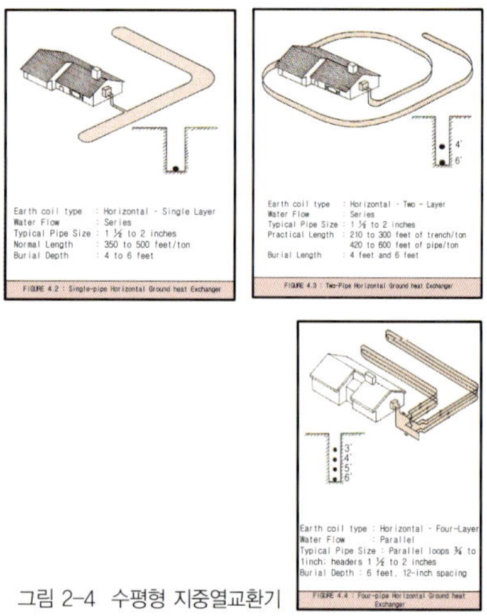

그림 2-4 수평형 지중열교환기

2.2.1 지중 열원 히트펌프 시스템

지중 열원 히트펌프 시스템은 지중열교환기의 형상에 따라 수직형과 수평형으로 구분된다. 수직형의 지중열교환기는 토양속에 수직으로 매설된다. 타 시스템에 비해 이 시스템의 지중열교환기는 매설에 필요한 부지를 적게 필요로 한다. 또한 지중열교환기를 냉 · 난방 용량에 따라 다양한 깊이로 매설할 수 있다. 전체 토양 열원 히트펌프 중 배관 및 부동액 이송동력이 적게 소요되기 때문에 가장 효율이 높은 시스템이다. 일반적으로 수직형 지중열교환기는 직경 100~150mm, 깊이 75~180m의 보어홀(Borehole, 시추공)을 지면에서 천공(Drilling)한 후 고밀도 폴리에틸렌 파이프를 U자 관으로 하여 삽입하고, 이 파이프와 보어홀 사이의 빈 공간을 적절한 재료로 채움(그라우팅)으로써 완성된다(Kavanaugh, Rafferty, 1997). 수평형인 경우 지중열교환기 파이프가 지면에 수평으로 매설되고 시공비용은 수직형에 비해 저렴하다. 학교나 공공기관 및 운동장, 주차장과 같이 지중 열교환기 파이프를 매설할 수 있는 부지가 충분할 경우 경제적인 시스템이다. 반면에 지중 열교환기 파이프가 지면에서 1.5~3m의 깊이로 굴착된 트렌치(Trench, 골)에 매설되기 때문에 효율은 수직형에 비해 낮다. 이는 수평형 지중열교환기 파이프가 매설되는 위치에서 지중온도 및 지중 열 물성치 등은 계절 및 연간 강우량 등이 영향을 받기 때문이다.

그림 2-5 Slinky Type 수평형 지중열교환기

2.2.2 지하수 열원 히트펌프 시스템

지하수 열원 히트펌프 시스템은 양질의 지하수가 풍부할 때, 이를 열원 또는 히트싱크로 활용하는 시스템이다. 이중개방형 시스템은 전체 시스템 중에서 가장 효율이 우수하지만, 지하수에 포함되어 있는 오염물질이 배관 및 열교환기에 파울링(Fouling) 또는 스케일(Scale)을 야기할 수 있다. 그래서 지하수의 수질이 우수하다고 판명되었을 때만 이 시스템을 적용할 수 있고, 시스템 설계가 적절하지 못하거나 수원이 깊으면 지하수 순환펌프의 소비동력이 증가하게 된다.

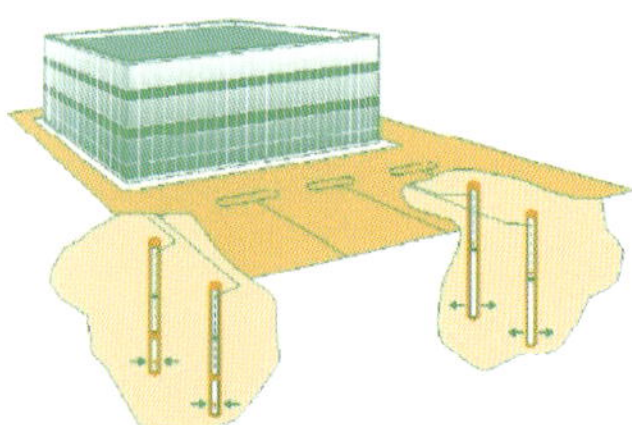

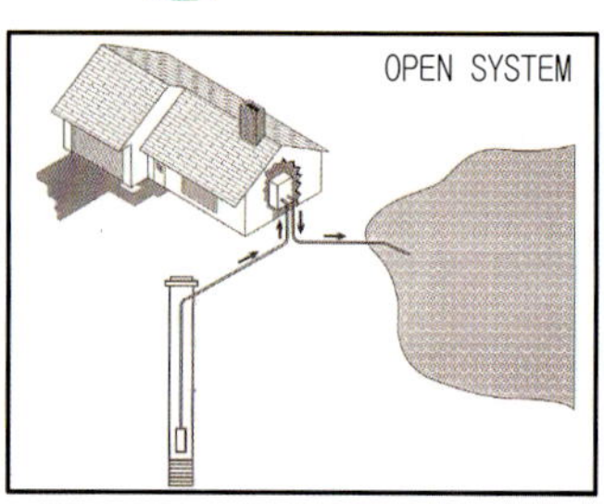

그림 2-6 지하수 열원 히트펌프 시스템, Open Type 지중열교환기

2.2.3 지표수 열원 히트펌프 시스템

지표수 열원 히트펌프 시스템을 보여주고 있다. 지표수 열원 히트펌프 시스템은 자연 또는 인공연못 그리고 호수 등을 열원 또는 히트싱크로 활용한다. 지중열교환기 순환유체는 펌프에 의해 물속에 잠긴 지중열교환기와 히트펌프의 열교환기 내를 순환한다. 일반적으로 밀폐형 지표수 열원 히트펌프는 나선(Spiral) 형상의 지중열교환기를 사용한다. 열원이나 히트싱크로 사용되는 연못 또는 호수의 크기가 작은 경우, 외기 온도 변화의 영향을 받아 효율이 다소 감소할 수 있다.

그림 2-7 지표수 열원 히트펌프 시스템

그림 2-8 지표수 열원 열교환기

2.2.4 복합 지열원 히트펌프 시스템

지중열원 히트펌프 시스템은 지중열교환기 설치를 위한 부지와 설치비용 면에서 제약을 받는다. 이는 적용할 건물이 커질수록 지중열교환기 설치비용은 더욱 상승하게 된다. 이러한 점을 보완하기 위해 제안된 방식이 복합 지열원 히트펌프 시스템이다. 이 시스템은 지열원 히트펌프와 냉각탑(냉방 사이클) 또는 보일러(난방 사이클) 등을 보조 열원으로 병행함으로써 지중열교환기의 길이 및 개수 등을 줄일 수 있다. 다음 그림은 냉각탑과 판형 열교환기를 수직형 지열원 히트펌프에 연결한 시스템을 보여주고 있다. 정해진 수준의 부하까지는 지중열교환기를 이용하고, 설정 수준을 넘어서는 부하에 대해서는 냉각탑을 동시에 가동하게 된다. 난방 시 복합 지열원 히트펌프는 상용 난방설비에 주로 사용되는 보일러 또는 태양열 집열판 등을 보조열원으로 사용할 수 있다. 보조 히터를 함께 연결한 복합지열원 시스템이다.

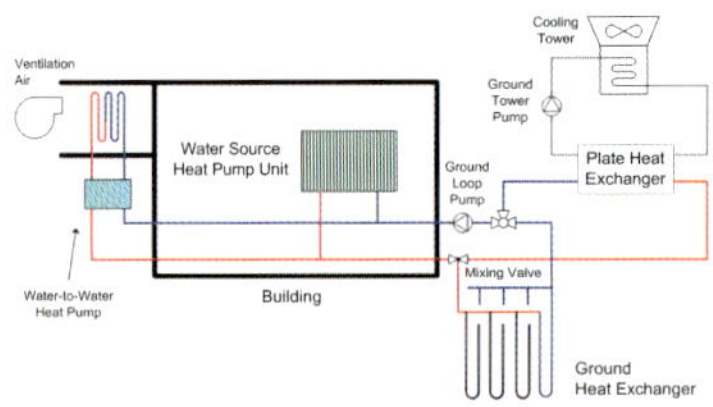

그림 2-9 냉각탑을 병용한 복합시스템

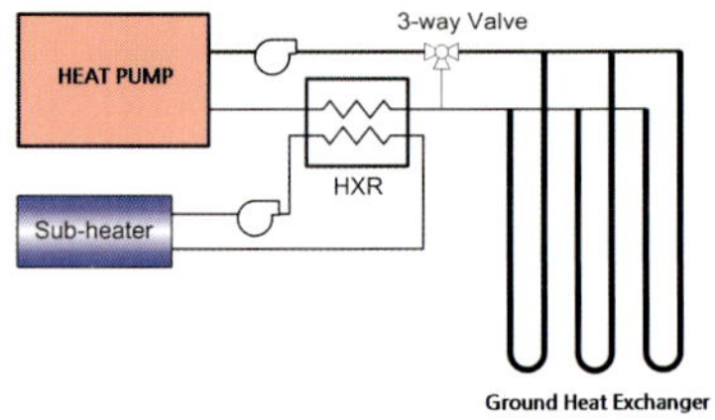

그림 2-10 보조 열원을 병용한 복합시스템

2.2.5 에너지 말뚝형

에너지 말뚝형 히트펌프 시스템은 건축물의 토목공사 시 현장타설말뚝, 가시설 벽체, 베드기초 등에 지중열교환기를 삽입하는 방식으로 유럽에서는 일반적으로 시공되는 방식이다. 지열시스템을 우리나라에 도입하는 초기에는 미국기술 위주로 기술을 도입하여 보급하였으나 최근 유럽의 기술을 도입하며 소개되고 있는 방식이다. 수직밀폐형의 경우 지중열교환기를 매설하기 위해 100~200m의 보어홀을 천공해야 하지만, 에너지 말뚝형은 건축물의 지지를 위한 기초말뚝에 열교환기를 삽입하므로 천공비용이 필요없다는 장점을 갖고 있다. 또한 건축물이 차지하고 있는 부지에 설치하므로 공간적인 이익도 생기게 된다. 단, 기초에 열교환기를 삽입하므로 토목구조 등과 같은 전문적인 능력을 갖고 이를 설계해야 한다 .

그림 2-11 에너지 말뚝형 지중열교환기

2.3 지열시스템 최적 설계 평가기술의 개발

신재생에너지 이용 요소기술의 사업타당성 분석에 사용되고 있는 RETScreen 프로그램을 이용하여 공동주택에 적용하여 기존 열원기기 대비 지열원 히트펌프의 성능 예측 및 통합 분석을 수행하였다.

표 2-1 평가모델 개요

대상모델		주거용 100RT급 지열원 히트펌프		건물의 난방부하 (W/㎡)		난방 34.1
		인천				
대상 건물 연면적(㎡)		3,306				냉방 91.8
보어홀 종류		수직형 폐회로형		지열원 히트 펌프 시스템	난방	Kw 113.7
보어홀 설치면적(㎡)		2,802				
총 보어홀 길이(m)		9,634				COPh 3.1
기존 냉·난방 시스템	난방(가스)	연간 열수요/최대열수요	284MWh/ 112.7kWh			
		연간 연료소비/소비율	34,041㎥/ 580원/㎥		냉방	Kw 305
	냉방(전기)	연간 열수요/최대열수요	744MWh/ 303.5kWh			
		연간 연료소비/소비율	248MWh/ 68원/kWh			COPc 4.0

지원열 히트펌프 시스템	초기투자비용	5억 1천만원
	내부수익률	3.4%
	단순투자회수기간	17.8년

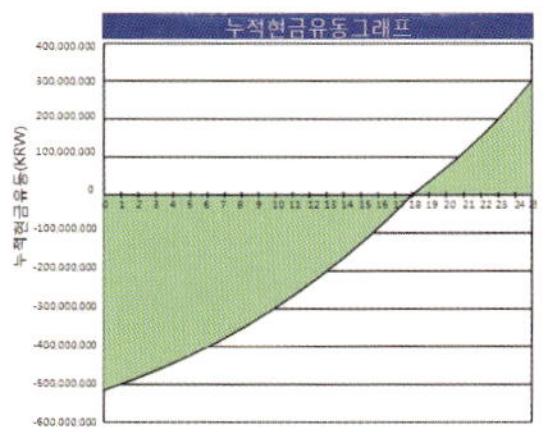

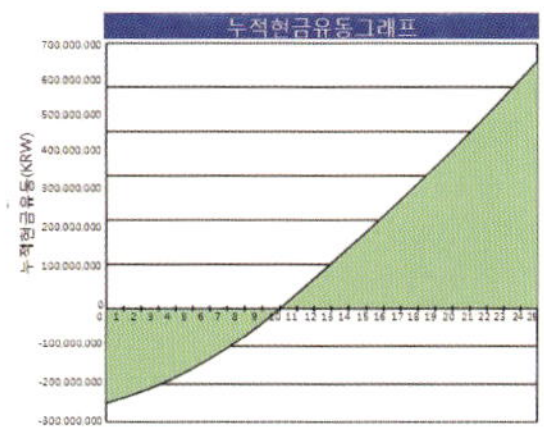

정부 보조금(50%)이 있는 경우는 연간 내부수익률은 10.0%, 단순투자회수기간 10.1년으로 나타났다.

2.4 ISO형 히트펌프 성능 평가방법 및 모델 개발

ISO형 히트펌프 성능 평가방법 히트펌프의 성능인증의 가장 큰 단점은 오직 제조사에서 출시될 시점의 유닛의 기계적인 성능에만 관심이 있으며 설치되어진 후의 시스템 성능에는 아무런 관심을 두지 않는 것이다. 현장에 설치될 히트펌프는 주위 환경에 의해 시스템 성능이 많은 영향을 받을 수 있는 시스템으로 이러한 영향에 의한 성능 저해요소를 해결해야 한다. 또한 성능 저해요소 해결 방안이 ISO 규격에 준하는 성능 데이터의 오차범위를 벗어나지 않아야 한다.

성능 확인 수행과정 절차에 의해서 검토되어진 사항은 실제 성능 데이터를 LWT, EWT, COPc, COPh, 냉난방 능력, 소비전력 등과의 함수 관계로 나타낼 수 있으며, 이에 따른 성능 곡선을 ISO형 성능차트 성능 곡선과 비교분석한다. 위의 수행절차를 초기 혹은 주기적으로 반복함으로써 지열 히트펌프 시스템이 현장 설치 후 평상시에 운전 시 최적의 성능이 유지될 수 있도록 한다. 또한 성능 확인 수행과정 절차 접근방법은 여러 가지로 제시될 수 있으나 가장 근본적인 목적은 지열 히트펌프의 성능이 제성능으로 발휘할 수 있도록 하는 것으로, 본 장에서는 ISO 규격 성능 곡선과 실제 성능 곡선을 통한 분석을 통해 간편하고 명료하게 근본적인 목적에 접근할 수 있는 기법을 개발하였다.

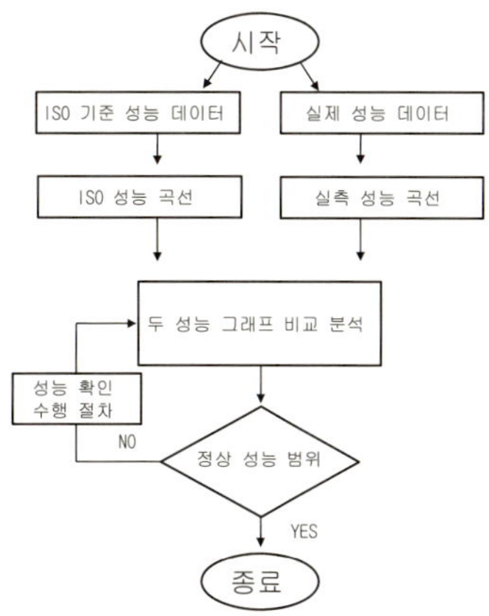

그림 2-12 ISO형 히트펌프 성능평가방법

표 2-2 ISO 기준 성능 데이터

EST °F	LOAD FLOW			SOURCE FLOW - 16 GPM							
	Flow GPM	PD		LLT °F	HC kBTUH	Power kW	HE kBTUH	COP	LST °F	Source PD	
		PSI	FT HD							PSI	FT HD
30	16.0	2.6	6.0	70.7	82.7	4.58	67.0	5.3	21.4	4.1	9.5
	22.0	5.4	12.5	67.7	82.6	4.50	67.2	5.4	21.3	4.4	10.2
	28.0	8.1	18.7	66.1	82.5	4.43	67.4	5.5	21.3	4.4	10.2
50	16.0	2.6	6.0	74.6	113.2	4.96	96.3	6.7	37.6	4.1	9.5
	22.0	5.4	12.5	70.6	113.1	4.83	96.6	6.9	37.6	4.1	9.5
	28.0	8.1	18.7	68.3	112.9	4.71	96.9	7.0	37.5	4.1	9.5
70	16.0	2.6	6.0	78.5	143.7	5.34	125.5	7.9	53.8	3.8	8.8
	22.0	5.4	12.5	73.5	143.5	5.16	125.9	8.1	53.8	3.8	8.8
	28.0	8.1	18.7	70.6	143.4	4.99	126.3	8.4	53.7	3.8	8.8

표 2-3 실제 측정 성능 차트

EST °F	LOAD FLOW			SOURCE FLOW - 16 GPM							
	Flow GPM	PD		LLT °F	HC kBTUH	Power kW	HE kBTUH	COP	LST °F	Source PD	
		PSI	FT HD							PSI	FT HD
30	16.0	2.4	5.5	90.6	82.2	6.13	61.3	3.9	22.1	4.4	10.2
	22.0	5.1	11.8	87.7	82.3	6.05	60.5	4.0	22.1	4.4	10.2
	28.0	7.8	18.0	86.1	82.4	5.96	59.6	4.1	22.0	4.4	10.2
50	16.0	2.4	5.5	94.3	110.7	6.57	88.3	4.9	38.6	4.1	9.5
	22.0	5.1	11.8	90.4	110.7	6.43	88.8	5.0	38.6	4.1	9.5
	28.0	8.1	18.7	88.2	110.7	6.29	89.2	5.2	38.5	4.1	9.5
70	16.0	2.4	5.5	97.9	139.3	7.00	115.4	5.8	55.1	3.8	8.8
	22.0	5.1	11.8	93.0	139.1	6.81	115.9	6.0	55.1	3.8	8.8
	28.0	8.1	18.7	90.2	138.9	6.61	116.4	6.2	55.0	3.8	8.8

2.5 지열 및 우수 열원 히트펌프 시스템 개발

2.5.1 시스템 개념 및 구성

지열 및 우수열원을 이용한 히트펌프 시스템이란 지열은 물론 우수저장소의 우수를 보조열원으로 사용하는 지열 및 우수열원을 이용한 히트펌프 냉·난방시스템이다. 물 부족국가인 우리나라에서는 우수를 저장하고 저농도 오수의 재이용을 통해 물 사용량 절감 및 실제 현장에 적용하여 그 효과가 입증되고 있으며, 이와 같은 우수를 물리적 수자원으로서의 의미뿐만 아니라 열적 자원으로서 이용하는 우수를 열원을 활용하는 지열 및 우수열원 히트펌프 시스템이다. 우수를 열원을 활용함으로써 지중열교환기 천공비를 줄일 수 있으며 지열원시스템의 가장 약점인 초기투자비의 저감효과 및 시스템 성능 개선이 가능하다.

실제 지열원 히트펌프 시스템 설치 시 설치비용의 약 40~60%는 지중열교환기(수직 밀폐형) 설치비용에 사용되어지며, 과도한 지중열교환기 설계는 지열원 히트펌프 설치비 증가를 가져올 수 있는 반면 시스템의 성능면에서 지중열교환기는 토양을 열원으로 사용하기 위한 중요한 요소로써 적정 용량 이하로 설치될 시 시스템이 성능을 저하시키는 요인이 될 수 있다. 이러한 문제점은 우수열원을 적극 활용하여 보완함으로써 기존에 수직밀폐형 지열원 히트펌프 시스템에 대해서 설치비용이 5~10% 감소하여 기존 시스템 대비 Payback 기간을 줄 수 있을 것이며, 최소의 비용으로 최대의 시스템 성능 보장을 위함과 동시에 시스템의 가치를 상승시킬 수 있다.

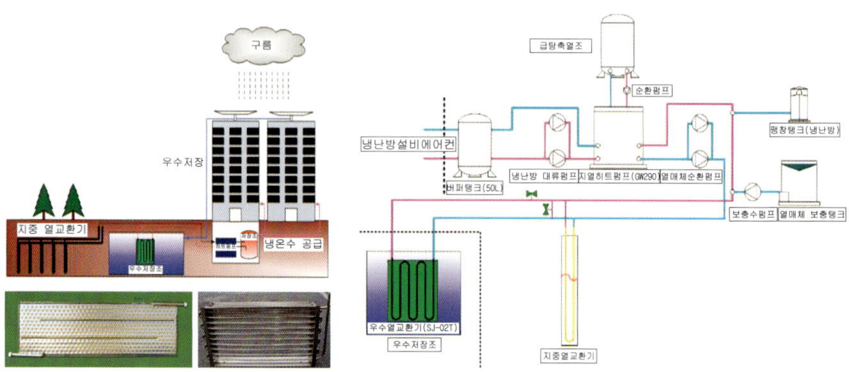

그림 2-13 지열 및 우수열원 히트펌프 시스템 구성도

2.5.2 우수 · 지열원 히트펌프 시스템 성능 평가

우수 · 지열원 히트펌프 시스템의 성능 확인을 평가하기 위하여 지중열교환기, 1RT급 우수용 열교환기 및 2.5RT급 지열 히트펌프를 구성하고 시스템 성능 테스트 장치를 구현하여 실험을 실시하였다.

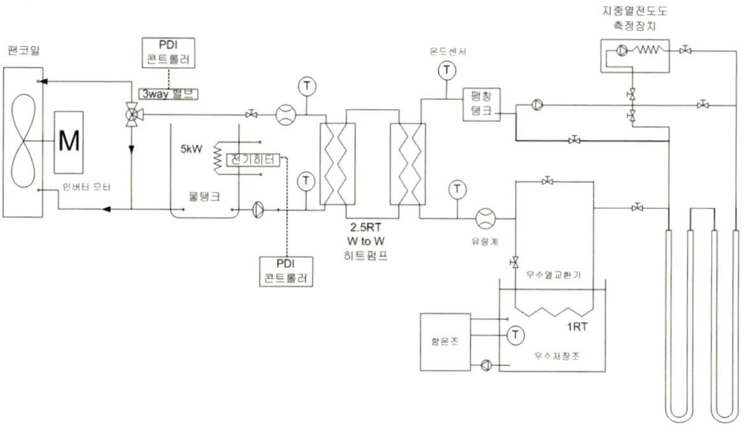

그림 2-14 지열 및 우수열 히트펌프시스템

그림 2-15 100m 깊이로 천공되어진 수직형 밀폐형 지중열교환기로 2RT급에 해당하는 용량

그림 2-16 우수용 열교환기는 1RT급의 공조기 코일형 열교환기

그림 2-17 2.5RT급 지열 히트펌프

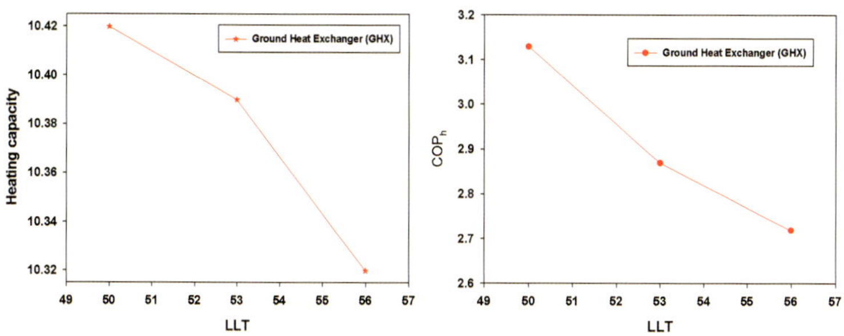

그림 2-18 지열 히트펌프 성능

- 부하측 공급온도가 높아질수록 난방능력은 감소
- 부하측 출구 공급온도가 높아질수록 COPh는 낮아짐.

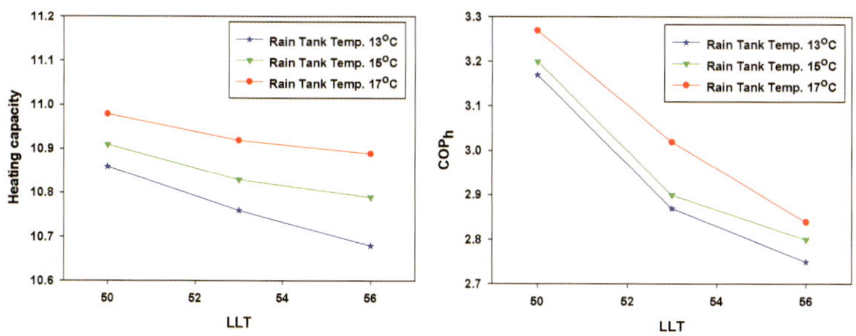

그림 2-19 우수열 히트펌프 성능

- 부하측 출구온도가 높을수록 난방능력은 낮아지며 우수저장조 온도가 높아질수록 난방능력은 높아짐.
- 우수저장조 온도가 높아질수록 COPh가 높아졌으며, 또한 이러한 수치는 지중열만을 사용하였을 때보다 높게 나타남.

COPh 지중열교환기 출구온도와 가까운 13℃일 경우 미미한 성능 향상을 보이지만, 15℃, 17℃인 경우 5%이내로 소폭 상승하는 것을 알 수 있으며 난방능력인 경우 전반적으로 5% 내외로 상승하였다.

3. 기대효과

지열에너지 자원은 연중 안정적이며 항구적으로 이용 가능한 우리나라 유일의 지중에 부존하는 가용열에너지 자원이다. 전 세계 재생에너지 사용량의 70%를 차지하고 있으며, 매년 10% 이상의 증가추세를 보이고 있다 그러나 국내 지열에너지 개발 기술은 선진국에 비해 30년 늦게 시작한 상황이다. 우리나라는 현재 에너지자원, 지열원의 안정성, 지열 이용 장치의 효율성, 지열 이용 환경의 보존성 등으로 많은 연구 개발이 필요한 시점이다. 지열원 히트펌프 시스템은 기존의 주거용 및 비주거용 냉·난방시스템에 비해 높은 에너지 절약효과 및 신재생에너지를 이용하는 친환경적인 시스템이다. 시스템의 가장 큰 장점은 기존 공조시스템에 비해 25~30%의 적은 전력을 소비한다. 지열원 히트펌프 시스템은 공기 열원 시스템에 비해 44%까지 그리고 냉·난방을 전열기기로 사용하는 경우와 비교하면 72%까지 에너지 소비를 절감할 수 있다고 보고되고 있다.

참고문헌

1. IGSHPA CGD 교육자료, 공인강사 이의준
2. KS B ISO 13256-1, 2
3. KS C 9306
4. 동부건설, 2005 신재생에너지학회-송윤호, 한국지질자원연구원
5. Kavanaugh, 1997, Rafferty
6. 강신형, 2009.1, "지열 냉난방 발전 시스템의 개요 및 현황". 설비저널
7. 김두성, 김천용, 이재호, 엄철준, 2002.6, "커미셔닝의 절차 및 시방". 2002 대한설비공학회 하계학술발표대회 논문집
8. 이의준, 2006.6, "지열원 열펌프 시스템 기술 연구 현황 및 현안". 2006 대한설비공학회 하계학술발표대회 논문집
9. http://www.geothermal.ch/
10. http://www.enercret.com
11. http://www.retscreen.net/
12. IGSHPA CGD 교육자료, 공인강사 이의준
13. http://www.geothermal.ch 동부건설, 2005 신재생에너지학회-송윤호 한국지질자원연구원
14. IGSHPA CGD 교육자료

Integrated Models of greenhome^plus

14장 그린홈 플러스 통합모델

친환경건축연구센터

1. 그린홈 플러스 추진 배경

1.1 지구 환경적 위기와 건물 에너지 소비 증가

전 세계적으로 지구온난화로 인한 기후변화와 에너지 위기에 대응하기 위하여 기후변화협약(UNFCCC) 및 코펜하겐 기후정상회의 등 환경보존의 논의가 뜨겁다. 지난 150년 동안 지구 평균 온도는 1℃ 가까이 상승했으며 학자들은 이러한 온도상승의 주범이 화석연료를 연소하는 과정에서 발생하는 이산화탄소라고 말하고 있다. 또한 지구온난화의 가속화로 인해 나타날 엄청난 폐해들을 주장하고 있다. 뿐만 아니라 산업혁명 이후로 전 세계는 산업화에 따라 전적으로 화석연료에 의존해왔지만 화석연료는 한계를 보이며 에너지 시장의 위기상황을 만들어가고 있다. 이러한 이유로 화석연료의 사용을 획기적으로 줄이고 빠른 시간안에 청정 에너지원으로 대체하는 일이 절박해지고 있다. IEA의 2006년 통계자료를 보면 전 세계 에너지 소비 중 건물에서 사용되는 에너지가 약 35.4%를 차지하고 있다. 건물부문의 에너지 소비 비중은 개발이 진행될수록 산업과 수송부문의 비중이 높아져 감소하지만, 선진국으로 갈수록 에너지 집약적 산업에서 탈피하고 서비스 산업의 비중이 높아짐에 따라 다시 증가하는 경향을 보인다. 미국, 영국 등에서는 약 40%의 에너지가 건물부문에서 소비되고 있으며 전력에너지의 소비 비중은 76%에 이른다. 따라서 기후변화 대응에 앞장 선 선진국들은 건물의 에너지 효율화를 위한 대책이 시급한 실정이다.

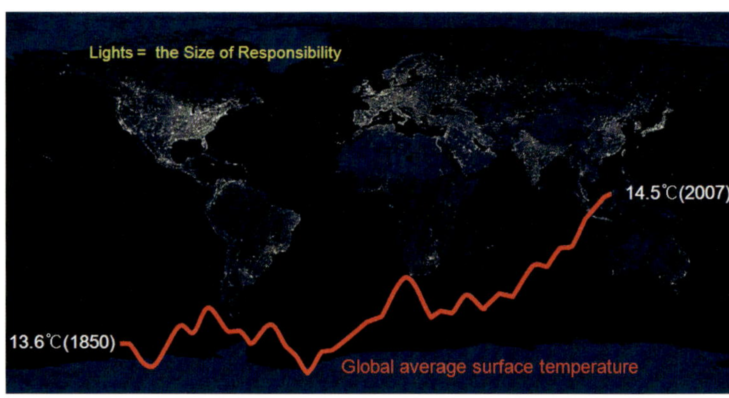

그림 1-1 지구 온난화

1.2 국내 건물부문 에너지 소비

국내에서도 건물부문의 에너지 소비는 꾸준히 증가하는 추세에 있고 비중으로 보면 가정부문이 약 53%를 차지하고 있어 절대적 영향력이 크다. 정부에서 '저탄소 녹색성장'의 일환으로 발표한 '그린홈 보급사업'도 이러한 파급효과를 겨냥한 것으로 주거부문의 에너지 효율화는 물리적 성능 개선의 영향뿐만 아니라 대중적 홍보효과, 교육적 효과를 가져다 줄 수 있다.

1.3 주거건물 에너지 소비형태와 공동주택 대상 연구의 필요성

가정부문의 에너지 소비형태를 분석한 자료를 보면 겨울철에 에너지 소비가 급증하는 것으로 나타나며, 이는 용도별로 구분하였을 때 난방에너지의 비중이 크다는 것을 보여준다. 용도별 에너지 소비 그래프를 살펴보면 난방이 59%, 냉방이 1%, 조명이 4%로 급탕, 취사, 전기기기 등의 활동에 필요한 에너지를 제외한 실내환경 조절을 위한 에너지 소비가 64%로 나타난다.

이는 건물의 냉난방 채광 등의 환경조절 성능 향상의 중요성을 말해주고 있는 것으로, 국내 건물에너지효율등급 인증제도에서는 난방에너지를 기준으로 에너지 성능을 평가하고 있다. 그리고 독일의 패시브하우스의 경우에는 기존 난방에너지에 비해 80% 정도 절감된 연간 난방에너지 15kWh/㎡라는 절대량을 기준으로 저에너지 주택을 인증하고 있다. 따라서 냉·난방, 조명, 환기 등에 필요한 에너지 절감을 위해 건물의 건축적 환경조절 성능 및 냉난방 설비시스템 효율을 향상시키는 것에 초점을 맞춰 진행하는 것이 효과적이다. 국내에서 주택을 대상으로 하는 연구개발이나 정책들의 실효성이 큰 것은 국내 주택형태의 대부분을 차지하고 있는 것이 아파트 공동주택이기 때문이다. 특히 아파트형 공동주택은 2005년 주택 제고의 53%를 차지하고 있으며 1990년 이후 건설된 신축주택의 77%, 2007년 주택 건설 실적 중 86%를 차지하고 있는 것으로 나타났다.

이는 단독주택이 대부분을 차지하는 서구 선진국들의 주택형태와는 다르게 우리나라는 공동주택이라는 형태로 주거가 대량 공급되기 때문에 개발된 기술이나 정책의 파급효과가 클 것으로 예측할 수 있다. 나아가 신축뿐만 아니라 기존 공동주택의 리모델링 수요까지 대상에 포함할 수 있으며 개발밀도가 높은 동남아 시장 진출 가능성까지 고려할 수 있다. 따라서 저에너지 친환경 공동주택 모델의 개발은 건물부문의 에너지 효율 향상뿐만 아니라 건설산업의 해외진출에도 기여할 수 있을 것으로 판단된다.

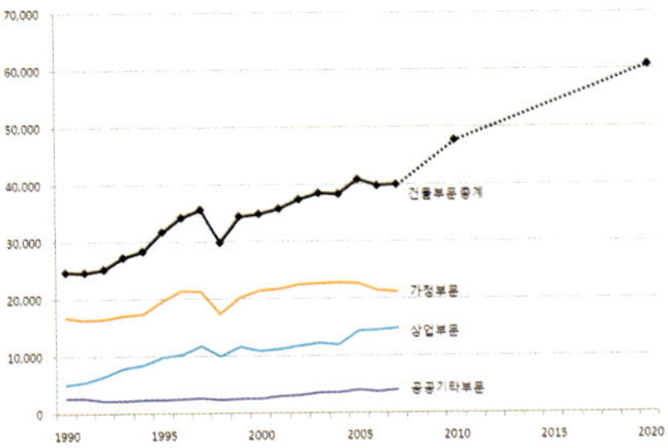

그림 1-2 건물부분 에너지 소비 증가

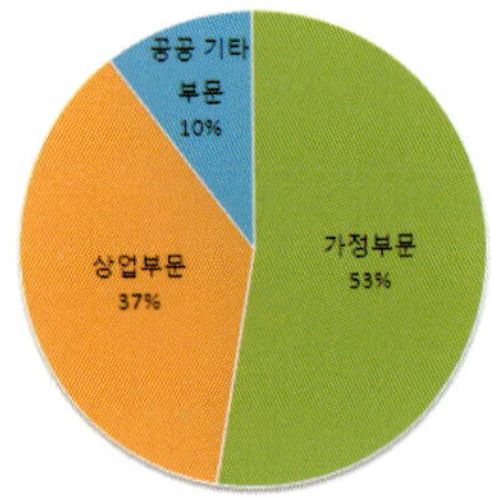

그림 1-3 건물부분 에너지 소비 비중(2007)

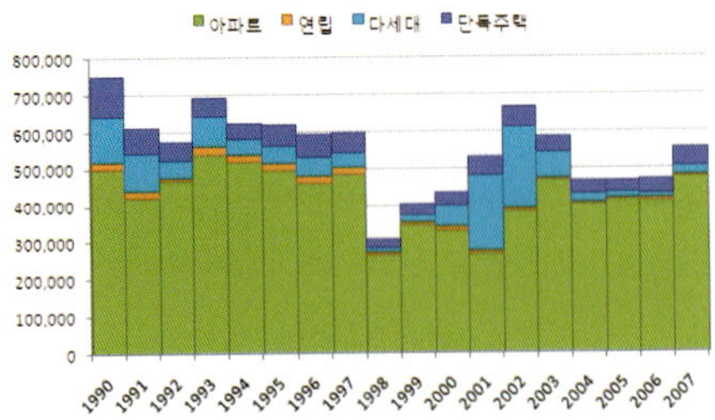

그림 1-4 연도별 주택유형별 건설 실적

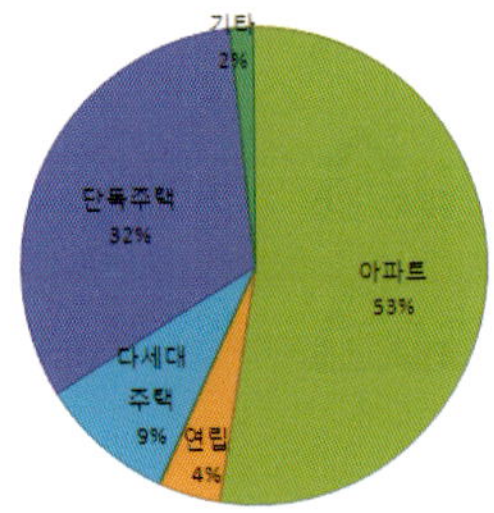

그림 1-5 2005주택 유형별 현황

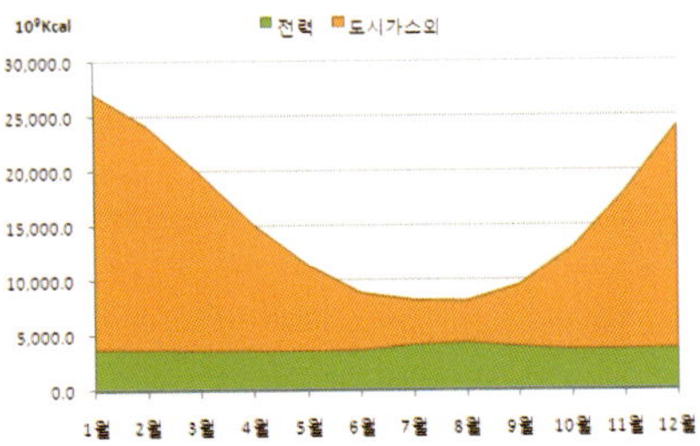

그림 1-6 2007년 가정부문 원별에너지 소비

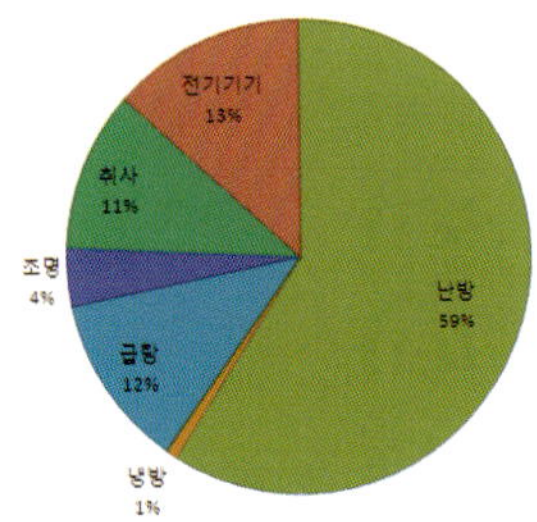

그림 1-7 가정부문 용도별 에너지 소비

2. 그린홈 플러스의 정의 및 차별성

2.1 그린홈 플러스의 정의

친환경건축연구센터가 추진한 그린홈 플러스는 연구센터를 통해 개발되었거나 또는 시중에 개발되어 있는 저에너지 친환경 요소기술을 적용한 통합 모델의 성능을 실증적으로 검증하기 위한 실험주택이다.

기존의 연구개발에 의한 성능 검증 작업은 단위 요소기술의 Mock-up 실험에 의한 것과 이를 바로 실제 사업과 연계한 Test Bed 사업으로 이루어져 있었다. 그러나 요소기술 단위의 Mock-up 실험 결과는 여러 기술들이 복합적으로 영향을 미치는 건축 에너지 환경 분야의 연구를 검증하는데 여러 가지 변수들을 고려하지 못한 단점이 있어 실제 건설산업에 적용되는 데 한계를 가지고 있다. 특히 주택이라는 자산가치가 높은 상품을 대상으로 하고 있고 거주자의 건강과 쾌적에 직접적으로 영향을 미치기 때문에 신기술의 적용이 어려웠다. 이러한 어려움을 극복하기 위해 센터에서 제시한 해결책이 실제 공동주택과 같이 여러 기술들이 종합적으로 적용된 그린홈 플러스이다. 그린홈 플러스는 요소기술 단위의 성능 검증을 목적으로 구축되는 것이 아니라 통합적인 공동주택 모델의 성능을 검증하기 위한 실험주택으로써 통합 모델별로 에너지 성능 목표를 가지고 있으며 Substantiality, Energy/CO_2, Comfort/Health, Cost/Value 등 종합적 성능을 평가하도록 계획되었다.

그림 2-1 그린홈 플러스의 정의

2.2 그린홈 플러스의 차별성

가. 한국형 저에너지 공동주택 모델의 개발과 검증

- 국내 공동주거 형태에 적합한 현실적인 저에너지 모델 대안을 개발하고 검증함.
  · 해외는 단독주거에 대한 연구 위주이며, 국내의 공동주택모델 검증은 세계최초
  · 중저층형 공동주거에 적용할 수 있는 건축기술 개발
  · 공동주택의 형태를 고려하여 활용 가능한 신재생에너지의 타입 및 생산량 등을 결정
- 저에너지 주택 모델 구축에 필요한 핵심기술의 국산화, 자립화 실시
- 요소기술들의 통합기술 개발

나. 단계별 성능 목표 구현

- 기술발전 단계를 고려한 건물 및 시스템의 성능을 점진적으로 향상시킨 친환경 공동주택의 표준적인 모델 구축
- 에너지 측면에서 체계적인 검증 프로세스 실시
  · 유럽의 패시브하우스 프로젝트 중 CEPHEUS 모델과 같이 설계 이후 실제 에너지 사용량에 대한 검증과정을 국내 최초로 실시
  · 통합 성능뿐 아니라 각 요소기술들의 성능 검증 및 실제 거주상황에서 발생할 수 있는 문제점 등을 그린홈 플러스를 통해서 검증

다. 국가적인 전략수립 지원 및 Risk Hedge

- 2025년 이후의 장기적인 관점에서 적용될 수 있는 주거모델을 실제로 구축하고 검증함으로써 국가의 정책적인 의사결정 지원 가능
- 저에너지 주거 모델을 급격하게 도입하는 현 시점에서는 신규 적용 기술의 하자와 운영상의 문제점들에 대한 검토가 미진한 상태임. 그린홈 플러스를 통해 선행 검증을 수행하고, 정책적인 실패 또는 하자 및 주거모델의 오류로 인한 사업 주체의 경제적인 손실을 미연에 방지할 수 있음.

라. 한국형 저에너지 주거 모델의 Showcase

- 국내 저에너지 주거 모델의 홍보를 위한 거점으로 활용
- 국내외 관계자에 대한 홍보 및 교육자료로 활용

3. 그린홈 플러스의 목적

- 저에너지 친환경 미래 주택 모델 제시
- 지속적인 연구개발을 통해 개발된 기술의 적용, 통합적 성능 검증
- 실증적 모델 공개를 통한 저에너지 친환경 주택 홍보, 시장 적용
- 전문적 기술 교육을 통한 기술 확산
- 국제적 홍보 및 검증 데이터 제공을 통한 세계시장 진출 기반 확보

그림 3-1 그린홈 플러스의 목적

4. 그린홈 플러스 계획

4.1 그린홈 플러스 설계전략

그린홈 플러스를 통해 검증될 저에너지 친환경 공동주택 모델은 1개의 Base Model과 4개의 통합모델로 계획되었다. 4개의 통합모델은 greenhome[plus]-40, 60, 80, 100으로 에너지 성능을 단계적으로 향상시키도록 계획하였다. 먼저 greenhome[plus] 40 모델은 2011년 연구 종료 시기에 상용화될 수 있도록 계획하고 에너지 절감 목표를 40%로 설정하였다. greenhome[plus] 60 모델은 60%의 에너지 절감 목표를 설정하였으며 greenhome[plus] 80과 greenhome[plus] 100 모델은 80% 절감 목표와 탄소 제로를 목표로 설정하였다. 각 모델의 성능 목표를 달성하기 위한 첫 번째 단계는 부하를 줄이기 위한 기술의 적용으로 건물의 외피 단열성을 높였다. 각 모델별로 열관류율을 높이고 차양을 통합한 외피시스템을 적용하여 냉·난방 부하를 감소시켰다. 또한 친환경 자재를 적용해 환기부하를 줄이고자 하였다. 각 모델의 에너지 성능은 거의 첫 번째 단계에서 결정된다. 두 번째 단계는 시스템의 성능을 향상시키는 것으로 모델별 냉·

난방, 환기시스템은 에너지 성능과 적용 가능성, 쾌적성을 고려해 적용하였다. 세 번째 단계는 시스템이 사용하는 열원을 결정하는 것으로 태양열시스템을 이용한 급탕시스템을 4개 모델 모두 적용하였으며, 태양광시스템과 지열과 우수열을 이용한 히트펌프 시스템을 적용해 탄소제로 모델의 성능을 달성할 수 있도록 하였다.

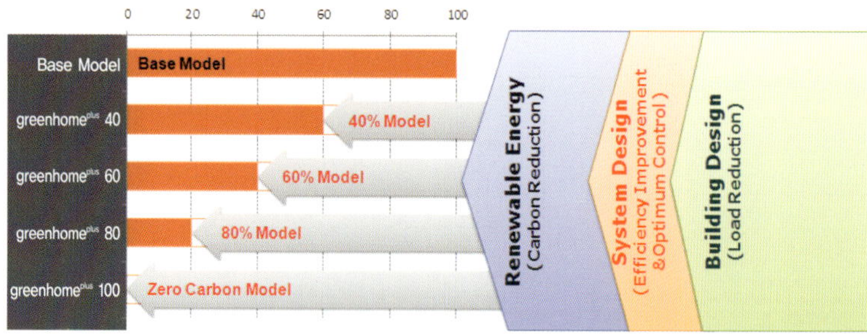

그림 4-1 그린홈 플러스 설계 전략

4.2 그린홈 플러스 계획안

4.2.1 그린홈 플러스 개요

- 대지위치 : 인천광역시 연수구 송도동 162-1 연세대학교 송도캠퍼스
- 연 면 적 : 1,860.70㎡
- 건축면적 : 968.76㎡
- 구 조 : 철근 콘크리트 라멘조
- 용 도 : 1층 - 홍보전시실, 모니터링실, 기계실, 전기실, 시청각실
  2~4층 - 실험용 공동주택(5세대)

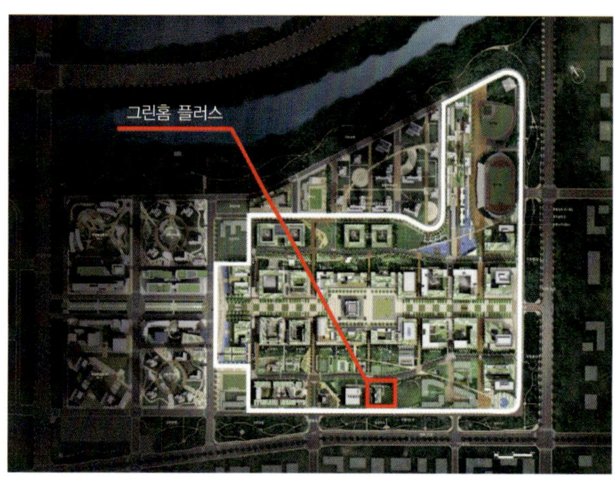

그림 4-2 연세대학교 송도캠퍼스 마스터플랜 및 그린홈 플러스 위치

4.2.2 외부공간계획

가. 식재계획

- 다층식재

교목, 관목, 초화류가 층별구조로 혼합된 식생구조를 계획하여 생물종 다양성 유지 및 대기오염 완화 등의 환경생태적 기능을 증가시킬 수 있도록 하였으며 대상지에 적용된 수종은 아래 표와 같다.

표 4-1 대상지 적용 수종

	교목층	아교목층	관목층
수 종	갈참나무, 상수리나무, 신갈나무, 느티나무, 소나무 등	때죽나무, 당단풍, 팥배나무, 산수유, 산벚나무, 쪽동백나무, 개옻나무, 생강나무, 노린재나무 등	진달래, 난티잎개암나무, 산초나무, 참싸리, 조록싸리 등

- 식이식물 식재

다양한 곤충류 및 조류의 서식을 유도하기 위하여 백일홍, 자귀나무, 싸리나무, 진달래, 수수꽃다리 등의 식이식물 식재를 계획하였으며, 봄부터 가을까지 연속적으로 꽃이 필 수 있도록 개화시기를 고려하여 지속적으로 곤충류를 유인할 수 있도록 하였다. 또한 국지적 미기후와 주변의 대기오염 및 소음 등을 고려하여 상록활엽수 등을 이용한 차폐식재를 통해 소음과 대기오염이 야생동물 서식을 저해하지 않도록 계획하였다.

- 대기정화 식재

환경오염에 대한 내성이 강하고 대기 중 오염물질 및 CO_2 흡수능력이 탁월한 은행나무, 백목련, 낙상홍, 느티나무, 목백합, 배롱나무 등의 수종을 선정하였다. 도로변과 같은 경계부에 식재하여 단지 내부로 들어오는 오염물질을 감소시키도록 하였다.

표 4-2 수종별 CO_2 흡수 및 대기정화 능력

수종	흡수량(g/d)			수령(년)
	CO_2	SO_2	NO_2	
은행나무	92.25	0.10	0.08	16~20
백목련	461.56	0.50	0.41	21년 이상
낙상홍	25.06	0.03	0.02	6~10
느티나무	908.47	0.99	0.80	21년 이상
목백합	368.14	0.40	0.32	16~20
가시나무	200.63	0.22	0.18	11~15
배롱나무	386.93	0.42	0.34	21년 이상
태산목	215.23	0.23	0.19	21년 이상

– 에너지 절약형 식재

수목차양에 의한 건물의 냉 · 난방에너지 절약효과를 위해 건물의 서쪽에 자작나무를 밀식하여 여름철 오후의 태양광선을 최대한 차단하였다. 건물의 동향 가까이에는 대형 낙엽활엽교목을 식재하여 여름철 오전의 광선은 차단하고 겨울철 오전의 일사는 허락하는 전략을 사용하였다. 건물의 남쪽에는 활엽수 위주의 식재를 하였으며 북쪽에는 수목을 가능한 한 밀식하여 증발산 및 방풍효과를 최대화할 수 있도록 계획하였다.

나. 옥상 및 입면녹화계획

환경을 고려하지 않는 기존의 도시개발방식은 녹지를 감소시키고, 상대적으로 도시의 포장과 건축물을 증가시켰다. 이로 인해 다량의 복사열을 방출하여 도시 기온을 상승시키는 열섬현상(Heat Island)을 일으키고, 생태적 순환기능을 저해하여 도시 생태환경에 많은 문제점을 일으키고 있다. 따라서 그린홈 플러스에서는 이에 대한 대안으로 옥상 및 입면녹화를 제안하였다. 옥상 및 입면녹화는 자연녹지가 절대적으로 부족한 도시에서 대체 녹지로서 도심지 녹지면적 확보에 중요한 구성요소가 되고 있으며, 나아가 차양, 증발산 및 방풍의 기능을 통하여 건축물의 냉 · 난방비 절감, 수명연장 및 도시 열섬현상 완화에 기여하고 있다.

1층 상부옥상은 거주자들의 이용과 심미성을 고려하여 중량이용형의 옥상정원을 계획하였다. 또한 방수, 방근층 위에 잔디를 심는 부분은 최소 10cm 이상, 관목과 교목을 심는 부분은 최소 30cm 이상의 토심을 확보하도록 설계하여 식물과 토양에 의한 단열효과로 녹화되지 않는 옥상면에 비해 여름철 온도 상승률을 최소화하였다. 특히 건물 남쪽면에는 아교목 등을 식재하여 그늘을 제공하여 이용자의 편의도 최대한 고려하였다.

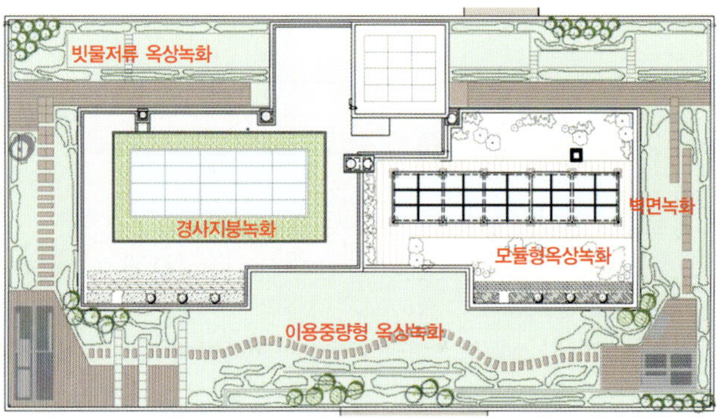

그림 4-3 그린홈 플러스 옥상 및 지붕녹화

다. 수순환시스템

- 투수성 포장

투수성 포장은 포장체를 통하여 빗물을 노상에 침투시켜 흙속으로 환원시키는 기능을 갖는 포장이며, 포장체의 골공극에서의 저류효과나 증발산량의 촉진에 의한 효과를 기대할 수 있다. 대상지에서는 보행로 및 주차장 등에 식생투수포장과 투수성 블록포장을 적용하였으며, 화강석 판석 같은 불투수성 포장의 경우 틈새를 두어 빗물의 침투가 가능하도록 계획하는 등 불투수 포장 면적을 최소화하였다.

- 잔디수로

잔디수로는 지표로 흐르는 빗물을 침투시설이나 저류시설까지 이동시키기 위한 경로로, 잔디로 피복된 세로방향의 경사를 갖는 개거형 수로이다. 기존 암거형태의 수로에 비해 외부공간을 차지하는 면적비율은 높지만 식물에 의한 자연정화 효과 및 개거형의 수로로 증발산 효과를 통한 열섬효과 방지를 기대할 수 있으며, 잔디수로 하부의 토양이 높은 침투성능을 가지고 있고 물의 흐름이 초당 15cm 이하로 흐를 때 부유물질의 약 80% 가량을 제거할 수 있다.

- 레인가든(Bio Swale) 및 생태연못

레인가든은 수목류와 초화류 등으로 피복된 구덩이에 빗물을 일시적으로 저류하면서 지하로 침투시키는 시설로 도로나 보도보다 표면 거칠기가 크고 낮은 위치에 위치하여 물의 흐름을 수용하고 지체시키는 역할을 할 수 있다. 생태연못은 인간에 의하여 훼손된 자연습지를 대신하여 다양한 소생물들이 서식할 수 있도록 조성 복원한 공간으로, 도시에 수공간을 확보하는 것뿐만 아니라 다양한 동식물의 서식처로써 습지 비오톱(Biotop)을 조성하는 데 그 의의가 있다. 대상지

그림 4-4 외부공간계획 (단면)

에서 생태연못의 위치는 저류가 가능한 거점지역의 핵심부분으로 집중호우 시 급류에 의해 토사나 생물의 유실 위험이 없으며 형태는 부정형이며 다양한 굴곡이 존재하고 여러 동식물의 서식환경 조성을 위해 여러 층의 수심이 존재하도록 계획하였다. 또한 생태연못 주변부에서 유입된 유출수가 식생층과 토양 및 자갈층을 지나면서 유출속도가 감소되고 침전물과 오염물질은 여과, 흡착, 중력침전에 의해 제거될 수 있도록 식생여과대를 설치하였다.

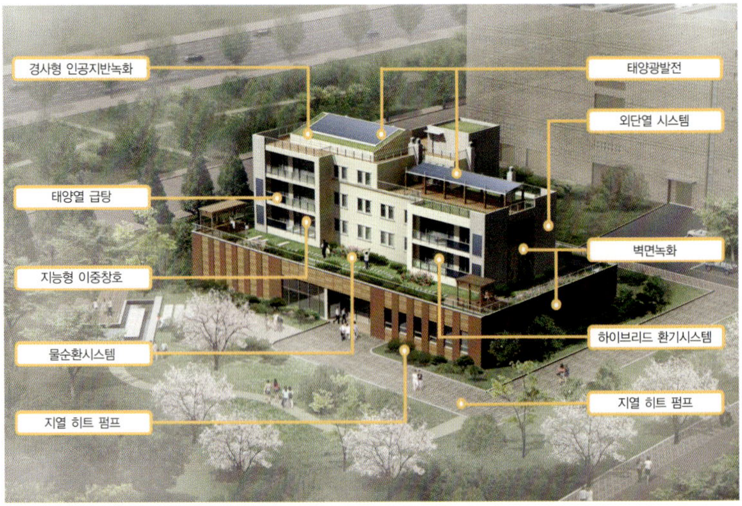

그림 4-5 그린홈 플러스기술 적용

4.2.3 건축계획

그린홈 플러스의 목적은 첫번째, 공동주택의 미래를 보여주고 기술 적용에 따른 에너지 절감 가능성을 검증하여 보급하기 위한 모델을 제시하는 데 있으며, 두 번째 Test Bed에서 실현하기 전 위험부담을 최소화하기 위하여 실험단계에서 적용하여 검증을 하는 데 있다. 이를 위해 연구센터에서는 40% 절감형 보급모델부터 Zero Energy House까지 저에너지 친환경 통합모델들의 성능을 검증하기 위한 실험주택을 연세대학교 송도캠퍼스에 건설하였다. 이는 성능검증뿐만 아니라 저에너지 친환경주택의 최신기술을 전시하고 직접 체험할 수 있게 하여 국민 교육의 장으로 사용될 계획이다. 저에너지 친환경 공동주택 그린홈 플러스는 1세부에서 2년 동안 개발한 연구성과를 가장 최적의 상태에서 실험이 가능하도록 건축적인 다양한 요소들을 적용하여 설계를 구성하였다. 건물형태는 아래 기계 및 전기설비실과 모니터링실, 교육홍보 관련 시설이 위치하고, 위에 각 Base Model과 greenhome[plus] 40, 60, 80, 100 모델이 위치한 형태이다. 구조는 기둥식, 가변형 구조이며, 지상 4층으로 구성된다. 지붕형태는 평지붕과 경사지붕을 조합하여, 옥상정원과 경사지붕에서의 옥상녹화를 병행할 수 있도록 하였다. 그린홈 플러스의 평면 및 입면, 단면 구성은 다음과 같다.

가. 단위세대계획

그림 4-6 단위세대 평면

그린홈 플러스 건설을 위해 기존의 아파트 단위세대 평면 2,294개를 분석하여 단위세대 프로토타입을 정리하고 여기에 최신 사례 및 입주자 선호도 조사 등을 통하여 조사된 사항을 반영하여 단위세대를 계획하였다. 단위세대의 특 · 장점으로 내부공간을 다양하게 사용할 수 있도록 기둥식의 가변형 구조로 계획하였고, 자연환기가 가능한 맞 통풍구조, 전면에 거실 및 침실을 배치한 4Bay, 확장이 가능한 구조로 계획하였다.

나. 평면 및 입면계획

- 지상 1층

지상 1층은 그린홈 플러스의 주진입 공간으로 계획을 하였으며 요소기술을 테스트하고 결과를 취합하여 정리할 수 있는 모니터링실과 저에너지 친환경 공동주택의 미래를 보여주고 이를 직접 체험하고 최신의 기술을 전시할 수 있는 전시 및 홍보공간 그리고 시청각실을 설치하였으며 각종 설비시설을 둘 수 있는 기계, 전기실을 계획하였다.

- 지상 2층

지상 2층은 에너지 절감 60%를 목표로 하는 greenhome[plus] 60 모델과 Zero Energy를 목표로 하는 greenhome[plus] 100 모델을 에너지 손실이 적은 지상 1

층부에 배치하여 가장 최적의 조건에서 실험이 이루어질 수 있도록 하였다. 또한 데크 상부로 진출입이 가능한 부출입구를 두어 외부 조경과 접근이 자연스럽게 되도록 계획하였다.

- 지상 3층

지상 3층은 에너지 절감 80%를 목표로 하는 greenhome^{plus} 80모델과 연구센터의 초기 목표였던 에너지 절감 40%를 목표로 하는 greenhome^{plus} 40모델을 배치하여 1세부의 요소기술들을 구현하였다.

- 지상 4층

지상 4층은 각 실험 모델들의 비교대상인 Base Model 세대를 배치하고 옥상녹화가 가능하도록 옥상 정원을 두었으며, 이곳에서 실험뿐만 아니라 공동주택의 가족간 또는 주민간의 커뮤니티를 조성할 수 있도록 계획하였다.

- 지붕층 평면도

지붕층에는 greenhome^{plus} 80과 greenhome^{plus} 100에서 사용할 수 있는 전기를 생산할 태양광 발전시스템을 설치하고 일부 구간에 경사형의 녹화시스템을 적용하여 에너지의 생산과 절감을 할 수 있도록 계획하였다.

각 층 계단실 부분에는 각각의 모델에 적용한 기술내용을 전시하고 이를 설명할 수 있는 공간을 충분히 확보하여 견학 시에도 불편함이 없도록 계획하였다.

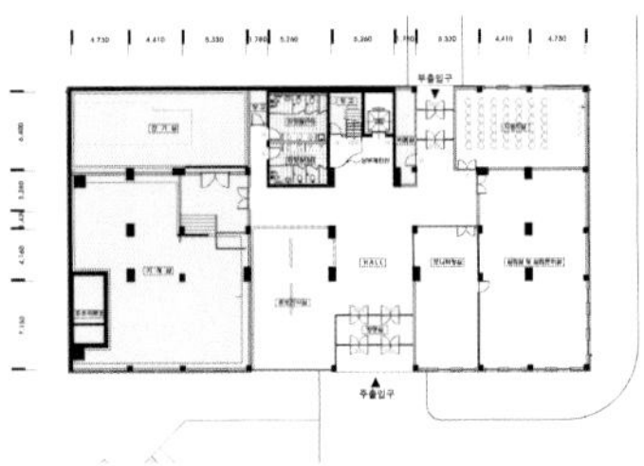

그림 4-7 지상 1층 평면도

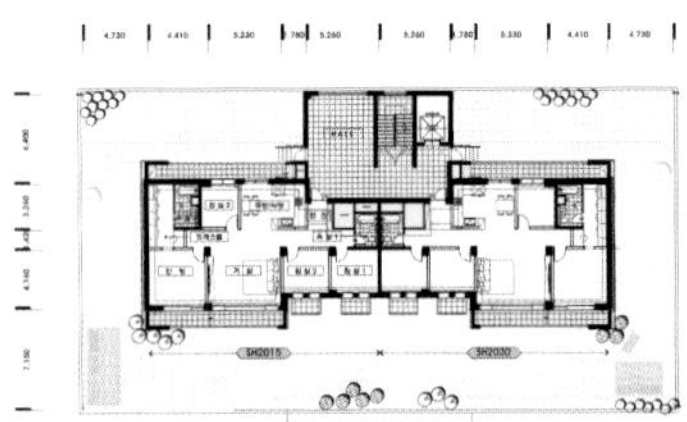

그림 4-8 지상 2층 평면도

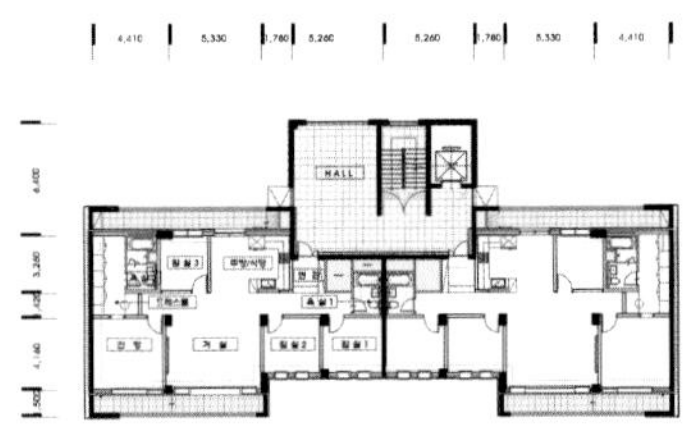

그림 4-9 지상 3층 평면도

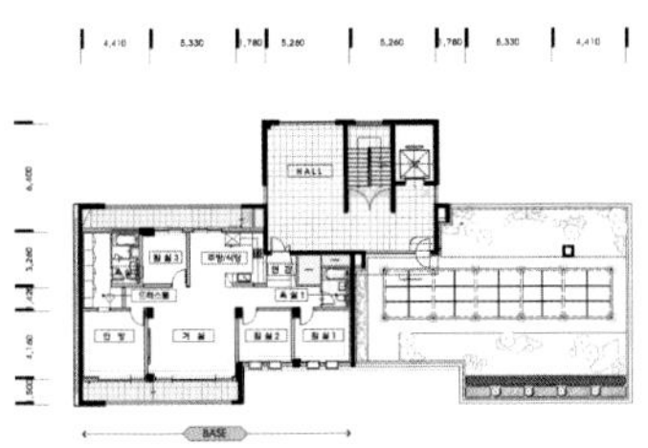

그림 4-10 지상 4층 평면도

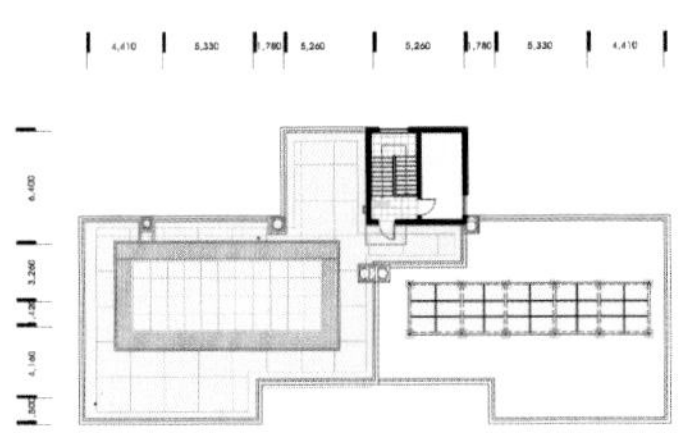

그림 4-11 지붕층 평면도

- 상층부

평지붕과 경사지붕의 다양한 형태로 계획 옥상정원을 설치하고 세련된 형태의 퍼걸러를 설치하여 변화감 있는 입면계획을 구성하였다.

- 중층부

태양열 집열난간을 설치한 발코니와 분리형 발코니를 계획하여 변화되는 입면을 형성하고, 서향의 태양빛을 차단해줄 목재 루버를 설치하여 따뜻한 이미지를 표현하였다. 또한 외단열의 성능을 강화하고 우수한 보호성능을 지닌 마감재를 개발하여 적용하였다.

- 저층부

저층부는 데크화하여 기단부를 형성하고, 주출입구로서의 인지성을 높일 수 있도록 계획하였다. 또한 벽돌과 목재를 사용하여 안정감 있는 입면을 유도하였다.

- 입면 적용 요소기술 항목
  - · 옥상조경과 벽면녹화
  - · 이중창호시스템, 외단열시스템
  - · 태양광 패널, 태양열 집열기

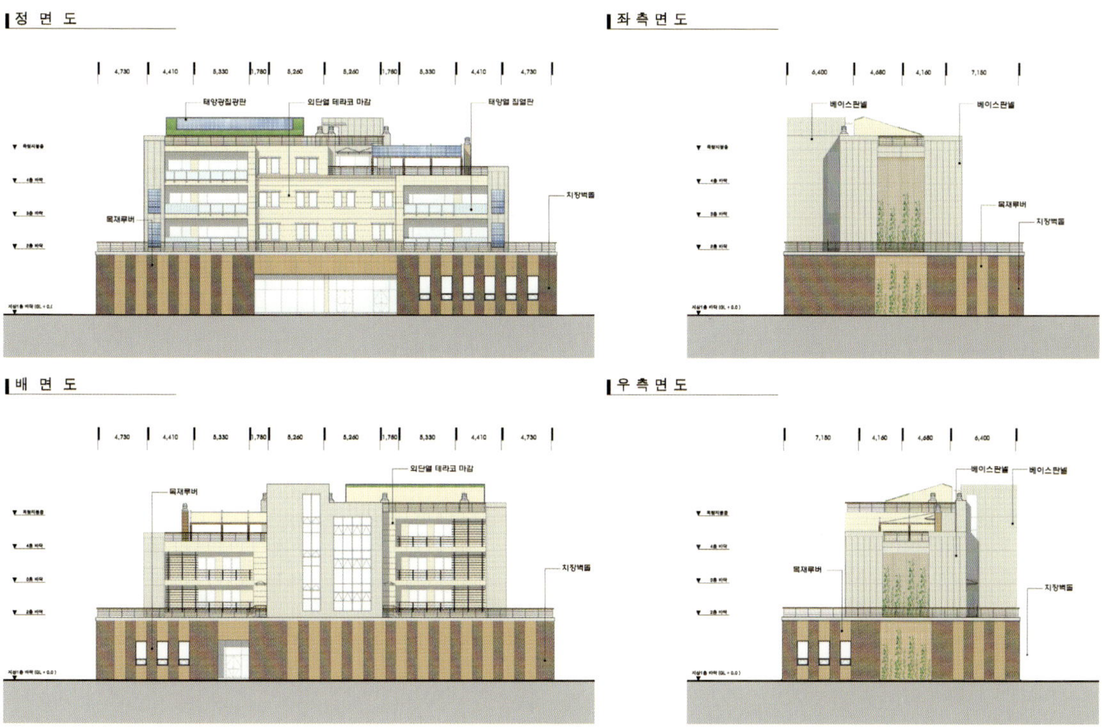

그림 4-12 그린홈 플러스 입면도

다. 그린홈 플러스 기술 적용 계획

저에너지 친환경 공동주택의 구현을 위해 그린홈 플러스에 적용된 요소기술은 단위세대에서 친환경자재, 경량벽체시스템, 냉·난방시스템 등을 적용하였고 건물전체에서는 태양광 발전, 태양열 급탕, 지열 히트펌프 등의 신재생에너지원을 사용하였으며, 저에너지 건축물이 가능하도록 외단열시스템, 지능형 이중창호, 하이브리드환기시스템, 옥상 인공지반녹화 등의 기술을 적용하였다.

표 4-3 건축기술 요소 적용 계획

모델		Base Model	Gh+40	Gh+60	Gh+80	Gh+100
에너지 성능 목표		기준 모델	40% 저감	60% 저감	80% 저감	Zero Energy
내측 창호	규격	PVC 단창 16mm 일반 복층 유리	PVC 단창 16mm 일반 복층 유리	PVC 단창 24mm 로이복층유리	PVC 단창 52mm 3중 일면로이유리	PVC 단창 52mm 3중 양면로이유리
	열관류율	3.0W/㎡·K	2.0W/㎡·K	1.5W/㎡·K	1.0W/㎡·K	0.8W/㎡·K
외측 환경조절 창호		無	○	○	○	○
			AL Push-out 창호			
벽체	외단열	無	110mm 미네랄울	110mm 미네랄울	110mm 미네랄울	110mm 미네랄울
	내단열	65mm EPS	無	50mm 글라스울	100mm 글라스울	15mm 진공단열재 230mm 글라스울
	열관류율	0.47W/㎡·K	0.3W/㎡·K	0.2W/㎡·K	0.15W/㎡·K	0.08W/㎡·K
내벽	규격	콘크리트/블록조	건식 경량콘크리트 패널			
마감재	벽	일반석고보드 실크벽지 일반접착제	일반석고보드 건강벽지 친환경접착제 친환경페인트	기능성 석고보드 건강벽지 친환경접착제 친환경페인트	기능성 석고보드 /PCM 보드 건강벽지 친환경접착제 친환경페인트	기능성 석고보드 건강벽지 친환경접착제 친환경페인트
	천장	일반석고보드 실크벽지 일반접착제	일반석고보드 건강벽지 친환경접착제	기능성 석고보드 건강벽지 친환경접착제	조습 천장제	조습 천장제
	바닥	일반바닥재 일반접착제	친환경바닥재 친환경접착제 흡착 보양제	친환경바닥재 친환경접착제 흡착 보양제	친환경바닥재 친환경 접착제 흡착 보양제	친환경바닥재 친환경 접착제 흡착 보양제

4.2.4 시스템 기술 적용 계획

가. 그린홈 플러스 설비시스템 적용 방향

그린홈 플러스에 적용된 설비시스템 요소기술을 효과적으로 적용하여 각 단계별 에너지 성능을 구현할 수 있도록 구성하는 것이 중요하다. 설비시스템은 크게 열원시스템, 냉·난방시스템, 환기시스템, 급탕시스템, 전력 및 수자원시스템으로 구분하여 구성하였다.

– 열원시스템

열원시스템 구성은 지역열원이 공급되는 것을 기본으로 하여 단계별로 공급방식을 조절하여 시스템을 구성하였다.

구분	시스템 개요 및 구성	적용모델
기본	- **지역난방시스템 (난방/급탕)** : 현재 가장 보편적으로 적용되는 집단에너지 사업단에서 중온수를 공급하고 이를 단지내에서 열교환하여 난방과 급탕을 공급하는 방식 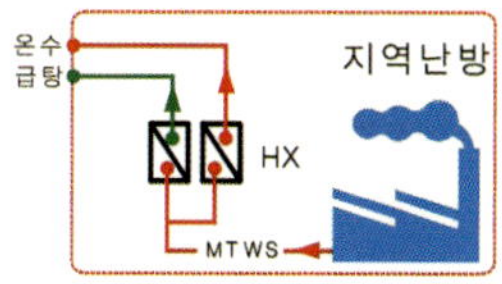	Base 모델
1단계	- **지역난방시스템 (난방/냉방/급탕)** : 집단에너지 사업단에서 공급하는 중온수를 열교환하여 난방과 급탕을 공급하고 중온수 흡수식냉동기로 냉수를 공급하는 방식 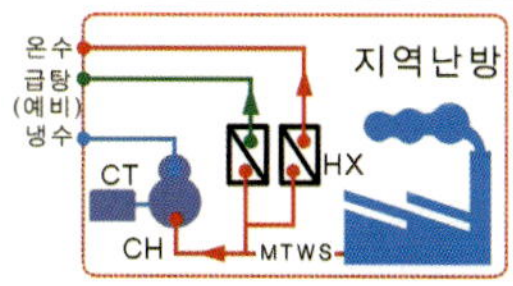	Gh+40 Gh+60
2단계	- **지열냉난방시스템 (난방/냉방/급탕)** : 신·재생 에너지원인 지열을 이용한 히트펌프 시스템으로 냉방, 난방 및 급탕을 공급하는 방식 - **계절별 열-밸런스를 위해 우수 활용** 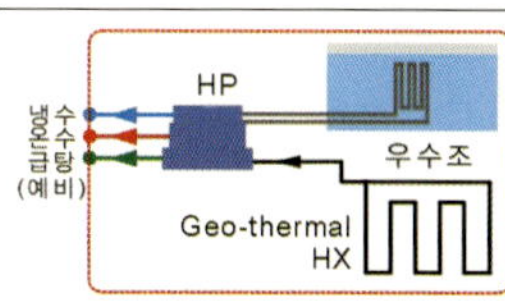	Gh+80 Gh+100

Pilot Project 열원구성을 위한 시스템 모사계획

· 실험주택 단위에서 지역열원 시스템(기본, 1단계)을 구현하기 힘들기 때문에 조건을 동일하게 축소 모사가 필요함.

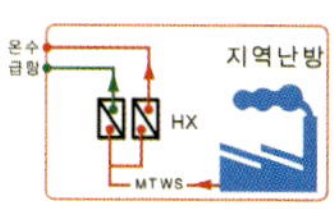

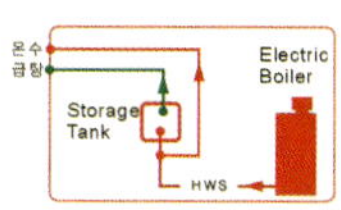

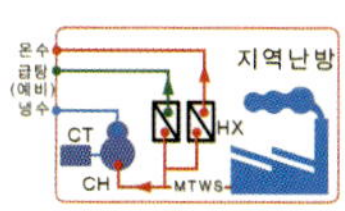

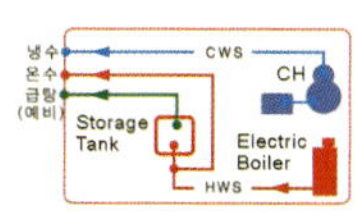

기본 : 전기온수보일러에서 온수/급탕 공급

1단계 : 전기온수보일러에서 온수/급탕 공급
공랭식 냉동기에서 냉수공급

– 냉 · 난방시스템

냉 · 난방시스템은 열원시스템 구성과 밀접한 관계가 있으며 열원공급온도의 변화도 중요한 요소가 된다.

구분	시스템 개요 및 구성		적용모델
기본	**- 바닥 복사난방 + 개별냉방 방식** · 지역난방에서 공급되는 열원으로 바닥난방 및 개별 에어컨으로 냉방 · EHP를 적용하여 공기열원에 의한 난방 적용성 추가검토	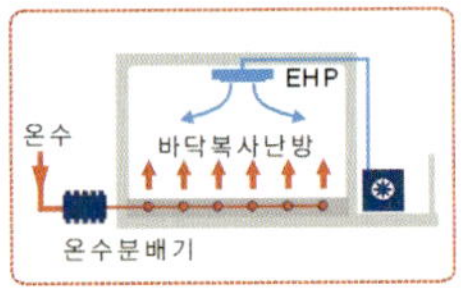	Base 모델
1단계	**- 바닥 복사난방 + 천장형 FCU** · 지역난방에서 공급되는 열원으로 바닥난방 · 냉동기에서 공급되는 냉수를 FCU에 공급하여 냉방	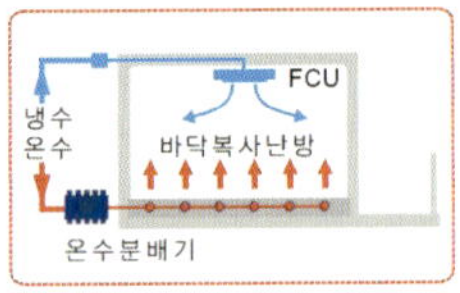	Gh+40
2단계	**- 바닥 복사냉 · 난방 + 제습기** · 중앙에서 공급되는 온수/냉수를 통한 바닥 복사 냉 · 난방 · 고온냉수/저온온수 공급 · 하절기 표면결로 제어를 위한 제습기 연동제어	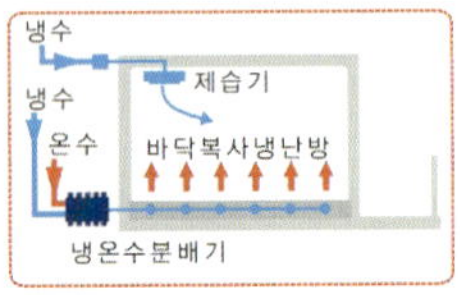	Gh+60
3단계	**- 바닥 복사냉 · 난방 + 제습기** · 중앙에서 공급되는 온수/냉수를 통한 바닥 복사 냉 · 난방 · 고온냉수/저온온수 공급 · 하절기 표면결로 제어를 위한 제습기 연동제어 및 환기유닛 통합	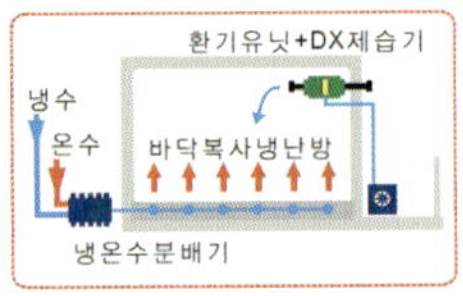	Gh+80
4단계	**- 복사냉 · 난방(capillary) + 제습기** · 중앙에서 공급되는 온수/냉수를 통한 복사 냉 · 난방 · 지중열교환만을 통한 자연냉수 공급 · 하절기 표면결로 제어를 위한 제습기 연동제어 및 환기유닛 통합	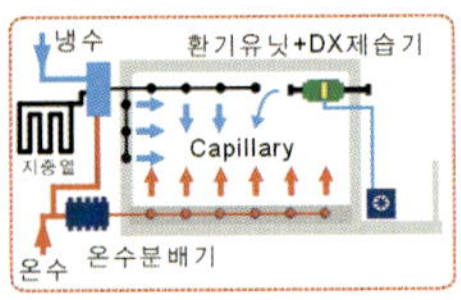	Gh+100

– 환기시스템

환기시스템은 환기유닛의 성능개선과 자연환기와 병행이 가능한 하이브리드 환기 시스템을 단계별로 구성하였다.

구분	시스템 개요 및 구성		적용모델
기본	- 일반적인 환기유닛 (기계환기) · 공동주택 법정 환기횟수 0.7회 적용 · 기계환기에 의한 IAQ 유지	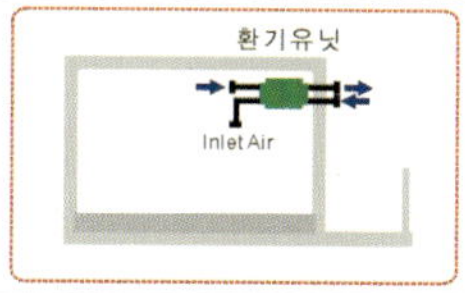	Base 모델
1단계	- 일반적인 환기유닛 + 자연급기구/정풍량 배기팬 · 환기횟수 0.6회 적용 · 하이브리드 환기에 의한 IAQ 유지	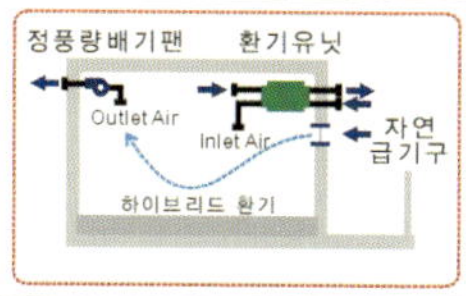	Gh+ 40
2단계	- 전열교환 환기유닛 + 자연급기구/정풍량 배기팬 · 환기횟수 0.5회 적용 · 하이브리드 환기에 의한 IAQ 유지 · 전열교환 효율 : 60%	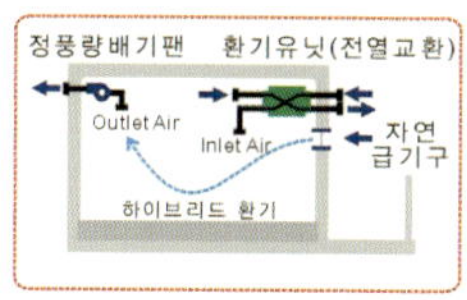	Gh+ 60
3단계	- 전열교환 환기유닛 + 자연급기구/정풍량 배기팬 · 환기횟수 0.4회 적용 · 하이브리드 환기에 의한 IAQ 유지 · 전열교환 효율 : 60% · 제습유닛과 통합구성	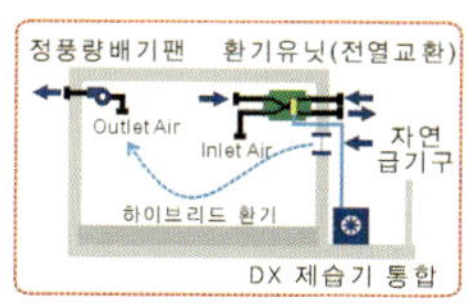	Gh+ 80
4단계	- 전열교환 환기유닛 + 자연급기구/정풍량 배기팬 · 환기횟수 0.4회 적용 · 하이브리드 환기에 의한 IAQ 유지 · 전열교환 효율 : 65% · 제습유닛과 통합구성	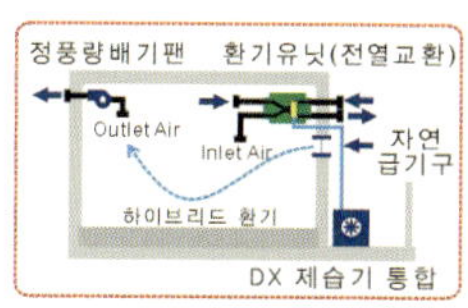	Gh+ 100

– 급탕시스템

급탕시스템은 열원시스템과 동일하게 지역열원이 공급되는 것을 기본으로 하여 단계별로 구성을 변화시키며 시스템을 구현하였다.

구분	시스템 개요 및 구성		적용모델
기본	- **지역난방시스템** : 현재 가장 보편적으로 적용되는 집단에너지 사업단에서 중온수를 공급하고 이를 단지내에서 열교환하여 급탕을 공급하는 방식		Base 모델
1단계	- **태양열급탕 + 지역난방시스템(백업)** : 각 세대에 태양열집열 시스템을 적용하여 급탕을 공급하고 기상조건에 따라 지역열원에서 급탕 백업	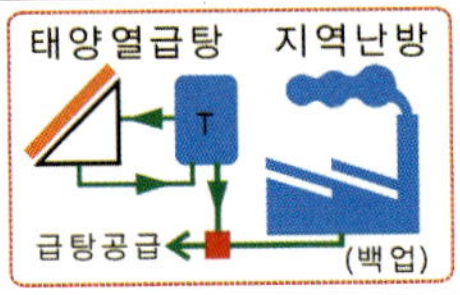	Gh+ 40 Gh+ 60
2단계	- **태양열급탕 + 지열시스템(백업)** : 각 세대에 태양열집열시스템을 적용하여 급탕을 공급하고 기상조건에 따라 지열시스템에서 급탕 백업	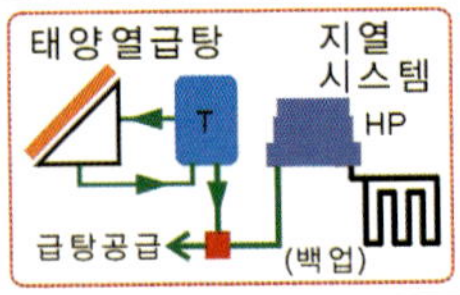	Gh+ 80 Gh+ 100

– 조명시스템

조명시스템은 요소기술에 포함되지는 않았지만 고효율 전등시스템 적용으로 조명부하를 최소화하는 개념에서 적용하였다.

구분	시스템 개요 및 구성		적용모델
기본	- **일반 형광등** · 현재 일반적으로 적용되는 형광등 반영		Base 모델 Gh+ 40 Gh+ 60
1단계	- **고효율 LED 전등기구** · 조도 및 전력효율이 우수한 LED 전등기구를 적용		Gh+ 80 Gh+ 100

– 전력시스템

전력시스템은 옥상에 설치한 태양전지시스템에 의해 전력을 생산하고 공급범위에 따라서 단계를 구분하였다.

구분	시스템 개요 및 구성		적용모델
기본	- **한전 일반전력 공급** · 현재 일반적으로 적용되는 시스템 반영	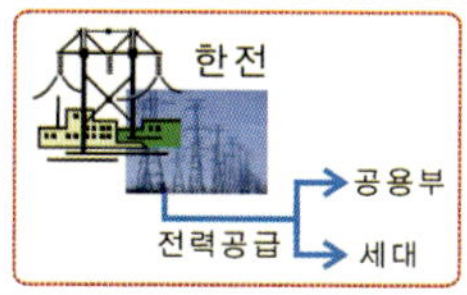	Base 모델
1단계	- **태양전지시스템 + 한전 일반전력 공급 (백업) :** · 공용부에 태양전지시스템을 적용하여 전력을 우선 공급하고 기상조건에 따라 한전전력 백업	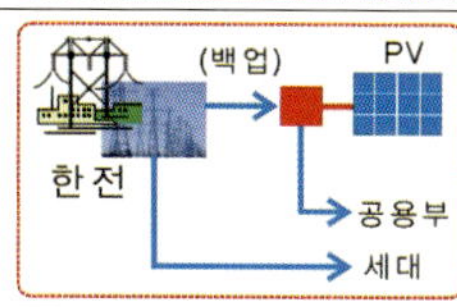	Gh+40 Gh+60
2단계	- **태양전지시스템 + 한전 일반전력 공급 (백업) :** · 세대와 공용부에 태양전지시스템을 적용하여 전력을 우선 공급하고 기상조건에 따라 한전전력 백업	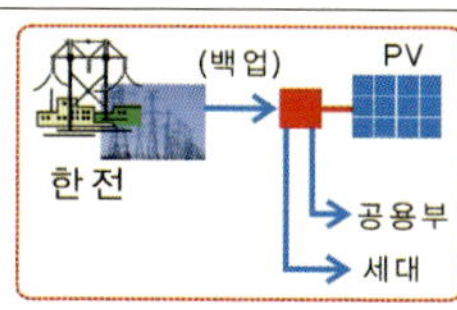	Gh+80 Gh+100

– 수자원시스템

수자원시스템은 우수, 중수시스템 적용으로 외부공간과 연계하고 물 사용량과 배수량을 최소화하도록 하였다.

구분	시스템 개요 및 구성	적용모델
기본	- **시수 사용을 기본으로 계획**	Base 모델
1단계	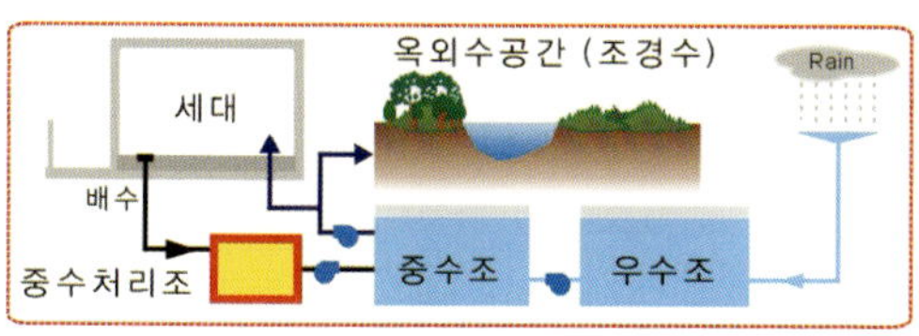 - **중수 + 우수시스템** · 세대내 발생하는 배수를 집수 중수처리 후 세정용수로 사용 · 우수를 차집하여 수처리 후 중수원 또는 옥외 조경용수로 재활용	Gh+40 Gh+60 Gh+80 Gh+100

나. 그린홈 플러스 모델구성

열원시스템, 냉 · 난방시스템, 환기시스템, 급탕시스템, 전력 및 수자원시스템의 종합적인 모델구성 프로세스는 다음과 같다.

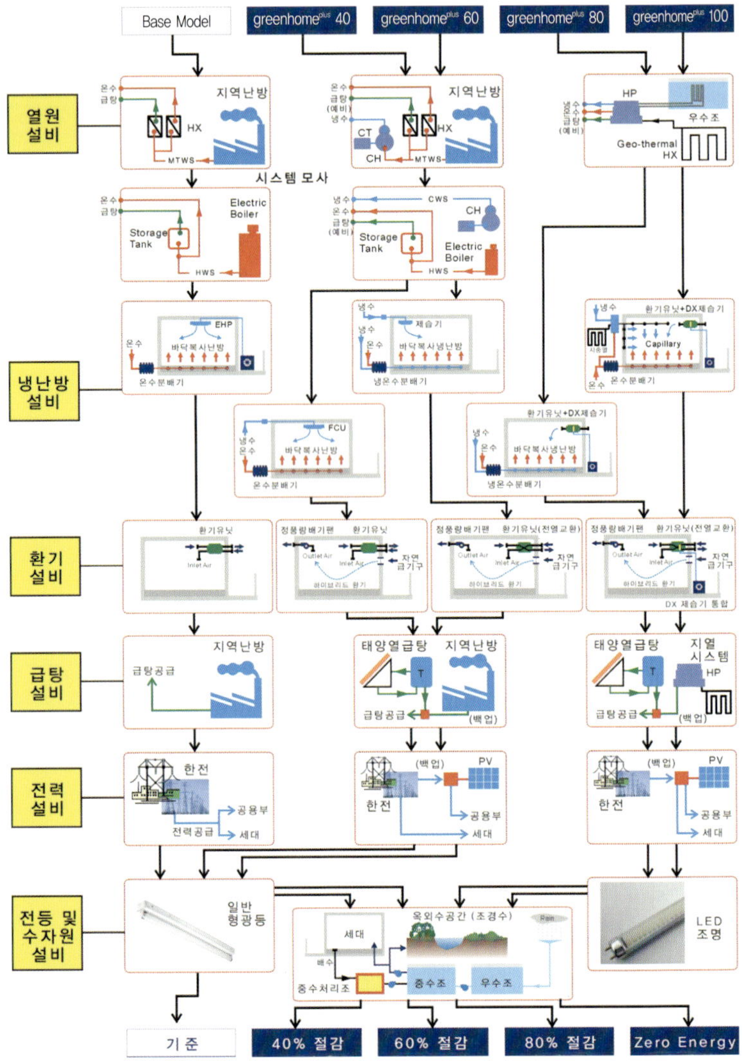

그림 4-13 그린홈 플러스 설비시스템의 구성 개념

5. 그린홈 플러스 기대효과

5.1 기술적 측면

저에너지 친환경 공동주택의 개발은 21세기 환경의 시대에 국민의 '삶의 질 향상'과 에너지절약 및 환경보전을 위하여 추진해야 할 국가적 핵심연구사업이다. WTO체제에 따라 건설시장의 완전개방을 눈앞에 두고 있는 상황에서 우리나라의 건축기술은 구조나 시공분야에서는 어느 정도 선진국 수준에 올라 있으나 친환경 관련기술은 상대적으로 미흡한 수준에 머물러 있다. 이러한 상황에서 그린라운드(Green Round)나 온실가스 감축 의무화 등을 전제로 한 선진외국의 건설기술이 무제한 도입될 경우 고부가가치의 핵심기술을 포기하게 되고, 결과적으로 건설산업의 위축과 함께 국가경제 발전이 저해될 것이다.
그린홈 플러스의 저에너지 친환경 공동주택의 외부공간 조성 설계 및 조성, 모니터링을 통해 축적된 방대한 기초 데이터 및 실증 데이터는 국내 산업 전반은 물론, 이후 다양한 관련 기술 개발 연구에서 활용도가 높을 것으로 추정되며, 실증적인 연구를 토대로 제시된 각각의 관련 요소기술들 차후 저에너지 주택분야에서 적용표준으로 확대될 경우 시장창출 및 확대에 큰 효과가 있을 것으로 기대된다. 또한 현재까지 국내에서 적용해보지 않은 기술들을 실험주택 구축과정을 통해 시공 노하우를 축적함으로써 녹색 신기술 적용에 가속도가 붙을 것으로 판단된다. 무엇보다도 저에너지 친환경 성능의 평가기법 및 평가도구의 개발이 이루어진다면 적용 기술 및 계획안의 성능을 쉽게 예측 가능하도록 함으로써 기술의 효과적인 확산을 기대할 수 있다.

5.2 경제 · 산업적 측면

건설분야는 우리나라 국내총생산(GDP)의 약 17.5%를 차지하고 있으면서 8.2%의 고용효과를 갖고 있는 국가경제 발전과 운용의 핵심분야이며, 이 중 건축이 60% 이상(투자액 기준)을 차지하고 있다(2003). 따라서 건축분야는 국가경제에서 10% 이상의 비중을 차지하면서 5% 이상의 고용효과를 지니고 있는 국가 기간산업이라고 볼 수 있다. 그러나 이와 같은 중요한 국가 기간산업이 최근의 경기둔화로 침체현상을 겪고 있는 상황에서 지구환경보존을 위한 범세계적인 움직임은 앞으로 건설산업의 위축을 초래할 가능성이 있다. 그러나 만일 국가 에너지 소비 및 자원소비의 25% 이상을 차지하고 있는 건축분야에서 친환경 건축물이 본격적으로 도입된다면 이와 같은 부담은 크게 경감될 것이다. 특히 공동주택은 우리나라 건축투자의 50% 이상을 차지하고 있을 뿐만 아니라 국민생활과 가장 밀접한 분야이기 때문에 '저에너지 친환경 공동주택의 개발과 보급은 경제산업적 측면에서 파급효과가 지대할 것이다.

우리나라의 공동주택(아파트) 건설시장 규모는 2003년 현재 연간 약 47만세대로서 이를 금액으로 환산하면 연간 약 24조 7천억에 이른다(2004년 건설교통부). 그러나 건설정책 당국이나 건설경제학자들의 일반적인 예측으로는 우리나라의 주택경기는 앞으로 지속적으로 하강할 것으로 예상하고 있다. 그 이유로는 세계적인 경기침체와 함께 에너지와 원자재 가격의 상승도 원인이 되지만 무엇보다도 주택보급률이 100%를 상회하는 상황에서 재산증식 수단으로서의 부동산투자가 자취를 감추게 되어 주택건설경기 침체로 나타난다는 것이다. 이러한 시점에서 이제는 주택의 질적 수준이 중요한 경쟁요소로 등장할 것이며, 정부의 정책적 방향에 맞춘 에너지 성능 향상과 삶의 질을 향상시킬 수 있는 쾌적성, 친환경성의 향상에 초점이 맞춰질 것으로 예상된다. 따라서 저에너지 친환경 주택 기술에 대한 요구는 시장규모의 확대로 이어질 것이며 가까운 미래에 극대화될 것으로 판단된다.

나아가 친환경 저에너지 공동주택 그린홈 플러스는 이러한 새로운 주택기술을 실제로 볼 수 있는 다양한 모델과 기술을 적용한 것으로서 녹색 건축기술에 대한 대중적 궁금증뿐만 아니라 실증적 데이터를 필요로 하는 관련 학계 및 업계 전문가들에게 좋은 자료를 제공할 수 있을 것으로 판단된다. 이러한 데이터는 정책 수립의 근거 자료로도 활용될 수 있으며 그린홈 플러스에서 제시된 에너지 절감 모델을 정책적으로 규정할 경우 국가적 에너지 절감 및 탄소배출 저감에 크게 기여할 것이다.

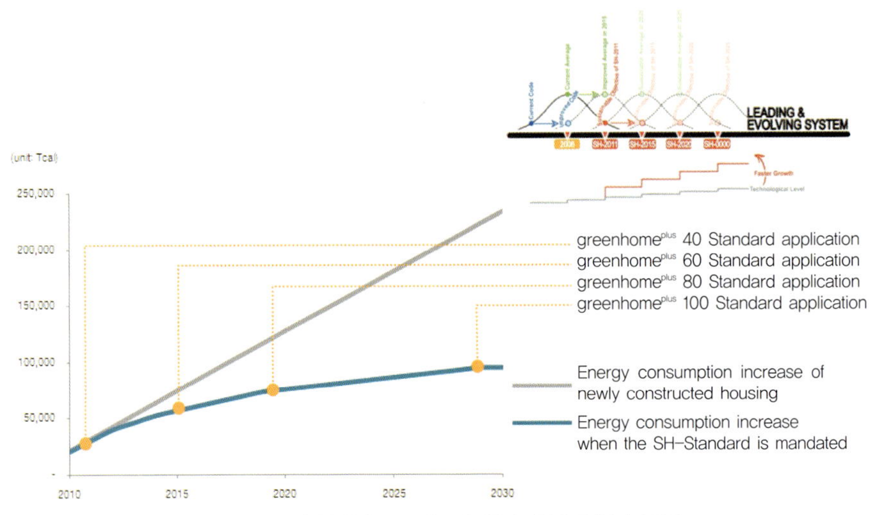

그림 5-1 저에너지 친환경 공동주택 모델 기준의 적용과 주택에너지 절감

참고문헌

1. http://www.iea.org/Textbase/stats/balancetable.asp?COUNTRY_CODE=29, International Energy Agency
2. Architects and Climate Change, 2008, AIA
3. 에너지통계연보, 2008, 에너지경제연구원
4. 국내외 에너지 정세와 정책과제, 2007, 에너지경제연구원
5. 2008 주택업무편람, 2008, 국토해양부
6. 2008 에너지총조사, 2008, 에너지경제연구원
7. 국가에너지절약 및 효율향상 추진체계 개선방안 연구-가정상업부문의 에너지효율 평가, 2008, 에너지경제연구원
8. 친환경 주거단지 디자인매뉴얼, 2005, SH공사

저에너지 친환경 공동주택

green home[plus] 핵심기술

2010년 5월 20일 1판 1쇄 발행
2012년 3월 26일 1판 2쇄 발행

저　　자 **친환경건축연구센터**
서울시 서대문구 성산로 262
연세대학교 산학협동연구관 524호
TEL : 02) 2123-7830~1, FAX : 02) 313-7831
csh2006@yonsei.ac.kr / www.csb.re.kr

편 집 인 이승복 김태연 황석호 김지영 정창헌
심아람 백정현 박라연 이정윤 정성균 최유진

발 행 인 강 해 작
발 행 처 도서출판 기 문 당
I S B N 978-89-6225-206-6 93540

정　　가 20,000원